普通高等教育"十二五"规划教材

Access 2010 数据库案例教程

叶　恺　张思卿　主编

化学工业出版社

·北京·

本书根据教育部高等学校计算机基础教学指导委员会编制的《普通高等学校计算机基础教学基本要求》最新版本中对数据库技术和程序设计方面的基本要求进行编写。

　　本书以案例教学的方式编写，主要内容包括数据库基础知识、Access2010 数据库、表的创建与使用、查询设计、结构化查询语言 SQL、窗体设计、报表设计、宏、VBA 与模块、数据库管理、数据库安全。书中提供了丰富的案例和大量的习题。

　　本书内容叙述清楚、示例丰富、图文并茂、步骤清晰、易学易懂，可以作为普通高等院校各专业公共教材和全国计算机等级考试参考书。

图书在版编目（CIP）数据

Access 2010 数据库案例教程 / 叶恺，张思卿主编. —北京：化学工业出版社，2012.7（**2018.2 重印**）

普通高等教育"十二五"规划教材

ISBN 978-7-122-14501-7

Ⅰ. A… Ⅱ. ①叶… ②张… Ⅲ. 关系数据库系统-数据库管理系统-高等学校-教材 Ⅳ. TP311.138

中国版本图书馆 CIP 数据核字（2012）第 124236 号

责任编辑：王昕讲　　　　　　　　　装帧设计：关　飞
责任校对：吴　静

出版发行：化学工业出版社（北京市东城区青年湖南街 13 号　邮政编码 100011）

印　　刷：三河市延风印装有限公司

787mm×1092mm　1/16　印张 15¾　字数 393 千字　　2018 年 2 月北京第 1 版第 6 次印刷

购书咨询：010-64518888（传真：010-64519686）　　售后服务：010-64518899

网　　址：http://www.cip.com.cn

凡购买本书，如有缺损质量问题，本社销售中心负责调换。

定　　价：30.00 元

前　言

本书是根据教育部高等学校计算机基础教学指导委员会组织编制的《高等学校计算机基础教学基本要求》中对数据库技术和程序设计方面的基本要求编写的，以 Microsoft Access 2010 中文版为操作平台。

全书以案例教学方式编排，介绍了关系数据库管理系统的基本知识和 Access 数据库系统的主要功能。全书强调理论知识与实际应用的有机结合，理论论述通俗易懂、重点突出、循序渐进；案例操作步骤清晰、简明扼要、图文并茂。

全书共 11 章，提供了丰富的案例和大量的习题。各章内容如下：

第 1 章介绍数据库系统的基本概念、数据模型等内容，要求读者重点掌握关系数据库的基础知识。

第 2 章在介绍 Access 2010 的基本功能和基本操作的同时，介绍了它的新增特点。最后介绍 Access 数据库系统的数据类型和表达式。

第 3 章介绍创建数据库和表的方法。

第 4 章介绍数据表查询设计基本操作方法。

第 5 章介绍结构化查询语言 SQL。

第 6 章介绍创建窗体的各种方法以及对窗体的再设计，并介绍窗体和报表的基本控件的功能及其属性。

第 7 章介绍创建报表的各种方法，创建报表的计算字段、报表中的数据排序与分组等。

第 8 章介绍宏的创建和使用。

第 9 章介绍 Access 2010 的增强应用，包括 Access VBA 编程技术、Web 发布和 OLE 应用等。

第 10 章介绍数据库管理的基本操作。

第 11 章介绍数据库安全的基本知识。

我们将为使用本书的教师免费提供电子教案，需要者可以到化学工业出版社教学资源网站 http://www.cipedu.com.cn 免费下载使用。

本书由叶恺、张思卿担任主编。编写人员分工为张思卿编写第 1 章，张帆编写第 2 章，赵建勋编写第 3 章，郑睿编写第 4、8 章，叶恺编写第 5 章，鞠杰编写第 6、9 章，巨筱编写第 7 章，张润花编写第 10 章，卢永峰编写第 11 章。

在本书的编写过程中，参考了其他同类教材和网络上的相关资源，在此向其作者表示衷心的感谢。由于编者水平有限，加上编写时间仓促，书中难免会有不妥之处，殷切地希望广大读者提出宝贵意见。

编　者
2012 年 6 月

目　　录

第1章 数据库基础

【学习要点】
- ➢ 数据库基本概念
- ➢ 数据库系统组成
- ➢ 数据模型
- ➢ 关系数据库
- ➢ 构建数据库模型

【学习目标】

通过本章的学习，了解数据库的有关基本概念，如数据、数据库、数据库系统和数据库管理系统等，了解数据库的发展历史，数据库研究方向和应用范围，掌握数据库系统结构，数据库管理系统的功能和基本原理，理解数据模型的定义和实现方式，为关系型数据库系统的学习打下良好的基础。

1.1 数据库简介

数据库作为应用系统的核心和管理对象，是以一定的组织方式将相关的数据组织在一起并存放在计算机存储器上形成的，能为多个用户共享的，同时与应用程序彼此独立的一组相关数据的集合。数据库将各种数据以表的形式存储，并利用查询、窗体以及报表等形式为用户提供服务。

1.1.1 数据库基本概念

数据库是按一定关系把相关数据组织、存储，在计算机中的数据集合。数据库不仅存放数据，而且还存放数据之间的联系。

数据是指存储在某一种媒体上能够识别的物理符号。例如：某人身高度 165cm，体重 55kg。165、55 等数值就是数据。而数据库中的数据是广义的数据，包括数字、字母、文字、图形、图像、动画、影像、声音等多媒体数据。

数据处理是指将数据转换成信息的过程。例如：某人的"出生日期"，属于原始数据，若要计算其年龄，可以使用当前日期–出生日期，就可以得到。

在日常工作中，需要处理的数据量往往很大，为便于计算机对其进行有效的处理，可以将采集到的数据存放于磁盘、光盘等外存介质的"仓库"中，这个"仓库"就是数据库（DataBase 或 Data Base，DB）。数据集中存放在数据库中，便于对其进行处理，提炼出对决策有用的数据和信息。这就如同一个工厂生产出产品要先存放在仓库中，这样既便于管理，又便于分期分批地销售。比如一个学校采购大量的图书存放在图书馆（书库）中，供学生借阅。因此数据库就是在计算机存储器中用于存储数据的仓库。正如图书馆需要管理员和一套管理制度一样，数据库的管理也需要一个管理系统，这个管理系统就称为数据库管理系统（DataBase

Management System，DBMS)，以数据库为核心，并对其进行管理的计算机系统称为数据库系统（DataBase System，DBS)。

1.1.2 数据库系统介绍

1）数据库系统的三级模式结构

数据库系统的三级模式结构是指数据库系统是由外模式、模式和内模式三级构成，如图1-1 所示。

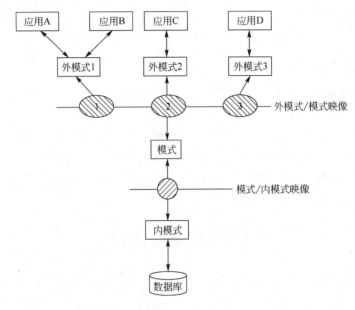

图 1-1　数据库系统的三级模式结构

（1）模式。模式（Schema）也称逻辑模式，是数据库中全体数据的逻辑结构和特征的描述，是所有用户的公共数据视图。它是数据库系统模式结构的中间层，不涉及数据的物理存储细节和硬件环境，与具体的应用程序，与所使用的应用开发工具及高级程序设计语言（如C，COBOL，FORTRAN）无关。定义模式时不仅要定义数据的逻辑结构，例如，数据记录由哪些数据项构成，数据项的名字、类型、取值范围等，而且要定义与数据有关的安全性、完整性的要求，及这些数据之间的联系。

（2）外模式。外模式也称子模式或用户模式，是数据库用户（包括应用程序员和最终用户）看见和使用的局部数据的逻辑结构和特征的描述，是数据库用户的数据视图，是与某一应用有关的数据的逻辑表示。

（3）内模式。内模式亦称存储模式，是数据物理结构和存储结构的描述，是数据在数据库内部的表示方式。数据库只有一个内模式。

数据库系统的三级模式是数据的 3 个级别的抽象，使用户能逻辑地、抽象地处理数据，而不必关心数据在计算机中的表示和存储。为了实现 3 个抽象层次的联系和转换，数据库系统在 3 个模式中提供两层映像：外模式/模式映像，模式/内模式映像。正是这两层映像保证了数据库系统中的数据能够具有较高的逻辑独立性和物理独立性。

2）数据库系统的组成

数据库系统是指具有数据库管理功能的计算机系统，是由硬件、软件、数据和人员组合起来为用户提供信息服务的系统。数据库系统的软件主要包括支持 DBMS 运行的操作系统以及 DBMS 本身，此外，为了支持开发应用系统，还要有各种高级语言及其编译系统。它们为开发应用系统提供了良好的环境，这些软件均以 DBMS 为核心。数据库系统人员即管理、开发和使用数据库的人员，主要是数据库管理员（Data Base Administrator，DBA）、系统分析员、应用程序员和用户。不同的人员涉及不同的数据抽象级别。数据库管理人员是数据资源管理机构的一组人员，负责全面管理和控制数据库系统。系统分析员负责应用系统的功能及模式设计。应用程序员负责设计应用系统的程序模块，根据数据库的外模式来编写应用程序。用户是指最终用户，他们通过应用系统的用户接口使用数据库，常用的接口方式有菜单驱动、表格操作、图形显示和报表书写等，这些接口为用户提供简明而直观的数据表示。图 1-2 所示给出了数据库系统的构成。

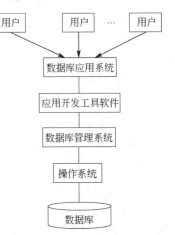

图 1-2 数据库系统的构成

一般说来，数据库系统由计算机的软、硬件资源组成，可以有组织地动态存储大量的关联数据，方便多用户访问。数据库系统与文件系统的重要区别在于数据的充分共享、交叉访问以及应用程序的高度独立性。

数据库主要解决以下 3 个问题。

（1）有效地组织数据。主要是对数据进行合理设计，以便计算机高效存储。

（2）将数据方便地输入计算机中。

（3）根据用户的要求将数据从计算机中提取出来。

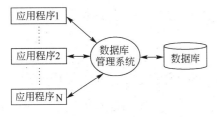

图 1-3 应用程序与数据库的关系

数据库也是以文件方式存储数据的，但它是数据的一种高级处理方式。在应用程序和数据库之间有一个数据库管理软件 DBMS（DataBase Management System），即数据库管理系统。应用程序与数据库的关系如图 1-3 所示。

数据库系统和文件系统的区别是：数据库对数据的存储是按照同一结构进行的，其他应用程序可以直接操作这些数据（即应用程序的高度独立性）；而文件系统对数据的存储缺乏规范性，根据用户的需要可随意存储。

1.1.3　数据库系统的特点

数据库系统的出现是计算机数据处理技术的重大进步，具有以下特点。

1）实现数据共享

数据共享允许多个用户同时存取数据而互不影响，这个特征正是数据库技术先进性的体现。数据共享包括以下 3 个方面。

（1）所有用户可以同时存取数据。

（2）数据库不仅可以为当前用户服务，也可以为将来的新用户服务。

（3）可以使用多种程序设计语言完成与数据库的接口。

2）实现数据独立

所谓数据独立是指应用程序不随数据存储结构的改变而变动。这是数据库系统最基本的优点。数据独立包括以下 2 个方面。

（1）物理数据独立：数据的存储方式和组织方法改变时，不影响数据库的逻辑结构，从而不影响应用程序。

（2）逻辑数据独立：数据库逻辑结构变化（如数据定义的修改、数据间联系的变更等）时，不会影响用户的应用程序，即用户的应用程序无须修改。

数据独立提高了数据处理系统的稳定性，从而提高了程序维护的效率。

3）减少数据冗余度

用户的逻辑数据文件和具体的物理数据文件不必一一对应，其中可存在"多对一"的重叠关系，可以有效地节省存储资源。

4）避免数据的不一致性

由于数据只有一个物理备份，所以数据的访问不会出现不一致的情况。

5）加强对数据的保护

数据库中加入了安全保密机制，可以防止对数据的非法存取。由于对数据库进行集中控制，所以有利于确保控制数据的完整性。数据库系统采取了并发访问控制，保证了数据的正确性。另外，数据库系统还采取了一系列措施来实现对数据库破坏的恢复。

1.1.4　关系数据库概述

关系数据库（Relation Database）是若干个依照关系模型设计的数据表文件的集合，也就是说关系数据库是由若干张依照关系模型设计的二维表组成的。

关系数据库由于以具有与数学方法相一致的关系模型设计的数据表为基本文件，因此每个数据表之间具有独立性的同时，若干个数据表之间又具有相关性，这个特点使关系数据库具有极大的优越性，并能得以迅速普及。关系数据库有以下特点。

（1）以面向系统的观点组织数据，使数据具有最小的冗余度，支持复杂的数据结构。

（2）具有高度的数据和程序的独立性，用户的应用程序与数据的逻辑结构以及数据的物理存储方式有关。

（3）由于数据具有共享性，因此数据库中的数据能为多个用户服务。

（4）关系数据库允许多个用户同时访问，同时提供了各种控制功能，从而可以保证数据的安全性、完整性和并发性控制。

1.2　数　据　模　型

使用数据库技术的目的是把现实世界中存在的事物以及事物之间的联系在数据库中用数据加以描述、存储，并对其进行各种处理，为人们提供能够完成现实活动的有用信息。怎样把现实世界中的事物及其事物之间的联系在数据库中用数据来加以描述，是数据库技术中的一个基本问题。

在数据库系统的体系结构中，模式是整个系统的核心和关键。而模式的本原和主体是数据模型。

1.2.1　数据模型概述

从理论上讲，数据模型是指反映客观事物之间联系的数据组织的结构和形式。客观事物是千变万化的，各种客观事物的数据模型也是千差万别的，但也有其共同性。常用的数据模型有 3 种：层次模型、网状模型和关系模型。

1.2.2　构建数据模型

1）层次模型

层次模型（Hierarchical Model）表示数据间的从属关系结构，是一种以记录某一事物的类型为根节点的有向树结构。层次模型像一棵倒置的树，根节点在上，层次最高；子节点在下，逐层排列。其主要特征如下。

（1）仅有一个根结点且无双亲。

（2）根结点以下的子结点，向上层仅有一个父结点，向下层有若干子结点。

（3）最下层为叶结点且无子结点。

层次模型表示从根节点到子节点的一个节点对多个节点，或从子节点到父节点的多个节点对一个节点的数据间的联系。层次模型的示例如图 1-4 所示。

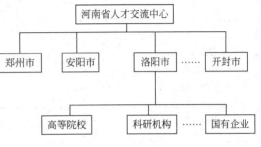

图 1-4　层次模型的示例

2）网状模型

网状模型（Network Model）是层次模型的扩展，表示多个从属关系的层次结构，呈现一种交叉关系的网络结构。网状模型是以记录为节点的网络结构。其主要特征如下。

（1）有一个以上的节点无双亲。

（2）至少有一个节点有多个双亲。

网状模型的示例如图 1-5 所示。

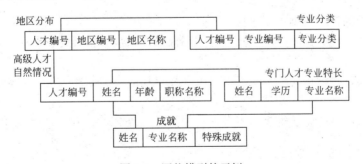

图 1-5　网状模型的示例

3）关系模型

关系模型（Relational Model）中的"关系"具有特定的含义，广义地说，任何模型都可以描述一定事物数据之间的关系。层次模型描述数据之间的从属关系；网状模型描述数据之间的多种从属的网状关系。关系模型中的"关系"虽然也适用于这种广义的理解，但同时又特指那种具有相关性而非从属性的平行数据之间的按照某种序列排列的集合关系。

表 1-1 是某部门高级人才的基本情况表。其中 4 组数据之间是平行的，从层次从属角度

看也是无关系的，但假如知道他们是同一个部门的工作人员，就可以建立一个关系（一张二维表）。

用二维表结构来表示实体与实体之间联系的模型称为关系模型。在关系模型中，操作的对象和结果都是二维表，这种二维表就是关系，见表 1-2。

表 1-1　某部门高级人才基本情况表

姓　名	性别	年龄
李云峰	女	40
王江鹏	男	51
孙志强	男	48
杨芳芳	女	32

表 1-2　成绩表

学　号	姓　名	计算机	英语	高等数学
2012205	罗云涛	98	90	95
2012101	牛浩	88	92	80
2012202	戎栋梁	82	100	90
2012106	于海燕	90	99	88
2012201	孙超峰	100	90	89
2012109	李志伟	96	97	95
2012102	李刚	95	98	99
2012204	王运刚	91	88	100
2012206	周丽	97	89	96
2012108	张忠伟	85	95	88
2012110	赵慧想	90	84	80
2012210	郑睿	92	99	100

表中的这些数据虽然是平行的，不代表从属关系，但它们构成了某部门工作人员的属性关系结构。

关系模型有以下主要特征：

（1）关系中的每一数据项不可再分，是最基本的单位。

（2）每一竖列的数据项（即字段）是同属性的，列数根据需要而设，且各列的顺序是任意的。

（3）每一横行数据项（即记录）由一个个体事物的诸多属性构成，记录的顺序可以是任意的。

（4）一个关系是一张二维表，不允许有相同的字段名，也不允许有相同的记录行。

1.2.3　数据库中的术语简介

1）字段

使用过 Office 中的 Excel（电子表格软件）组件的用户，可能会发现如图 1-6 所示的表很像 Excel 中的工作表。Access 数据库的表与 Excel 中的工作表的相同点是：都是按行和列组织的，用网格线隔开各单元格，单元格中可添加数据。Access 数据表与 Excel 工作表的不同点是：在 Access 数据库表中，表中的每一列代表一个字段，即一个信息的类别，表中的每一行就是一个记录，存放表中一个项目的所有信息。在 Access 表中的每个字段只能存放一种类型的数据（文本型、数字型、货币型或者日期型等）。

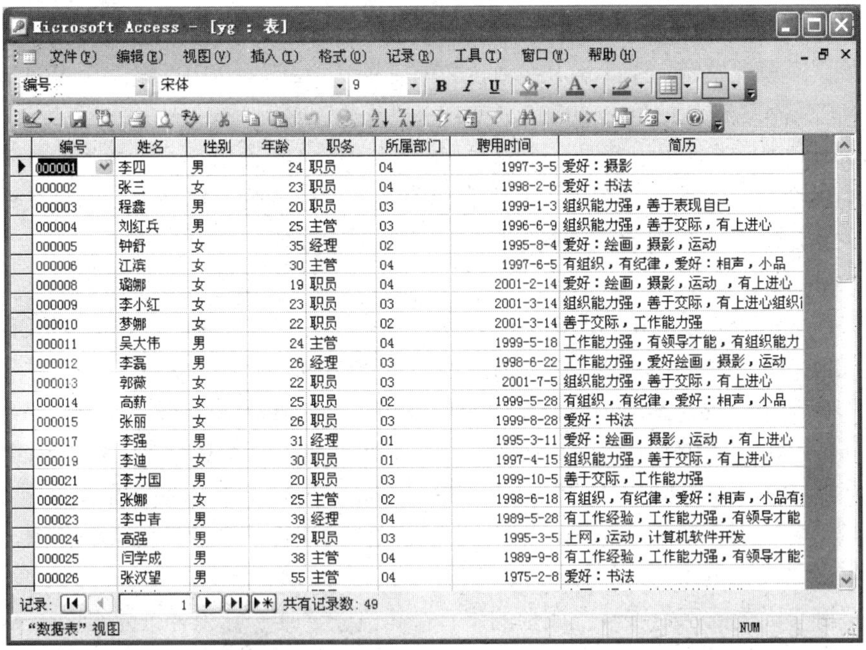

编号	姓名	性别	年龄	职务	所属部门	聘用时间	简历
000001	李四	男	24	职员	04	1997-3-5	爱好：摄影
000002	张三	女	23	职员	04	1998-2-6	爱好：书法
000003	程鑫	男	20	职员	03	1999-1-3	组织能力强，善于表现自已
000004	刘红兵	男	25	主管	03	1996-6-9	组织能力强，善于交际，有上进心
000005	钟舒	女	35	经理	02	1995-8-4	爱好：绘画，摄影，运动
000006	江滨	女	30	主管	04	1997-6-5	有组织，有纪律，爱好：相声，小品
000008	璐娜	女	19	职员	04	2001-2-14	爱好：绘画，摄影，运动　，有上进心
000009	李小红	女	23	职员	03	2001-3-14	组织能力强，善于交际，有上进心组织
000010	梦娜	女	22	职员	02	2001-3-14	善于交际，工作能力强
000011	吴大伟	男	24	主管	04	1999-5-18	工作能力强，有领导才能，有组织能力
000012	李磊	男	26	经理	03	1998-6-22	工作能力强，爱好绘画，摄影，运动
000013	郭薇	女	22	职员	03	2001-7-5	组织能力强，善于交际，有上进心
000014	高薪	女	25	职员	02	1999-5-28	有组织，有纪律，爱好：相声，小品
000015	张丽	女	26	职员	03	1999-8-28	爱好：书法
000017	李强	男	31	经理	01	1995-3-11	爱好：绘画，摄影，运动　，有上进心
000019	李迪	女	30	职员	01	1997-4-15	组织能力强，善于交际，有上进心
000021	李力国	男	20	职员	03	1999-10-5	善于交际，工作能力强
000022	张娜	女	25	主管	02	1998-6-18	有组织，有纪律，爱好：相声，小品有
000023	李中青	男	39	经理	04	1989-5-28	有工作经验，工作能力强，有领导才能
000024	高强	男	29	职员	03	1995-3-5	上网，运动，计算机软件开发
000025	闫学成	男	38	主管	04	1989-9-8	有工作经验，工作能力强，有领导才能
000026	张汉望	男	55	主管	04	1975-2-8	爱好：书法

图 1-6　罗斯文“员工”表视图

2）索引

索引是包含表中的一个字段或者一组字段中的某个关键词的按一定顺序排列的数据列表。数据库利用索引能迅速地定位到要查找的记录，从而缩短了查找记录的时间。

在如图 1-6 所示的“员工”表中，就以“ID”字段建立了一个索引，如果要查找相应个人的详细信息，就没有必要在 Access 库中逐个寻找每个人的名称，而只需直接找到索引序列表中某个人的 ID 号即可。

图 1-6 所示的表中显示的数据并不多，但是在实际应用中一个数据表可能存储数以万计的个人记录，如果没有索引，搜索一个数据需要很长时间，索引是快速完成搜索大量数据任务的关键所在。但是过多的索引也会降低 Access 的性能，所以只需要在经常访问的字段上建立索引。

3）记录

数据工作表被分为行和列，行称为记录（Record），列称为字段（Field）。每条记录都被看做一个单独的实体，可以根据需要进行存取或者排列。

表中的同一列数据具有相似的信息，例如产品 ID、产品名称、供应商和类别。这些数据的列条目就是字段。每个字段通过明确的数据类型来识别。常见的数据类型有文本型、数字型、货币型或者日期型。字段具有特定的长度，每个字段在顶行有一个表明其具体信息类别的名字。

行（表示记录）和列（表示字段）的相交处就是值——存储的数据元素。在同一个表中，值可能会重复出现，而字段和记录却是唯一的，字段可以用字段名来识别，记录通常通过记录的某些唯一特征符号来识别。

1.2.4　关系数据库

用二维表的形式表示事物之间的联系的数据模型称为关系数据模型，通过关系数据模型建立的数据库称为关系数据库。Microsoft Access 就是继 DBASE、FoxBASE、FoxPro 之后推出的关系数据库管理系统。Microsoft Access 2010（简称 Access 2010）适用于 Windows 95/98、Windows NT 3.5/4.0 和 Windows 2000/XP/WIN7 等操作系统环境。

在 Access 2010 中一个表就是一个关系。表 1-1 和表 1-2 给出了一个学生的基本情况表和一个学生的成绩两个关系，这两个关系都有标识某个学生的唯一属性——学号，根据学号通过一定的关系运算就可以把学生的基本情况和成绩联系起来。

1）关系术语

（1）关系。一个关系就是一张二维表，每个关系都有一个关系名，如基本情况、成绩等。

（2）元组。在一个二维表（一个关系）中，水平方向的行称为元组。元组对应表中的一条记录，如在基本情况表和成绩表两个关系中就包括多个元组（多条记录）。

（3）属性。二维表中垂直方向的列称为属性。每一列有一个属性名，在 Visual FoxPro 中称为字段名，如基本情况表中的"学号"、"姓名"和"性别"等均为字段名。

（4）域。域是属性的取值范围，即不同元组对同一属性的取值所限定的范围，如性别的域为"男"和"女"两个值。

（5）关键字。关键字是属性或属性的集合，其值能够唯一标识一个元组。在 Access 2010 中表示为字段或字段的组合。如，基本情况表中的"学号"字段可以作为标识一条记录的关键字，而"性别"字段则不能唯一标识一条记录，因此，不能作为关键字。在 Access 2010 中主关键字和候选关键字能够起唯一标识一个元组的作用。

（6）外部关键字。如果表中的一个字段不是本表的主关键字或候选关键字，而是另外一个表的主关键字或候选关键字，这个字段（属性）就称为外部关键字。

2）关系运算

对关系数据库进行查询时，需要找到用户需要的数据，就要对关系进行运算。关系的基本运算有两类：一类是传统的集合运算（并、差、交等），在 Access 2010 中没有直接提供传统的集合运算，但可以通过其他操作或编写程序来实现；另一类是专门的关系运算（选择、投影、连接等），查询就是要对关系进行的基本运算。

3）关系模型的操作

关系模型由 3 部分组成：数据结构、关系操作集合和关系的完整性。关系模型把关系作为集合来进行操作（运算），参与操作的对象是集合，结果仍是集合。关系操作的能力可用关系代数来表示，常用的有 8 种，比如选择、投影、连接、除、并、交、差和广义笛卡儿积。

4）关系模型的完整性

关系模型的 3 类完整性是实体完整性、参照完整性和用户定义的完整性，这里只介绍前面两类完整性。所谓完整性是对数据库中数据的一些约束条件。前两类完整性是关系模型必须满足的完整性约束条件，应该由关系系统自动支持。

（1）实体完整性。实体完整性是指如果属性组 A 是关系 R 的关键字，那么 A 不能取空值（NULL）。空值是"不知道"或者"无意义"的值。比如学生档案表中属性"学号"下的值不能取空值。

（2）参照完整性。若关系 R 中含有与另一个关系 S 的关键字 KS 相对应的属性组 F（称为 R 的外部码），则对于 R 中每个元组在 F 上的值必须为：

① 或者取空值（F 的每个属性值均为空值）。

② 或者等于 S 中某个元组的关键字值。关系 S 的关键字 KS 和 F 定义在同一个（或一组）

域上。例如现有职工关系 EMP（职工号，姓名，部门号）和部门关系 DEPT（部门号，部门名）是两个基本关系。EMP 的关键字为职工号，DEPT 的关键字是部门号，在 EMP 中，部门号是外部码。

EMP 中每个元组在部门号上的值允许有两种可能：

① 空值说明这个职工尚未分配到某个部门。

② 非空值，则部门号的值必须是 DEPT 中某个元组中的部门号值。表示此职工不可能分配到一个不存在的部门中，即被参照的关系 DEPT 中一定存在一个元组，它的关键字值等于该关系 EMP 中的外部码值。这就是参照完整性。

1.2.5　构建数据库模型

在使用 Access 2010 新建数据库的窗体和其他对象之前，设计并构建数据库非常重要。合理的设计是新建一个有效、准确及时完成所需功能的数据库的基础。

1）收集项目需求

设计 Access 2010 数据库的第一步是确定数据库所要完成的任务以及如何来完成。用户需要明确的是希望从设计的数据库中得到什么信息，因此设计者可以根据这些信息来确定最终设计哪些数据表以及数据表中需要包含哪些字段。

构建数据库就需要设计者与即将使用数据库的人员进行交流，集体讨论需要数据库解决的问题，并描述需要数据库生成的报表；同时收集当前用于记录数据的表格，然后参考某个设计较完善且与此相似的数据库。

2）项目构架

（1）规划数据库的表。规划数据库中的表可能是数据库设计过程中最难处理的步骤。因为设计者从第一步了解数据库任务的过程中所获得的结果（即打印输出的报表、使用的表格和所要解决的问题等），不一定能提供构建数据表结构的线索。

在使用 Access 2010 设计表之前，可以先在纸上草拟并润色设计方案。在设计表时，应按以下设计原则对信息进行分类。

① 表中不应该包含重复信息，且信息不允许在表之间复制。

如果每条信息只保存在一个表中，则只需更新一处，这样效率更高，同时也消除了如 A 和 B 两个表中都有相同客户的地址和电话号码的信息。如果只修改了 A 表中该客户的地址，则 A、B 两表中客户的信息就不同了，即包含不同信息的重复项的可能性。因此，在一个表中只能保存一次每一个客户的地址和电话号码。

② 每个表应该只包含关于一个主题的信息。

如果每个表只包含关于一个主题的信息，则可以独立于其他主题维护每个主题的信息。例如，将客户的地址与客户订单存在不同表中，这样就可以删除某个订单，但仍然保留客户的信息。

（2）确定字段。同一主题是指建立相应主题的数据库，如建立一个教务管理系统数据库，那么在数据库中建立的每一个表都应包含关于教务管理的相关信息，如成绩、课程信息、老师信息等。

每个表都包含关于同一主题的信息，并且表中的每个字段应该包含关于该主题的各个事件。例如，"Customer（客户）表"可以包含公司的名称、地址、城市、省和电话号码的字段。在设计每个表的字段时，用户需要注意下列内容。

① 每个字段直接与表的主题相关。

② 不包含指导或计算的数据（表达式的计算结果）。

③ 包含需要的所有信息。

④ 以最小的逻辑部分保存信息。

（3）明确有唯一值的字段。每个表应该包含一个或一组字段，且该字段是表中所保存的每条记录的唯一标识，称作表的主关键字。为表设计主关键字后，为确保唯一性，Access 2010 将避免任何重复值或空（Null）值进入主关键字字段。Access 2010 为了连接保存在不同表中的信息，例如将某个客户与该客户的所有订单相连接，数据库中的每个表必须包含能唯一确定每条记录的字段或者字段集。

（4）确定表之间的关系。因为已经将信息分配到各个表中，并且已定义了主关键字字段，所以需要通过某种方式告知 Access 2010 如何以有意义的方法将相关信息重新结合到一起。用户（指设计数据库的人）如果进行关联"客户"表与"客户订单"表的操作，必须定义表之间的关系。

可以参考一个已有的且设计良好的数据库中的关系，这里打开"罗斯文（Northwind）示例数据库"（选择 Office 按钮 |【新建】|【本地模板】|【罗斯文 2010】|【创建】命令）并且在【数据库工具】面板的【显示/隐藏】选项板中选择【关系】命令，就会出现如图 1-7 所示的【关系】对话框。

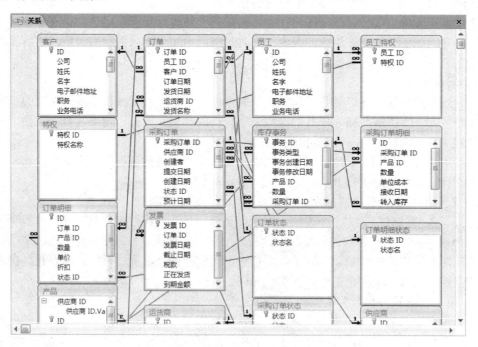

图 1-7 【关系】对话框

（5）优化设计。在设计完需要的表、字段和关系后，就应该检查一下该设计方案并找出可能存在的不足，因为此时修改数据库的设计要比更改已经填满数据的表容易得多。

3）开发规划

如果认为表的结构已达到了设计目的，就可以在表中添加数据，然后新建所需的查询、窗体、报表、宏和模块。

Access 2010 有两个工具可以帮助用户方便地改进数据库的设计，即"表分析器向导"和"性能分析器"。

　　"表分析器向导"一次能分析一个表的设计，在适当的情况下建议新的表结构和关系，并且在合理的情况下根据表分析器提供的建议（如认为某表结构不合理而建议一个新的表结构）修改原来的表结构。使用"表分析器向导"可以对表进行规范化的操作，即将表拆分成相关表，如果用户的数据库中有一个表，且该表在一个或多个字段中包含重复的信息，可以使用"表分析器向导"将有重复信息的表拆分成多个关联表，这样能更有效地保存数据。

　　使用"性能分析器"可以分析整个数据库，并且提出建议和意见来改善数据库的性能。

习　题

一、选择题

1. 数据库的概念模型独立于_____。

　　（A）具体的机器和 DBMS 　　　　　（B）E-R 图

　　（C）信息世界 　　　　　　　　　　（D）现实世界

2. 通过指针链接来表示和实现实体之间联系的模型是_____。

　　（A）关系模型 　　　（B）层次模型 　　（C）网状模型 　　（D）层次和网状模型

3. 层次模型不能直接表示_____。

　　（A）1：1 关系 　　（B）1：m 关系 　　（C）m：n 关系 　　（D）1：1 和 1：m 关系

4. 关系数据模型_____。

　　（A）只能表示实体间的 1：1 联系 　　　（B）只能表示实体间的 1：n 联系

　　（C）只能表示实体间的 m：n 联系 　　　（D）可以表示实体间的上述三种联系

5. 用二维表数据来表示实体之间联系的模型称为_____。

　　（A）网状模型 　　　（B）层次模型 　　（C）关系模型 　　（D）实体-联系模型

6. Visual FoxPro 关系数据库管理系统能够实现的 3 种基本关系运算是_____。

　　（A）索引、排序、查找 　　　　　　　（B）建库、录入、排序

　　（C）选择、投影、连接 　　　　　　　（D）显示、统计、复制

7. 关系数据库系统中所使用的数据结构是_____。

　　（A）树 　　　　　（B）图 　　　　　（C）表格 　　　　　（D）二维表格

8. 数据库系统的构成包括计算机硬件系统、计算机软件系统、数据、用户和_____。

　　（A）操作系统 　　　（B）文件系统 　　（C）数据集合 　　（D）数据库管理人员

9. 用于实现数据库各种数据操作的软件是_____。

　　（A）数据软件 　　　（B）操作系统 　　（C）数据库管理系统 　　（D）编译程序

10. 数据库 DB、数据库系统 DBS 和数据库管理系统 DBMS 的关系是_____。

　　（A）DBMS 包括 DB 和 DBS 　　　　（B）DBS 包括 DB 和 DBMS

　　（C）DB 包括 DBS 和 DBMS 　　　　（D）DB、DBS 和 DBMS 是平等关系

11. Access 2010 数据库系统是_____。

　　（A）网络数据库 　　（B）层次数据库 　　（C）关系数据库 　　（D）链状数据库

二、简答题

1. 文件系统与数据库系统有何区别和联系？

2. 数据库系统由哪几部分组成？各有什么作用？

3. 分别列举层次模型、网状模型和关系模型的例子。

4. 关系模型有哪些特点？

5. 什么是字段、索引和记录？

第 2 章　Access 2010 数据库

【学习要点】
 ➢ Access 2010 介绍
 ➢ Access 2010 的新界面
 ➢ Access 2010 的新功能
 ➢ Access 2010 的功能区
 ➢ 数据库的六大对象
 ➢ 各种对象的主要概念和功能

【学习目标】

通过本章的学习，应该对数据库的概念有比较清楚的了解，对 Access 2010 数据库的功能有直观的认识。Access 2010 采用了全新的用户界面，这对于用户的学习也是一个挑战。用户应当通过本章的学习，熟悉 Access 2010 的新界面，了解功能区的组成及命令选取方法等。通过学习，用户还应当建立起数据库对象的概念，了解 Access 的 6 大数据库对象及其主要功能。

2.1　Microsoft Access 2010 简介

Access 2010 是 Microsoft 公司于 2010 年推出 Access 版本，是 Microsoft 办公软件包 Office 2010 的一部分，目前 Access 最新的版本是 Access 2012。作为一种新型的关系型数据库，它能够帮助用户处理各种海量的信息，不仅能存储数据，更重要的是能够对数据进行分析和处理，使用户将精力聚焦于各种有用的数据。

Access2010 是简便、实用的数据库管理系统，提供了大量的工具和向导，即使没有编程经验的用户也可以通过其可视化的操作来完成绝大部分的数据库管理和开发工作。

2.1.1　Access 2010 产品简介

自 Microsoft 公司研制开发出 Access 以来，就以其简单易学的优势使得 Access 的用户不断增加，成为流行的数据库管理系统软件之一。

Access 2010 是 Office 2010 系列办公软件中的产品之一，是 Microsoft 公司出品的优秀的桌面数据库管理和开发工具。Microsoft 公司将汉化的 Access 2010 中文版加入 Office 2010 中文版套装软件中，使得 Access 在中国得到了广泛的应用。

Access 2010 是一个面向对象的、采用事件驱动的新型关系型数据库。这样说可能有些抽象，但是相信用户经过后面的学习，就会对什么是面向对象、什么是事件驱动有深刻的理解。

Access 2010 提供了表生成器、查询生成器、宏生成器、报表设计器等许多可视化的操作工具，以及数据库向导、表向导、查询向导、窗体向导、报表向导等多种向导，可以使用户很方便地构建一个功能完善的数据库系统。Access 2010 还为开发者提供了 Visual Basic for

Application(VBA)编程功能，使高级用户可以自行开发功能更加完善的数据库系统。

Access 2010 还可以通过 ODBC 与 Oracle、Sybase、FoxPro 等其他数据库相连，实现数据的交换和共享。并且，作为 Office 办公软件包中的一员，Access 还可以与 Word、Outlook、Excel 等其他软件进行数据的交互和共享。

此外，Access 2010 还提供了丰富的内置函数，以帮助数据库开发人员开发出功能更加完善、操作更加简便的数据库系统。

2.1.2　Access 2010 的功能

Access 2010 属于小型桌面数据库系统，是管理和开发小型数据库系统非常好用的工具。

Access 2010 可以在一个数据库文件中通过 6 大对象对数据进行管理，从而实现高度的信息管理和数据共享。它的 6 对象如下。

① 表：存储数据。

② 查询：查找和检索所需的数据。

③ 窗体：查看、添加和更新数据库的数据。

④ 报表：以特定的版式分析或打印数据。

⑤ 宏：执行各种操作，控制程序流程。

⑥ VBA 模块：处理、应用复杂的数据信息的处理工具。

这 6 个数据库对象相互联系，构成一个完整的数据库系统。SharePoint 网站这个对象是新增的，读者可以自行学习。

只要在一个表中保存一次数据，就可以从表、查询、窗体和报表等多个角度查看到数据。由于数据的关联性，在修改某一处的数据时，所有出现此数据的地方均会自动更新。

Access 2010 有许多方便快捷的工具和向导，工具有表生成器、查询生成器、窗体生成器和表达式生成器等；向导有数据库向导、表向导、查询向导、窗体向导和报表向导等。利用这些工具和向导，可以建立功能较为完善的中小型数据库应用系统。

2.2　Access 2010 的新增功能

Access 2010 使用起来非常简单，它提供的现成模板使用户可以快速开始工作，同时它还提供了强大的工具，使用户能够随时掌握数据的发展趋势。

即使用户不是一名数据库专家，通过 Access 2010 也可以充分利用所拥有的信息。

此外，通过新增的 Web 数据库 Access 2010 还可以增强数据功能，能够更轻松地跟踪和报告数据并与他人共享数据，只要拥有 Web 浏览器，即可访问数据。Access 2010 新增加的主要功能如下。

（1）比以往更快更轻松地构建数据库。无需经历长时间的学习过程。现成的模板和可重用的组件使 Access2010 成为一个快速且简便的数据库解决方案。

只需单击几下即可投入工作。可找到新的内置模板，无需自定义即可开始使用，也可以从 Office.com 中选择模板并根据需要进行自定义。

可使用新的应用程序部件构建包含新模块式组件的数据库，并且只需单击几下即可将用于完成常规任务的预建 Access 组件添加到您的数据库中。

（2）创建更具吸引力的窗体和报表。Access 2010 带来了所需的 Microsoft Office 创新工具，可轻松创建专业且信息丰富的窗体和报表。

条件格式现在支持数据栏，可以从一个直观的视图来管理条件格式规则。通过 Access 2010 中新增的 Office 主题，只需单击几下即可调整众多数据库对象并轻松设置格式。

（3）更加轻松地访问适当的工具，找到需要的命令。轻松地自定义经过改进的功能区，以便更加轻松地访问所需要的命令。可以创建自定义选项卡，甚至可以自定义内置选项卡。

可通过全新的 Microsoft Office Backstage™视图管理数据库并更快更直接地找到所需数据库工具。在所有 Office 2010 应用程序中，都用 Backstage 视图取代了传统的"文件"菜单，从而为管理数据库和自定义 Access 提供了一个集中的有序空间。添加自动化功能和复杂的表达式，而无需编写代码。

借助 Access 2010 中简单易用的工具，用户也可以成为一名开发人员。功能得到增强的表达式生成器借助 IntelliSense 技术极大地简化了公式和表达式，从而减少了错误并能够花更多时间来构建数据库。

使用改进的宏设计器更加轻松地向数据库中添加基本逻辑。如果是一名经验丰富的 Access 用户，将会发现能够更加直观地使用增强功能创建复杂逻辑，并且能够通过这些功能扩展数据库应用程序。

（4）创建集中管理数据的位置。Access 2010 提供了集中管理数据并提高工作质量的简便方式。

在构建的应用程序中直接包括 Web 服务和 Microsoft SharePoint 2010 Business Connectivity Services 数据，可以通过新增加的 Web 服务协议连接到数据源。

从其他各种外部源（例如 Microsoft Excel、Microsoft SQL Server、Microsoft Outlook 等）导入和链接数据。或者，通过电子邮件收集和更新数据 — 不需要服务器。

（5）通过新的方式访问数据库。借助 Microsoft SharePoint Server 2010 中新增的 Access Services，可以通过新的 Web 数据库在 Web 上发布数据库。

联机发布数据库然后通过 Web 访问、查看和编辑它们。没有 Access 客户端的用户可以通过浏览器打开 Web 窗体和报表，他们所做的更改将自动同步。无论您是大型企业、小企业主、非盈利组织，还是只想找到更高效的方式来管理您的个人信息，Access 2010 都可以使您更轻松地完成任务，且速度更快、方式更灵活、效果更好。

① 该功能需要 Microsoft SharePoint Server 2010 才能发布和共享 Web 数据库。

② 在 SharePoint Server 2010 中配置对 Microsoft SharePoint 2010 Business Connectivity Services 的支持。

2.3　Access 2010 的安装

Access 2010 是作为 Office 2010 的组件一同发布的，在介绍 Access 2010 前，首先简单介绍 Office 2010 的安装过程，这样有助于读者根据需要选择安装自己所需的 Office 组件。

Access 2010 的安装步骤如下。

（1）把 Office 2010 的安装光盘插入驱动器后，安装程序将自动运行，稍等片刻，打开【阅读 Microsoft 软件许可证条款】界面，选中【我接受此协议的条款】复选框，然后单击【继续】按钮。Office 2010 也可以在网上下载，读者根据需要自行学习。

（2）在【选择所需的安装】界面中，单击【自定义】按钮，如图 2-1 所示，打开【安装选项】选项卡。

图 2-1　【选择所需的安装】界面

（3）在【安装选项】选项卡中，可以选择需要安装的组件，在不需要安装的组件上选择【不可用】选项即可。

（4）选择【文件位置】选项卡，设置软件的安装位置，单击【立即安装】按钮，系统便开始安装 Office 2010 应用程序，并显示软件的安装进度。安装完成之后，将出现【安装已完成】界面。

整个过程需要 20～30min。如果只是安装 Access 2010，则只需 5～6min 的时间，重新启动计算机后即可。

2.4　Access 2010 的启动与退出

在 Windows 操作系统中，有几种方法可以方便地启动和退出 Access 2010。

2.4.1　Access 2010 的启动

成功安装 Access 2010 后，就可以运行这个程序了。

启动 Access 2010 的方法和启动其他软件的方法一样，Access 2010 的启动步骤如下：

（1）单击任务栏上的【开始】按钮。

（2）打开【所有程序】级联菜单。

（3）选择 Microsoft Office | Microsoft Access 2010 命令，就可启动 Access 2010 了。

最简单而直接的启动方法，是在桌面上建立 Access 2010 的快捷方式，只需双击桌面上的快捷方式图标，就可以方便、快捷地启动系统，如图 2-2 所示。

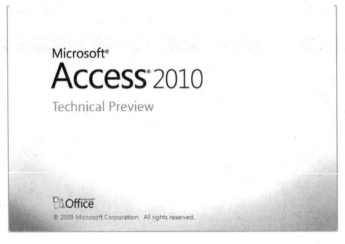

图 2-2　Access 2010 的启动过程

建立桌面快捷方式的步骤如下。

（1）单击任务栏上的【开始】按钮。

（2）打开【所有程序】级联菜单。

（3）在 Microsoft Office | Microsoft Access 2010 命令上右击。

（4）在弹出的快捷菜单中选择【发送到】|【桌面快捷方式】命令。

提示：在通过【开始】菜单启动 Access 2010 以后，系统首先会显示【可用模板】面板，这是 Access 2010 界面上的第一个变化。Access 2010 采用了和 Access 2007 扩展名相同的数据库格式，扩展名为.accdb。而原来的各个 Access 版本都是采用扩展名为.mdb 的数据库格式。

2.4.2　Access 2010 的退出

退出 Access 2010 的方法有以下几种。

① 单击 Office 按钮 |【退出 Access】按钮。

② 双击 Office 按钮 🅰 。

③ 单击标题栏右侧的【关闭】按钮。

④ 按 Alt＋Space 键，在弹出的快捷菜单中选择【关闭】命令。

⑤ 在任务栏中 Access 2010 程序按钮上右击，在弹出的快捷菜单中选择【关闭】命令。

⑥ 按 Alt+F4 键。

⑦ 依次按 Alt、F 和 X 键。

提示：在打开另一个数据库的同时，Access 2010 将自动关闭当前的数据库。

2.5　Access 2010 的窗口操作

Access 2010 的操作窗口比以前的版本更具特色，特点更鲜明。

2.5.1　Access 2010 的系统主窗口

启动 Access 2010 时，首先会出现全新的 Access 标识，然后创建空白数据库，打开其系统主窗口，如图 2-3 所示。

图 2-3　Access 2010 系统主窗口

Access 系统主窗口由 3 部分组成：标题栏、菜单栏和面板以及快速访问工具栏。

（1）标题栏：主要包括 Access 2010 标题，最大化、最小化及关闭窗口的按钮，如图 2-4 所示。

图 2-4　Access 2010 的标题栏

（2）菜单栏和面板：Access 2010 的菜单栏和面板是对应的关系，在菜单栏中单击某个菜单即可显示相应的面板。在面板中有许多自动适应窗口大小的选项板，提供了常用的命令按钮，如图 2-5 所示。

图 2-5　Access 2010 的菜单栏和面板

（3）快速访问工具栏：快速访问工具栏位于窗口的左上角，其中包括【保存】按钮、【撤销】按钮和【恢复】按钮等。

2.5.2　Access 2010 的数据库窗口

选择 Office 按钮|【新建】命令，打开相应任务窗格，可以选择【空白数据库】项来新建一个数据库。数据库窗口是 Access 中非常重要的部分，可以让用户方便、快捷地对数据库进行各种操作，创建数据库对象，综合管理数据库对象。

数据库窗口主要包括名称框、导航窗格以及视图区 3 个部分，如图 2-6 所示。

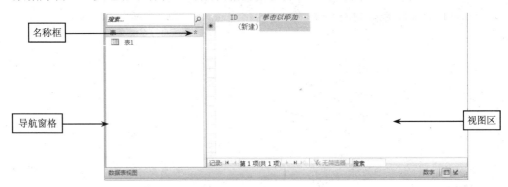

图 2-6　数据库窗口

导航窗格仅显示数据库中正在使用的内容。表、窗体、报表和查询都在此处显示，便于用户操作。

在导航窗格中单击【所有表】按钮，即可弹出列表框，列表框包含【浏览类别】和【按组筛选】两个选项区，在其中根据需要选择相应命令，即可打开相应窗格。

2.6　创建数据库

首先应该明确数据库各个对象之间的关系。通过前面已经知道数据库中有 6 个对象，分别为"表"、"查询"、"窗体"、"报表"、"宏"和"VBA 模块"，这 6 个对象构成了数据库系统。

而数据库，就是存放各个对象的容器，执行数据仓库的功能。因此在创建数据库系统之前，应最先做的就是创建一个数据库。

在 Access 2010 中，可以用多种方法建立数据库，既可以使用数据库建立向导，也可以直接建立一个空数据库。建立了数据库后，就可以在里面添加表、查询、窗体等数据库对象了。

下面将分别介绍创建数据库的几种方法。

2.6.1　创建一个空白数据库

先建立一个空数据库，以后根据需要向空数据库中添加表、查询、窗体、宏等对象，这样能够灵活地创建更加符合实际需要的数据库系统。

建立一个空数据库的操作步骤如下：

（1）启动 Access 2010，并进入 Backstage 视图，然后在左侧导航窗格中单击【新建】命令，接着在中间窗格中单击【空数据库】选项，如图 2-7 所示。

图 2-7　空数据库选项图

（2）在右侧窗格中的【文件名】文本框中输入新建文件的名称，再单击【创建】按钮，如图 2-8 所示。

　　提示：若要改变新建数据库文件的位置，可以在上图中单击【文件名】文本框右侧的文件夹图标📁，弹出【文件新建数据库】对话框，选择文件的存放位置，接着在【文件名】文本框中输入文件名称，再单击【确定】按钮即可，如图 2-9 所示。

图 2-8　创建图标按钮

图 2-9　文件新建数据库

（3）这时将新建一个空白数据库，并在数据库中自动创建一个数据表，如图 2-10 所示。

图 2-10　文件新建数据库

提示：运用这种方法，Access 2010 大大提高了建立数据库的简易程度。运用这种方法建立的数据库，可以更加有针对性地设计自己所需要的数据库系统，相对于被动地用模板而言，增强了使用者的主动性。

2.6.2　利用模板创建数据库

Access 2010 提供了 12 个数据库模板。使用数据库模板，用户只需要进行一些简单操作，就可以创建一个包含了表、查询等数据库对象的数据库系统。

下面利用 Access 2010 中的模板，创建一个"联系人"数据库，具体操作步骤如下：

（1）启动 Access 2010，单击【样本模板】选项，从列出的 12 个模板中选择需要的模板，这里选择【联系人 Web 数据库】选项，如图 2-11 所示。

图 2-11　联系人 Web 数据库

（2）在屏幕右下方弹出的【数据库名称】中输入想要采用的数据库文件名，然后单击【创建】按钮，完成数据库的创建。创建的数据库如图 2-12 所示。

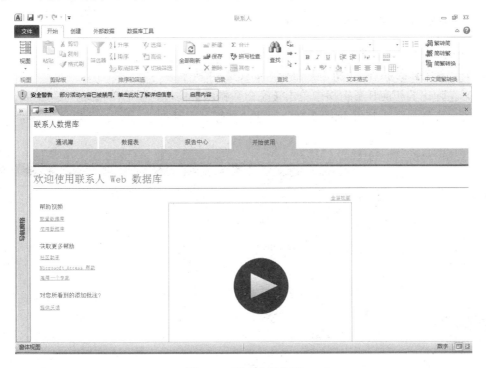

图 2-12　联系人数据库

（3）这样就利用模板创建了"联系人"数据库。单击【通讯簿】选项卡下的【新增】按钮，弹出如图 2-12 所示的对话框，即可输入新的联系人资料了，如图 2-13 所示。

图 2-13　联系人数据库

可见，通过数据库模板可以创建专业的数据库系统，但是这些系统有时不太符合要求，因此最简便的方法就是先利用模板生成一个数据库，然后再进行修改，使其符合要求。

2.6.3　创建数据库的实例

创建一个空数据库 ldjkk.accdb。操作步骤如下。

（1）选择 Office 按钮 |【新建】命令，如图 2-14 所示。

（2）在弹出的相应任务窗格中单击【空白数据库】图标，然后单击文件名右侧的文件夹图标按钮，打开如图 2-15 所示的【文件新建数据库】对话框。

图 2-14　选择【新建】命令　　　　　　　图 2-15　【文件新建数据库】对话框

（3）确定数据库文件的保存位置和文件名。在打开的【文件新建数据库】对话框中指定数据库文件的保存位置，如图 2-16 所示，在【保存位置】列表框中选择数据库文件保存的位置，例如数据库文件保存位置为"D:\高校教务管理系统\数据库文件"。

图 2-16　确定数据库文件的保存位置

在【文件名】下拉列表框中输入数据库文件的文件名，如图 2-17 所示，数据库文件名为 ldjkk.accdb，保存类型采用默认的 Microsoft Office Access 2010 数据库(*.accdb)。

图 2-17　输入数据库文件的文件名

（4）完成创建。单击【文件新建数据库】对话框右下角的【确定】按钮，返回任务窗格，单击【创建】按钮，Access 2010 就会创建一个名为 ldjkk.accdb 的数据库，并打开其数据库窗口，如图 2-18 所示。就可以在数据库窗口中创建所需的各种对象。

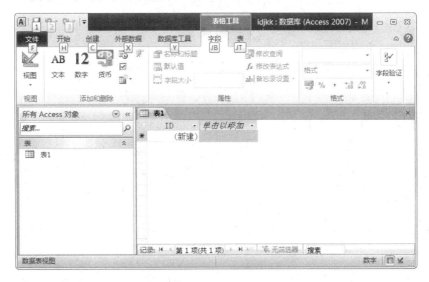

图 2-18　新建的 ldjkk.accdb 数据库窗口

2.6.4　数据库的打开与关闭

在执行数据库的各种操作前要求数据库必须先打开，在完成操作后则需要关闭数据库。

1）打开数据库

打开数据库的具体操作步骤如下。

（1）选择 Office 按钮 |【打开】命令，弹出如图 2-19 所示的【打开】对话框。

图 2-19 【打开】对话框

（2）在【打开】对话框中，选择【查找范围】，然后选择数据库文件名，在【打开】按钮的右侧有一个向下的箭头，单击会出现一个下拉菜单。

（3）单击【打开】按钮，即可打开一个数据库。

2）关闭数据库

关闭数据库可以用以下方法。

在 Access 主菜单中，选择 Office 按钮 |【关闭数据库】命令。

单击数据库窗口右上角的【关闭】按钮 ☒ 。

2.6.5 管理数据库

在数据库的使用过程中，随着使用次数越来越多，难免会产生大量的垃圾数据，使数据库变得异常庞大，如何去除这些无效数据呢？为了数据的安全，备份数据库是最简单的方法，在 Access 中数据库又是如何备份的呢？还有打开一个数据库以后，如何查看这个数据库的各种信息呢？

所有的问题都可以在数据库的管理菜单下解决，下面就介绍基本的数据库管理方法。

1）备份数据库

对数据库进行备份，是最常用的安全措施。下面以备份"罗斯文.accdb"数据库文件为例，介绍如何在 Access 2010 中备份数据库。

（1）在 Access 2010 程序中打开压缩过的"罗斯文.accdb"数据库，然后单击【文件】标签，并在打开的 Backstage 视图中选择【保存并发布】命令，选择【备份数据库】选项，如图 2-20 所示。

（2）弹出【另存为】对话框，默认的备份文件名为"数据库名+备份日期"，如图 2-21 所示。

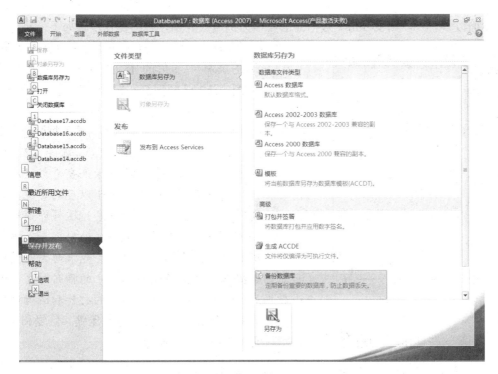

图 2-20　备份数据库

图 2-21　另存为对话框

（3）单击【保存】按钮，即可完成数据库的备份。

提示：数据库的备份功能类似于文件的【另存为】功能，其实利用 Windows 的【复制】功能或者 Access 的【另存为】功能都可以完成数据库的备份工作。

2）查看数据库属性

对于一个新打开的数据库，可以通过查看数据库属性，来了解数据库的相关信息。

下面以查看"罗斯文_full"数据库的属性为例进行介绍，具体操作步骤如下：

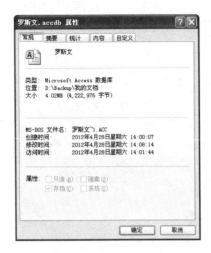

图 2-22　属性对话框

（1）启动 Access 2010，打开任意一个数据库文件。

（2）单击屏幕左上角的【文件】标签，在打开的 Backstage 视图中选择【管理】命令，再选择【数据库属性】选项。

（3）在弹出的数据库属性对话框的【常规】选项卡中显示了文件类型、存储位置与大小等信息，如图 2-22 所示。

提示：可以单击选择各个选项卡来查看数据库的相关内容。需特别提示的是：为了便于以后的管理，建议尽可能地填写【摘要】选项卡的信息。这样即使是其他人进行数据库维护，也能清楚数据库的内容。

在使用过程中，数据库的体积会越来越大。通过修复和压缩数据库，可以移除数据库中的临时对象，大大减小数据库的体积，从而提高系统的打开和运行速度。

在本节中，介绍了对数据库进行压缩、修复和备份等操作，了解这些操作对于使用整个数据库系统来说是十分必要的。

2.7　上 机 实 训

实 训 一

一、实验目的

熟悉 Access 2010 的开发环境。

掌握 Access 2010 中各对象的打开、关闭和使用方法。

二、实验过程

（1）启动 Access 2010，打开"罗斯文示例数据库"，观察其各个对象组所包含的对象。

实验分析：打开"罗斯文示例数据库"，选择导航窗格中的不同对象，即可显示各个对象组所包含的对象。

实验步骤如下。

① 选择【开始】|【所有程序】| Microsoft Office | Microsoft Access 2010 命令，启动 Access 2010。

② 选择 Office 按钮 |【新建】|【本地模板】|【罗斯文 2010】|【创建】命令，打开罗斯文 2010.accdb 数据库。

③ 在导航窗格中选择【对象类型】浏览类别，然后依次选择表、查询、窗体、报表、宏和模块对象，观察各对象组所包含的对象。

④ 以不同的视图打开不同的对象，观察了解视图区的变化。

⑤ 关闭"罗斯文示例数据库"。

（2）打开"罗斯文示例数据库"，查看库中有几位员工，有几份订单，有几位客户，查看库中销量居前 3 位的订单，查看各员工的电子邮件地址，查看年度销售报表等。

实验分析：在罗斯文示例数据库中，分别打开员工、订单和客户表，能查到有关信息，打开销量居前十位的订单查询，能查到销量居前 3 位的订单，打开员工窗体能查看员工的电子邮件地址和打开年度销售报表。

实验步骤如下。

① 打开罗斯文 2010.accdb 数据库，选择【表】对象。

② 打开"员工"表，查看有几条信息，即有几位员工。

③ 打开"订单"表，查看有几条记录，即有几份订单。

④ 打开"客户"表，查看有几位客户。

⑤ 选择【查询】对象，打开"销量居前十位的订单"，找出销量居前 3 位的订单。

⑥ 选择【窗体】对象，打开"员工列表"窗体，查看各员工的电子邮件地址。

⑦ 选择【报表】对象，打开"年度销售报表"报表，单击【预览】按钮查看该报表。

⑧ 关闭数据库。

注：罗斯文示例数据库是 Access 2010 自带的数据库，安装路径为 Microsoft Office\OFFICE 11\ SAMPLES。

实　训　二

一、实验目的

掌握创建数据库的方法。

掌握如何打开和关闭数据库。

认识数据库窗口。

二、实验过程

（1）收集数据表中所需的数据。

（2）创建图书管理系统的数据库。

实验步骤如下。

（1）调查分析、收集数据。按照表 2-1～表 2-4 的格式，调查所在院校的图书书目信息、部门信息、读者信息和图书借阅信息，收集一些数据填入表中。

表 2-1　图书书目（BookInfo）表

图书 ID（自动编号）	书目编号（文本 10）	ISBN（文本 18）	书名（文本 40）	作者（文本 16）	出版社（文本 30）	出版日期（日期/时间）	单价（货币 7.2）
1	TP3/2167	ISBN 7-302-09807-7	Visual Basic. NET 数据库编程	杨大明	航空工业出版社	2009-01-01	￥32.00
2							
3							
4							
5							

表 2-2　部门（Department）表

部门 ID（自动编号）	部门编号（文本 2）	部门名称（文本 20）	部门电话（文本 7）	负责人（文本 10）
1	01	信息系	59636862	曾芳
2				
3				
4				

表 2-3　读者（Reader）表

读者 ID（自动编号）	读者编号（文本 4）	借书证编号（文本 8）	姓名（文本 10）	部门编号（文本 2）	联系电话（文本 7）
1	0001	00096503	谢强	01	56123544
2					
3					
4					
5					

表 2-4　图书借阅（Borrow）表

借阅 ID（自动编号）	书目编号（文本 10）	借书证编号（文本 8）	借出日期（日期/时间）	应归还日期（日期/时间）
1	TP3/2167	00096503	2011-8-12	2012-12-20
2				
3				
4				

（2）创建数据库。不使用"数据库模板"创建名为 Book.accdb 的数据库。

习　题

一、选择题

1．在数据库的 6 大对象中，用于存储数据的数据库对象是_____，用于和用户进行交互的数据库对象是_____。

　　（A）表　　　　　（B）查询　　　　　（C）窗体　　　　　（D）报表

2．在 Access 2010 中，随着打开数据库对象的不同而不同的操作区域称为_____。

　　（A）命令选项卡　　　　　　　　（B）上下文命令选项卡

　　（C）导航窗格　　　　　　　　　（D）工具栏

3．Access 2010 停止了对数据访问页的支持，转而大大增强的协同工作是通过_____来实现的。

　　（A）数据选项卡　　　　　　　　（B）SharePoint 网站

　　（C）Microsoft 在线帮助　　　　（D）Outlook 新闻组

4．Access 2010 的默认数据库格式是_____。

　　（A）MDB　　　　（B）ACCDB　　　　（C）ACCDE　　　　（D）MDE

二、思考题

1．Access 2010 数据库包括哪些对象？

2．Access 2010 数据库的主要功能是什么？

3．Access 2010 数据库有几种数据类型？它们的作用是什么？

4．什么是表达式？Access 2010 中有几种表达式？

5．写出下列各表达式

（1）出生地是"上海"或"北京"。

（2）姓"王"的女性。

（3）出生日期是 2000 年。

（4）编号中的第 4 位为 0（共 5 位编号）。

6．写出下列各表达式的返回值

（1）8>5　or　3>5

（2）8>5　and　3>5

（3）Year(date( ))

三、操作题

1．用各种方式启动和关闭 Access 2010。

2．打开"罗斯文示例数据库"，用不同的视图方式，打开几个不同的对象，再关闭。

第3章 表的创建与使用

【学习要点】
- ➢ 建立表
- ➢ 利用表设计器创建表
- ➢ 字段属性
- ➢ 数据的有效性规则
- ➢ 建立表关系
- ➢ 表关系的高级设置
- ➢ 修改数据表结构和记录
- ➢ 筛选与排序

【学习目标】

通过本章的学习，应该能够了解数据库和表之间的关系，掌握建立表的各种方法，理解表作为数据库对象的重要性，以及如何利用多种方法创建表。表关系是关系型数据库中至关重要的一部分内容，读者务必深刻理解建立表关系的原理、实质及建立方法等。在进行数据记录操作时，各种筛选和排序命令能够大大提高工作效率，读者对这一部分内容也要重视。

3.1 建 立 新 表

表是整个数据库的基本单位，同时也是所有查询、窗体和报表的基础，那么什么是表呢？

简单来说，表就是特定主题的数据集合，将具有相同性质或相关联的数据存储在一起，以行和列的形式来记录数据。

作为数据库中其他对象的数据源，表结构设计得好坏直接影响到数据库的性能，也直接影响整个数据库设计的复杂程度。因此设计一个结构、关系良好的数据表在系统开发中是相当重要的。

那么怎样才是一个好的数据库表的结构设计呢？

下面的内容可以为数据库设计过程提供指导。

首先，重复信息（也称冗余数据）非常糟糕。因为重复信息会浪费空间，并会增加出错和不一致的可能性。其次，信息的正确性和完整性非常重要。如果数据库中包含不正确和不完整的信息，任何从数据库中提取信息的报表也将包含不正确和不完整的信息。因此，基于这些报表提供的错误信息所做出的任何决策都可能是错误的。

所以，良好的数据库表设计应该具备以下几点。

- ❖ 将信息划分到基于主题的表中，以减少重复信息。
- ❖ 向 Access 提供根据需要连接表中信息时所需要的信息。
- ❖ 可帮助支持和确保信息的准确性和完整性。
- ❖ 可满足数据处理和报表需求。

数据表的主要功能就是存储数据，存储的数据主要应用于以下几个方面。

❖ 作为窗体和报表的数据源。

❖ 作为网页的数据源，将数据动态显示在网页中。

❖ 建立功能强大的查询，完成 Excel 表不能完成的任务。

选择【创建】选项卡，可以看到【表】组中列出了用户可以用来创建数据表的方法，如图 3-1 所示。

建立数据表的方式有 6 种，分别如下。

① 和 Excel 表一样，直接在数据表中输入数据。Access 2010 会自动识别存储在该数据表中的数据类型，并据此设置表的字段属性。

② 通过【表】模板，运用 Access 2010 内置的表模板来建立。

③ 通过【SharePoint 列表】，在 SharePoint 网站建立一个列表，再在本地建立一个新表，并将其连接到 SharePoint 列表中。

图 3-1　数据库表

④ 通过【表设计】建立，在表的【设计视图】中设计表，用户需要设置每个字段的各种属性。

⑤ 通过【字段】模板建立设计表。

⑥ 通过从外部数据导入建立表。将在后面的章节中详细介绍如何导入数据。

提示：数据表是 Access 各个版本数据库中存储数据的唯一对象，这里分类存储着各种数据信息。存储的数据一般要经过各种数据库对象的处理后，才能成为对人们有用的信息。

下面将为大家一一介绍这几种方法的操作步骤。

3.1.1　使用表模板创建数据表

对于一些常用的应用，如联系人、资产等信息，运用表模板会比手动方式更加方便和快捷。下面以运用表模板创建一个"联系人"表为例，来说明其具体操作。

建一个"联系人"表为例，来说明其具体操作：

（1）启动 Access 2010，新建一个空数据库，命名为"表示例"。

（2）切换到【创建】选项卡，单击【表模板】按钮，然后在弹出的列表中选择【联系人】选项，如图 3-2 所示。

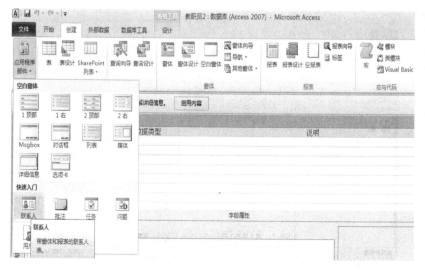

图 3-2　数据库表模板中联系人

（3）这样就创建了一个"联系人"表。此时单击左侧导航栏的"联系人"表，即建立一个数据表，如图 3-3 所示，接着可以在表的【数据表视图】中完成数据记录的创建、删除等操作。

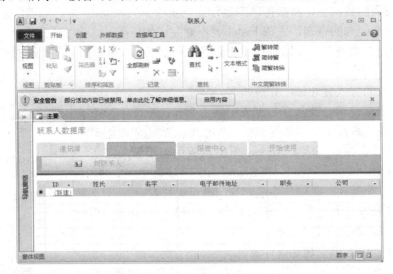

图 3-3　数据库表

提示：或打开一个特定的数据库对象时，Access 2010 中都会出现相应的选项卡，并出现黄颜色的提示，这就是上下文命令选项卡。

3.1.2　使用字段模板创建数据表

Access 2010 提供了一种新的创建数据表的方法，即通过 Access 2010 自带的字段模板创建数据表。模板中已经设计好了各种字段属性，可以直接使用该字段模板中的字段。下面以在新建的空数据库中，运用字段模板，建立一个"学生信息表"为例进行介绍。

（1）启动 Access 2010，打开新建的"表示例"数据库。

（2）切换到【创建】选项卡，单击【表】组中的【表】选项，新建一个空白表，并进入该表的【数据表视图】，如图 3-4 所示。

图 3-4　数据表视图

（3）单击【表格工具】选项卡下【字段】，在【添加和删除】组中，单击【其他字段】右侧的下拉按钮，弹出要建立的字段类型，如图 3-5 所示。

提示：设计表，实际上就是设计表的各个字段，包括字段的数据类型、字段属性等。如果使用字段模板，各种字段和字段属性都已经设置好，用户选择相应的字段组合成一个表即可。

单击要选择的字段类型，接着即可在表中输入字段名，如图 3-6 所示。

图 3-5　数据表字段类型　　　　　　　　　图 3-6　数据表字段设置

3.1.3　使用表设计创建数据表

可以看到，在表模板中提供的模板类型是非常有限的，而且运用模板创建的数据表也不一定完全符合要求，必须进行适当的修改，在更多的情况下，必须自己创建一个新表。这都需要用到"表设计器"。用户需要在表的【设计视图】中完成表的创建和修改。

使用表的【设计视图】来创建表主要是设置表的各种字段的属性。而它创建的仅仅是表的结构，各种数据记录还需要在【数据表视图】中输入。通常都是使用【设计视图】来创建表。下面将以创建一个"学生信息表"为例，说明使用表的【设计视图】创建数据表的操作步骤。

（1）启动 Access 2010，打开数据库"表示例"。

（2）切换到【创建】选项卡，单击【表格】组中的【表设计】按钮，进入表的设计视图，如图 3-7 所示。

（3）在【字段名称】栏中输入字段的名称"学号"；在【数据类型】下拉列表框中选择该字段的数据类型，这里选择"数字"选项；在【说明】栏中的输入为选择性的，也可以不输入，如图 3-8 所示。

图 3-7　数据表设计视图　　　　　　　　图 3-8　数据表字段设置

（4）用同样的方法，输入其他字段名称，并设置相应的数据类型如图 3-9 所示。

提示：设计表，实际上就是设计表的各个字段，包括字段的数据类型、字段属性等。如果用表模板，各种字段和字段属性都已经设置好了，用户直接修改使用即可。

（5）单击【保存】按钮，弹出【另存为】对话框，然后在【表名称】文本框中输入"学生信息表"，再单击【确定】按钮，如图 3-10 所示。

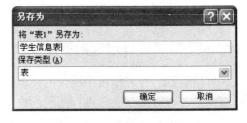

图 3-9　数据表字段类型　　　　　　　　图 3-10　数据表字段类型

（6）这时将弹出如图 3-10 所示的对话框，提示尚未定义主键，单击【取消】按钮，暂时不设定主键。

（7）单击屏幕左上方的【视图】按钮，切换到【数据表视图】，这样就完成了利用表的【设计视图】创建表的操作。完成的数据表如图 3-11 所示。

图 3-11　学生信息表

3.1.4　在新数据库中创建新表

刚开始着手设计数据库时，需要在新的数据库中建立新表，下面就介绍如何在新数据库中创建新表，具体操作步骤如下。操作步骤：

（1）启动 Access 2010，单击【空数据库】，在右下角【文件名】文本框中为新数据库输入文件名，如图 3-12 所示。

图 3-12　空数据库

（2）单击【创建】图标按钮，新数据库将打开，并且将创建名为 "表 1" 的新表，在数据表视图中打开该新表，如图 3-13 所示。

图 3-13　新表

3.1.5　在现有数据库中创建新表

在使用数据库时，经常要在现有的数据库中建立新表，那如何在现有的数据库中创建新表呢？下面将以在"表示例"数据库中建立一个表为例进行介绍。

（1）启动 Access 2010，打开建立的"表示例"数据库。

（2）在【创建】选项卡下的【表格】组中，单击【表】按钮，将在数据库中插入一个表名为"表 1"的新表，并且将在数据表视图中打开该表，如图 3-14 所示。

图 3-14　在数据表视图中打开新表

3.2　数　据　类　型

数据类型和表达式都是数据库中非常重要的内容。合理地使用数据类型，可以创建出高质量的表；灵活运用表达式，可以设计出丰富多彩的查询。因此，准确合理地用好数据类型和表达式，是设计出功能强大的数据库管理系统的前提。

3.2.1　基本类型

Access 2010 中提供的数据类型包括"基本类型"、"数字"、"日期和时间"、"是/否"及"快速入门"。每个类型都有特定的用途，下面将分别进行详细介绍。

Access 2010 中的基本数据类型有以下几种：

"文本"：用于文字或文字和数字的组合，如住址；或是不需要计算的数字，如电话号码。该类型最多可以存储 255 个字符。

"备注"：用于较长的文本或数字，如文章正文等。最多可存储 65535 个字符。

"数字"：用于需要进行算术计算的数值数据，用户可以使用"字段大小"属性来设置包含的值的大小。可以将字段大小设置为 1、2、4、8 或 16 个字节。

"货币"：用于货币值并在计算时禁止四舍五入。

"是/否"：即布尔类型，用于字段只包含两个可能值中的一个，在 Access 中，使用"–1"表示所有"是"值，使用"0"表示所有"否"值。

"OLE 对象"：用于存储来自于 Office 或各种应用程序的图像、文档、图形和其他对象。

"日期/时间"：用于日期和时间格式的字段。

"计算字段"：计算的结果。计算时必须引用同一张表中的其他字段。可以使用表达式生成器创建计算。

"超链接"：用于超链接，可以是 UNC 路径或 URL 网址。

"附件"：任何受支持的文件类型，Access 2010 创建的 ACCDB 格式的文件是一种新的类型，可以将图像、电子表格文件、文档、图表等各种文件附加到数据库记录中。

"查阅"：显示从表或查询中检索到的一组值，或显示创建字段时指定的一组值。查阅向导将会启动，您可以创建查阅字段。查阅字段的数据类型是"文本"或"数字"，具体取决于在该向导中所作出的选择。

提示：创建表有多种不同的方法。用户可以根据自己的习惯和工作的难易程度选择合适的创建方法。直接输入、【表模板】和表的【设计视图】是最常用的创建表的方法。

对于字段该选择哪一种数据类型，可由下面几点来确定：

存储在表格中的数据内容。比如设置为"数字"类型，则无法输入文本。

存储内容的大小。如果要存储的是一篇文章的正文，那么设置成"文本"类型显然是不合适的，因为它只能存储 255 个字符，约 120 个汉字。

存储内容的用途。如果存储的数据要进行统计计算，则必然要设置为"数字"或"货币"。

其他。比如要存储图像、图表等，则要用到"OLE 对象"或"附件"。

通过上面的介绍，可以了解到各种数据类型的存储特性有所不同，因此在设定字段的数据类型时要根据数据类型的特性来设定。例如，一个产品表中的"单价"字段应该设置为"货币"类型；"销售数量"字段应设置成"数字"类型；而"产品名"则最好设置为"文本"类型；"产品说明"最好设置为"备注"类型等。

3.2.2　数字类型

Access 2010 中数据的数字类型有以下几种。

"常规"：存储时没有明确进行其他格式设置的数字。

"货币"：用于应用 Windows 区域设置中指定的货币符号和格式。

"欧元"：用于对数值数据应用欧元符号（€），但对其他数据使用 Windows 区域设置中指定的货币格式。

"固定"：用于显示数字，使用两个小数位，但不使用千位数分隔符。如果字段中的值包含两个以上的小数位，则 Access 2010 会对该数字进行四舍五入。

"标准"：用于显示数字，使用千位数分隔符和两个小数位。如果字段中的值包含两个以上的小数位，则 Access 2010 会将该数字四舍五入为两个小数位。

"百分比"：用于以百分比的形式显示数字，使用两个小数位和一个尾随百分号。如果基础值包含四个以上的小数位，则 Access 2010 会对该值进行四舍五入。

"科学计数"：用于使用科学（指数）记数法来显示数字。

3.2.3　日期和时间类型

Access 2010 中提供了以下几种日期和时间类型的数据。

"短日期"：显示短格式的日期。具体取决于读者所在区域的日期和时间设置，如美国的短日期格式为 3/14/2012。

"中日期"：显示中等格式的日期，如美国的中日期格式为 14-Mar-01。

"长日期"：显示长格式的日期。具体取决于读者所在区域的日期和时间设置，如美国的长日期格式为 Wednesday, March 14, 2012。

"时间（上午/下午）"：仅使用 12 小时制显示时间，该格式会随着所在区域的日期和时间设置的变化而变化。

"中时间"：显示的时间带"上午"或"下午"字样。

"时间（24 小时）"：仅使用 24 小时制显示时间，该格式会随着所在区域的日期和时间设置的变化而变化。

3.2.4 是/否类型

Access 2010 中提供了以下几种是/否类型的数据。

"复选框"：显示一个复选框。

"是/否"：（默认格式）用于将 0 显示为"否"，并将任何非零值显示为"是"。

"真/假"：用于将 0 显示为"假"，并将任何非零值显示为"真"。

"开/关"：（默认格式）用于将 0 显示为"关"，并将任何非零值显示为"开"。

3.2.5 快速入门类型

Access 2010 中提供了以下几种快速入门类型的数据。

"地址"：包含完整邮政地址的字段。

"电话"：包含住宅电话、手机号码和办公电话的字段。

"优先级"：包含"低"、"中"、"高"优先级选项的下拉列表框。

"状态"：包含"未开始"、"正在进行"、"已完成"和"已取消"选项的下拉列表框。

"OLE 对象"：用于存储来自 Office 或各种应用程序的图像、文档、图形和其他对象。

3.3 字 段 属 性

在 Access 2010 中表的各个字段提供了"类型属性"、"常规属性"和"查询属性"3 种属性设置。打开一张设计好的表，可以看到窗口的上半部分是设置【字段名称】、【数据类型】等分类，下半部分是设置字段的各种特性的"字段属性"列表，如图 3-15 所示。

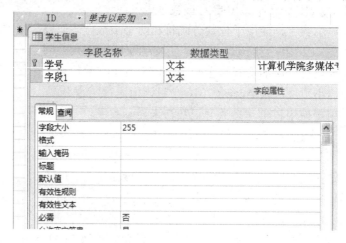

图 3-15　字段属性

3.3.1 类型属性

字段的数据类型决定了可以设置哪些其他字段属性，如只能为具有"超链接"数据类型或"备注"数据类型的字段设置"仅追加"属性。

如图 3-16 所示，前面一个是"文本"数据类型的"字段属性"窗口，后面一个是"数字"数据类型的"字段属性"窗口，"数字"数据类型中有"小数位数"设置属性，而在"文本"数据类型中是没有的。

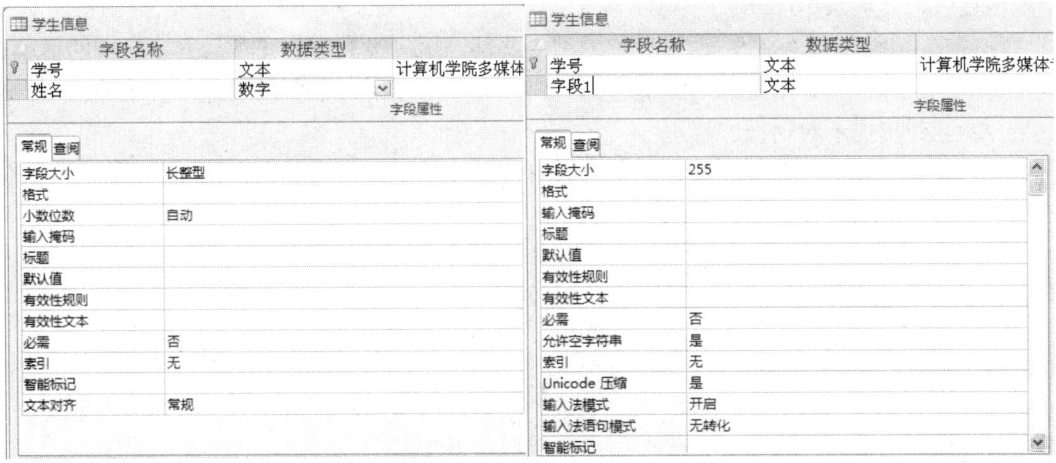

图 3-16 类型属性比较

3.3.2 常规属性

"常规属性"也是根据字段的数据类型不同而不同，下面就以"学生信息表"为例，对其中的各个字段设置一下字段属性。

"学号"为"数字"型，设置字段属性如图 3-17 所示。

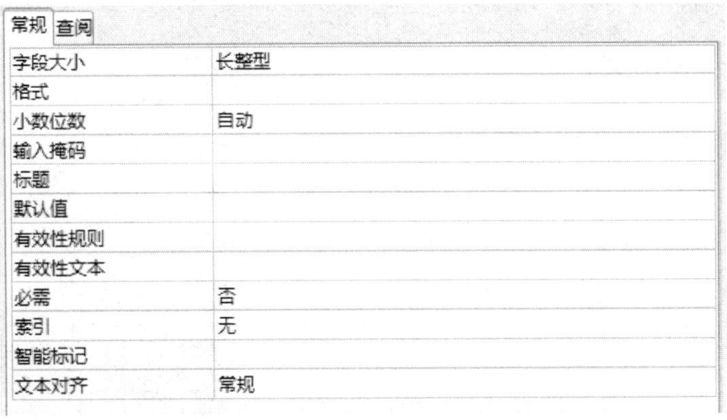

图 3-17 常规属性

【字段大小】设置为"长整型"。在这里，"学号"字段中的数据是用不着数值计算的，但是由于【学号】字段中的值都是数字字符，为了防止用户输入其他类型的字符，设置其为"数字"型。"学号"必然为整型的，在这里学号要大于 20120001，因此要设置为"长整型"。

提示：设置"整型"将产生数字溢出，因为"整型"数据为 2 个存储字节，即 16 位，则存储的最大二进制数为 1111111111111111，转换为十进制数为 32767。当存储的数据大于 32767 时，就不能使用"整型"了。

【小数位数】设置为"0"。

【标题】就是在数据表视图中要显示的列名，默认的列名就是字段名。

【有效性规则】和【有效性文本】是设置检查输入值的选项，在这里设置检查规则为">20120001 And <20120100"，即输入的学号要大于 20120001，小于 20120100，如果不在这个范围之内，如输入 20120102，则出现【对不起，您输入的学号不正确！】的提示框。

【必需】字段选择"是"，这样设置的结果就是当用户没有输入【学号】字段中的值就去输入其他记录时，将弹出提示对话框。如用户没有输入【学号】字段的值，就去输入下一条记录，就会弹出提示对话框。

上面介绍了【学号】字段属性的各个设置，第二个字段为【姓名】，数据类型为"文本"型，设置的字段属性如图 3-18 所示。

【字段大小】设置为 8，即该字段中可以输入 8 个英文字母或汉字，这对于【学院】名称的显示应该是足够的。

【默认值】用来设置用户在输入数据时该字段的默认值，在这里输入"机电学院"作为默认值。

这里仅介绍了"数字"型字段和"文本"型字段的属性设置情况，其余各字段的数据类型不在这里一一详述，请读者仿照上面的例子自行设置。

3.3.3　查询属性

【查询】属性也是字段属性之一，可以查询【行来源】、【行来源类型】、【列数】及【列宽】等内容，如图 3-19 所示。

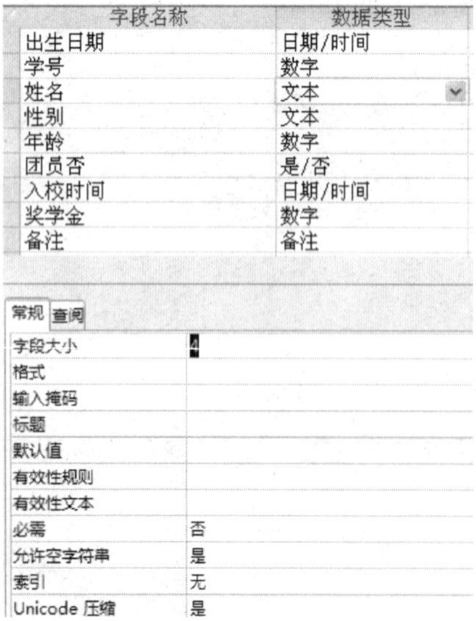

图 3-18　设置字段属性

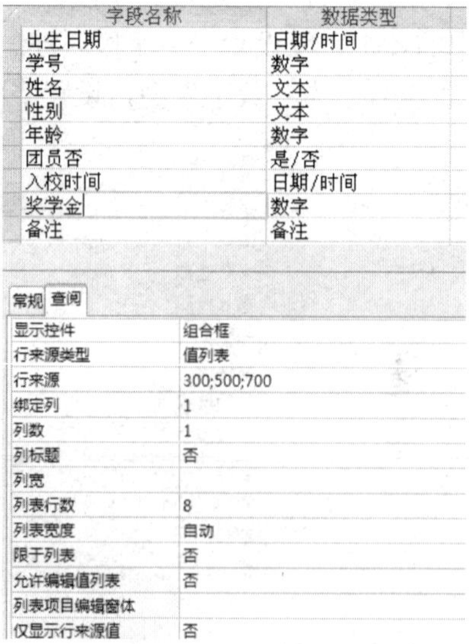

图 3-19　字段属性

【显示控件】：窗体上用来显示该字段的空间类型。

【行来源类型】：控件源的数据类型。

【行来源】：控件源的数据。

【列数】：待显示的列数。

【列标题】：是否用字段名、标题或数据的首行作为列标题或图标标签。

【允许多值】：一次查阅是否允许多值。

【列表行数】：在组合框列表中显示行的最大数目。

【限于列表】：是否只在于所列的选择之一相符时才接受文本。

【仅显示行来源值】：是否仅显示与行来源匹配的数值。

3.4　修改数据表与数据表结构

一个好的表结构将给数据库的管理带来很大的方便，如可以节省硬盘空间、加快处理速度等。然而第一次定义的数据表结构不一定是最优的，特别是运用模板自动创建的表，有时离实际需要还有一定的差距，因此进行适当修改是必需的。

在表的使用中，可能会发现很多意料之外的问题，因此在表中应该可以修改表的结构和定义，排除系统错误，让数据库系统更加强大和稳定，更符合实际要求。

提示：设计表，实际上就是设计表的各个字段，包括字段的数据类型、字段属性等。如果用户直接输入数据记录，则系统自动识别数据的属性，从而可以自动设置字段的数据类型等。

如果字段中需要存储的字符很多（比如文章的正文、产品的介绍等），用户可以将该字段的数据类型设置为"备注"，然后设置该字段可以占用的空间。

3.4.1　利用设计视图更改表的结构

运用【设计视图】对自动创建的数据表进行修改，这几乎是必需的操作。如在前面自动创建的"联系人"表，很多的字段可能是没用的，而倒有可能自己需要的字段却没有创建，这都可以在表的【设计视图】中进行修改。

运用【设计视图】更改表的结构和用【设计视图】创建表的原理是一样的，两者的不同之处在于在运用【设计视图】更改表的结构之前，系统已经创建了字段，仅需要对字段进行添加或删除操作。

在【开始】选项卡下单击【视图】按钮，进入表的【设计视图】，可以在此实现对字段的添加、删除和修改等操作，也可以对【字段属性】进行设置。操作界面如图 3-20 所示。

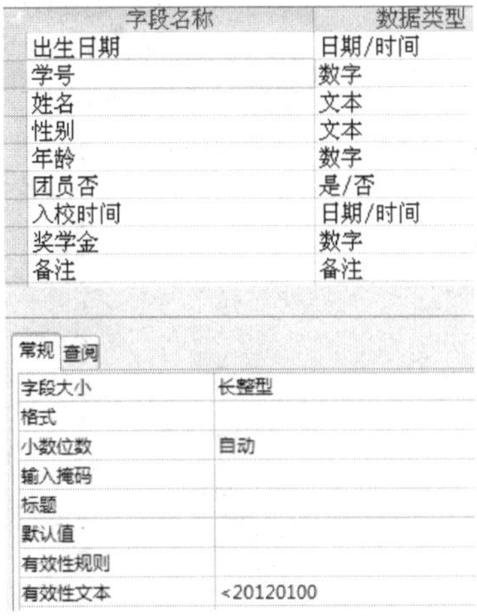

字段名称	数据类型
出生日期	日期/时间
学号	数字
姓名	文本
性别	文本
年龄	数字
团员否	是/否
入校时间	日期/时间
奖学金	数字
备注	备注

常规　查阅

字段大小	长整型
格式	
小数位数	自动
输入掩码	
标题	
默认值	
有效性规则	
有效性文本	<20120100

图 3-20　字段属性

3.4.2　利用数据表视图更改表的结构

在 Access 2010 的【数据表视图】中，用户也可以修改数据表的结构。下面就对表的【数据表视图】中的各个操作项进行介绍。

双击屏幕左边导航窗格中需要进行修改的表，此时在主页面上出现有黄色提示的【表格工具】选项卡，进入该选项卡下的【字段】选项，可以看到各种修改工具按钮。

表的【表】选项卡下面的工具栏可以分为 5 个组，分别如下。

【视图】组：单击该视图下部的小三角形按钮，可以弹出数据表的各种视图选择菜单，用户可以选择"数据表视图"、"数据透视表视图"、"数据透视图视图"和"设计视图"等，如图 3-21 所示。

提示：我们必须先认清表的各种视图。

"数据表视图"：用户在此视图中输入数据或进行简单设置。

"设计视图"：主要用来对表的各个字段进行设置。

"数据透视表视图"：用来创建一种统计表，表中以行、列、交叉点的内容反映表的统计属性。

"数据透视图视图"：用图形的方式显示数据的统计属性，如常见的平面直方图、数据饼图等。

【添加和删除】组：该组中有各种关于字段操作的按钮，用户可以通过单击这些按钮，实现表中字段的新建、添加、查阅和删除等操作。

【属性】组：该组中有各种关于字段属性的操作按钮，如图 3-22 所示。

图 3-21 视图菜单

【格式】组：在该组中可以对某一数据类型的字段的格式进行设置，如图 3-23 所示。

【字段验证】组：用户可以直接设置字段的【必需】、【唯一】属性等，如图 3-24 所示。

图 3-22 属性按钮

3.4.3 数据的有效性

在 3.3.3 节建立"学生信息表"时，曾对【学号】字段添加了一个称为"有效性规则"的表达式，并对这个表达式做了简单的介绍，下面就对数据的有效性做详细的阐述。

用户在输入数据时难免会出现错误，比如在产品【价格】字段中录入了一个负数，或者在"数字"型的字段中输入了字符串值等。为了避免这样的错误发生，可以利用 Access 2010 提供的有效性验证来保证输入记录的数据类型符合要求。

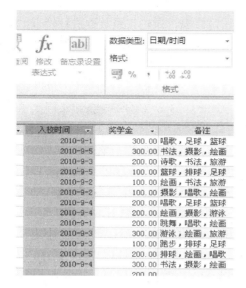

图 3-23　格式属性 　　　　　　　　图 3-24　字段验证

Access 2010 提供了如下 3 层有效性验证方法：

数据类型验证。数据类型提供了第一层验证。在设计数据表时，为表中的每个字段定义了一个数据类型，该数据类型限制了用户可以输入哪些内容。例如，"日期/时间"数据类型的字段只接受日期和时间，"数字"型字段只接受数字数据等。

字段大小。字段大小提供了第二层验证。例如，在上面例子中设置【学院】字段最多接受 8 个字符，这样可以防止用户向字段中粘贴大量的无用文本。

表属性。表属性提供了第三层验证方法。表属性提供非常具体的几类验证。

① 可以将【必需】字段属性设置为"是"，从而强制用户在字段中输入值。

② 使用【有效性规则】属性要求输入特定的值，并使用"有效性文本"属性来提醒用户存在错误。

③ 使用【输入掩码】强制用户以特定格式来输入记录。例如，一个输入掩码强制用户以欧洲格式输入日期，形式如 2012.05.25。

第一层和第二层的数据验证方法在前面已经做了简单介绍，下面只介绍第三层中的【有效性规则】验证和掩码验证。

系统数据的【有效性规则】对输入的数据进行检查，如果录入了无效的数据，系统将立即给予提示，提醒用户更正，以减少系统的错误。例如，在【有效性规则】属性中输入">100 And<1000"会强制用户输入 100～1000 之间的值。

【有效性规则】往往与【有效性文本】配合使用，当输入的数据违反了【有效性规则】时，则给出【有效性文本】规定的提示文字。如上面曾经用过的【学号】字段的有效性设置，如图 3-25 所示。

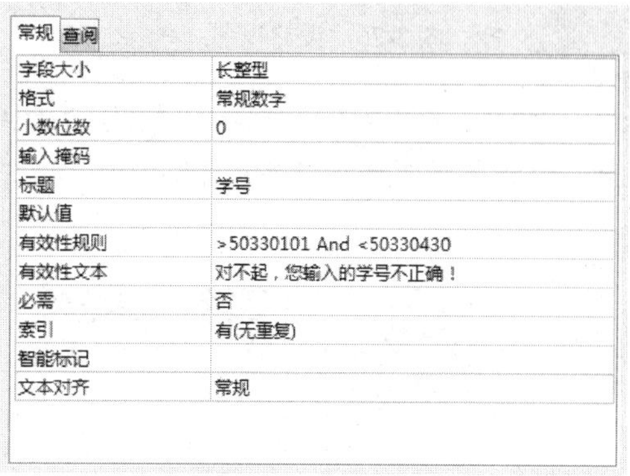

常规　查阅	
字段大小	长整型
格式	常规数字
小数位数	0
输入掩码	
标题	学号
默认值	
有效性规则	>50330101 And <50330430
有效性文本	对不起，您输入的学号不正确！
必需	否
索引	有(无重复)
智能标记	
文本对齐	常规

图 3-25　有效性文本

【有效性规则】是一个逻辑表达式，用该逻辑表达式对记录数据进行检查；【有效性文本】往往是一句有完整语句的提示句子，当数据记录不符合【有效性规则】时便弹出提示窗口。

3.4.4　主键的设置、更改与删除

主键是表中的一个字段或字段集，为 Access 2010 中的每一条记录提供了一个唯一的标识符。它是为提高 Access 2010 在查询、窗体和报表中的快速查找能力而设计的。

设定主键的目的，就在于能够保证表中的记录能够被唯一地被识别。例如，在一个规模很大的公司中，公司为了更好地管理员工，为每一个员工分配了一个"员工 ID"，该 ID 是唯一的，它标识了每一个员工在公司中的身份，这个"员工 ID"就是主键。同样，"学号"可以作为"学生信息表"的主键，"身份证号"可以作为"用户列表"的主键等。

下面以前面建立的"学生信息表"为例，介绍如何在 Access 2010 中定义主键，具体操作步骤如下。

（1）启动 Access 2010，打开建立的"表示例"数据库。

（2）在导航窗格中双击已经建立的"学生信息表"，然后单击【视图】按钮，或者单击【视图】按钮下的小箭头，在弹出的菜单中选择【设计视图】命令，进入表的【设计视图】，如图 3-26 所示。

（3）在【设计视图】中选择要作为主键的一个字段，或者多个字段。想要选择一个字段，可单击该字段的行选择器。如要选择多个字段，可按住 Ctrl 键，然后选择每个字段的行选择器。

本例中选择【学号】字段，如图 3-27 所示。

图 3-26　设计视图　　　　　　　　　图 3-27　学号字段

（4）在【设计】选项卡的【工具】组中，单击【主键】按钮，或者单击鼠标右键，在弹出的快捷菜单中选择【主键】命令，为数据表定义主键，如图 3-28 所示。

图 3-28　设置主键

这样就完成了为"学生信息表"定义主键的操作，如果数据表的各个字段中没有适合做主键的字段，可以使用 Access 2010 自动创建的主键，并且为它指定"自动编号"的数据类型。

如果要更改设置的主键，可以删除现有的主键，再重新指定新的主键。删除主键的操作步骤和创建主键步骤相同，在【设计视图】中选择作为主键的字段，然后单击【主键】按钮，即可删除主键。

删除的主键必须没有参与任何"表关系"，如果要删除的主键和某个表建立表关系，Access 2010 会警告必须先删除该关系。

3.5　建立表之间的关系

表关系是数据库中非常重要的一部分，甚至可以说，表关系就是 Access 2010 作为关系型数据库的根本。

表是数据库中其他对象的数据源，其主要功能就是存储数据，因此表结构设计得好坏直接影响到数据库的性能。一个良好的数据库设计的目标之一就是消除数据冗余(重复数据)。在 Access 等关系型数据库中要实现该目标，可将数据拆分为多个主题的表，尽量使每种记录只出现一次，然后再将各个表中按主题分类的信息组合到一起，成为用户所关注的数据，这其实就是关系型数据库的运行原理。所谓"关系型"数据库其核心就在于此。

这其实也就是关系型数据库的最大优势所在，它将各种记录信息按照不同的主题安排在不同的数据表中，通过在建立了关系的表中设置公共字段，实现各个数据表中数据的引用。

要正确执行上述过程，必须首先了解表关系的概念，并在 Access 2010 数据库中建立表关系。

在 Access 中，有 3 种类型的表关系。

1）一对一关系

在一对一关系中，第一个表中的每条记录在第二个表中只有一个匹配记录，而第二个表中的每条记录在第一个表中也只有一个匹配记录。这种关系并不常见，因为多数与此方式相关的信息都可以存储在一个表中。

但是在某些特定场合下还是需要用到一对一关系。

① 把不太常用的字段放置于单独的表中，以减小数据表占用的空间，提高常用字段的检索和查询效率。

② 当某些字段需要较高的安全性时，可以将其放在单独的表中，只授权具有特殊权限的用户查看。

2）一对多关系

假设有一个客户管理数据库，其中包含了一个"客户"表和一个"订单"表。客户可以签署任意数量的订单。"客户"表中显示的所有客户都是这样，"订单"表中可以显示很多订单。因此，"客户"表和"订单"表之间的关系就是一对多关系。

表关系的建立是通过两个表中的公共字段来建立的，因此如果要在数据库设计中建立一对多的关系，必须设置表关系中"一"端为表的主键，并将其作为公共字段添加到表关系为"多"端的表中。

例如，在本例中，在"客户"表中建立一个"客户 ID"字段，并将该字段添加到"订单"表中，然后，Access 可以利用"客户"表中的"客户 ID"字段中的值来查找每个客户的多个订单。

3）多对多关系

客户管理数据库中还包含一个"产品"表。这样一个订单中可以包含多个产品。另外，一个产品可能出现在多个订单中。因此，对于"订单"表中的每条记录，都可能与"产品"表中的多条记录相对应。同时，对于"产品"

表中的每条记录，都可能与"订单"表中的多条记录相对应。这种关系称为多对多关系。

要建立多对多的表关系，在 Access 中必须创建第三个表，该表通常称为连接表，它将多对多关系划分为两个一对多关系，将这两个表的主键都插入到第三个表中，通过第三个表的连接建立起多对多的关系。例如，"订单"表和"产品"表有一种多对多的关系，这种关系是通过与"订单明细"表建立两个一对多关系来定义的。一个订单可以有多个产品，每个产品可以出现在多个订单中。

建立了表之间的关系以后，就可以进行表的索引了。索引的作用就如同书的目录一样，通过它可以快速地查找到自己所需要的章节。在数据库中，为了提高搜索数据的速度和效率，也可以设置表的索引。

可以根据一个字段或多个字段来创建索引。应考虑为以下字段创建索引：经常搜索的字段、进行排序的字段及在查询中连接到其他表中的字段。索引可帮助加快搜索和选择查询的速度，但在添加或更新数据时，索引会降低性能。

如果在包含一个或更多个索引字段的表中输入数据，则每次添加或更改记录时，Access 都必须更新索引。如果目标表包含索引，则通过使用追加查询或通过追加导入的记录来添加记录也可能会比平时慢。

3.6 表 达 式

3.6.1 基本概念

1）字面值

字面值(也称原义值、文字值)是指在 Access 中使用与显示完全相同的值，即通常所说的常数。如数值 0.25 和 1.3、字符串"姓名"和"shanghai"等都是字面值。

2）常量

常量是指预先定义好的、固定不变的数据。如数值常量 128 和-39、日期常量#2006-1-18#、逻辑常量 True 和 False 等。

3）变量

变量是指命名的存储空间，用于存储在程序执行过程中可以改变的数据。变量名必须以字母开头，可以包含字母、数字和下划线，在同一范围内必须是唯一的（即不能重名）。组成变量的字符不能超过 255 个，且中间不能包含标点符号、空格和类型声明字符。变量分整型、单精度、货币、字符串和日期等不同类型。

在 Access 2010 中，字段名、属性控件等都可以作为变量。

若用字段名作为变量，其表示方法是用英文方括号([])将字段名括起来。例如，[班级]、[姓名]、[成绩] 等。

若同时用不同表中的同名字段作为变量，则必须将表名写在每一个字段前，也用 [] 括起来，并用英文感叹号! 将两对 [] 分开。例如：[情况]! [姓名]、[课程]! [姓名]。

4）运算符

运算符又称操作符，在 Access 2010 有以下 5 种运算符。

（1）算术运算符。算术运算符有∧(乘方)、*(乘)、\(整除或取整)、/(除)、Mod(取余)、+(加)、−(减)。如 15\4=3、18 Mod 4=2、3∧3=27。

（2）关系运算符（又称比较运算符）。关系运算符有=(等于)、>(大于)、<(小于)、>=(大于等于或不小于)、<=(小于等于或不大于)、<>(不等于)。

关系运算的结果是逻辑值 True 或 False。例如：3<5 的运算结果是 True，而 3>5 的运算结果是 False。

（3）连接运算符。连接运算符有&和+。主要用于连接两个字符串。

当运算符两边都是字符串时，&和+的作用一样，都是将两边的字符串连接起来生成一个新的字符串。如"中国"+"上海"和"中国"&"上海"，结果都是"中国上海"。如果用"&"连接数字，&会将数字转换成字符串后再连接，并且在原数字前后都添一个空格。例如："01电子商务"&3 的结果是："01 电子商务 3"。而"+"只能连接两个字符串。

为了避免与算术运算符"+"混淆，一般用&连接两个字符串而尽量不使用+。

（4）逻辑运算符。逻辑运算符有 Not(否)、And(与)、Or(或)。

参与逻辑运算的量和逻辑运算的结果都是逻辑值。如 A And(与) B，当且仅当 A、B 同时为真时，结果为真，其他情况结果皆为假。

（5）特殊运算符（又称匹配运算符）。特殊运算符有：Between…And…，确定值的匹配范围；Like，确定值的匹配条件；In，确定匹配值的集合；Is，确定一个值是 Null 或 not Null；Not，确定不匹配的值。特殊运算符前都可以有 Not，形成复合运算。

参见如下例子。

Between #2011-1-1#　And #2011-3-31#：指属于 2011 年第一季度的日期。

In ("英语","德语","法语")：指与"英语"、"德语"、"法语"之一相同的值。

Like "王*"：指第一个字是王的字符串。

Like "#####"：指 5 个数字字符的字符串。

5）表达式

用运算符将字面值(即为常数)、常量、变量、函数以及字段名、控件和属性等连接起来的式子称为表达式，该表达式将计算出一个单个值。可以将表达式作为许多属性和操作参数的设置值；还可以利用表达式在查询中设置准则(搜索条件)或定义计算字段；在窗体、报表和数据访问页中定义计算控件，以及在宏中设置条件。

表达式的生成方法有两种：自行创建表达式和使用表达式生成器生成表达式。表达式中可以有各种运算符，它们的优先级顺序如下：

① 函数；

② ∧；

③ * 和 /；

④ \ 和 Mod；

⑤ + 和 −；

⑥ =、>、<、>=、<= 和 <>；

⑦ Not；

⑧ And；

⑨ Or。

必要时可用添加"( )"的方法改变原来的优先级。

表达式根据其计算结果分为算术表达式、逻辑表达式、文本表达式或日期表达式。如 37+66 是算术表达式；a+b>c 是逻辑表达式；"上海"&"北京"是文本表达式；#2011-1-1# + 5 是日期表达式。

下面举几个表达式的实例。

【例 3-1】 写出下列各表达式。

（1）姓名中最后一个字是"钢"的男性。

（2）20 世纪 90 年代出生的。

（3）代号中前两位是"0"(共 6 位数字)。

（4）工资高于 2000 元低于 4000 元的工程师。

解:

（1）［姓名］Like "*钢" and ［性别］="男"。

（2）［出生日期］Between #1990-1-1# and #1999-12-31#。

（3）［代号］Like "00#＃＃#"。

（4）［工资］>2000 and ［工资］<4000 and ［职称］="工程师"。

3.6.2 常用函数

Access 系统提供了大量的标准函数,有利于管理和维护数据库。下面介绍一些常用的函数。

1）系统日期函数

格式：DATE( )

功能：返回当前系统日期。

举例：在窗体或报表上创建一个文本框，在其控件来源属性中输入：

=DATE( )

则在控件文本框内会显示当前机器系统的日期，如：

06-3-6

2）系统时间函数

格式：TIME( )

功能：返回当前系统时间。

举例：在窗体或报表上创建一个文本框，在其控件来源中输入：

=TIME( )

返回当前机器系统的时间，如：

21: 07: 23

3）年函数

格式：YEAR(<日期表达式>)

功能：返回年的 4 位整数。

举例：myd = # Apri 20，2006#

YEAR(myd)=2006。

4）月函数

格式：MONTH(<日期表达式>)

功能：返回 1～12 的整数，表示一年的某月。

举例：MONTH(myd)=4。

5）日函数

格式：DAY(＜日期表达式＞)

功能：返回值为 1～31 的整数，表示日期中的某一天。

举例：DAY(myd)=20。

6）删除前导、尾随空格函数

格式：

① LTRIM(＜字符串表达式＞)

② RTRIM(＜字符串表达式＞)

③ TRIM(＜字符串表达式＞)

功能：

① LTRIM 函数可以去掉"字符串表达式"的前导空格。

② RTRIM 函数可以去掉"字符串表达式"的尾随空格。

③ TRIM 函数可以同时去掉"字符串表达式"的前导和尾随空格。

举例：

myst = " I am a student. "

LTRIM(myst) 返回值为字符串"I am a student . "。

RTRIM(myst) 返回值为字符串" I am a student ."。

TRIM(myst) 返回值为字符串"I am a student ."。

7）截取子串函数

格式：MID(＜字符串表达式＞，＜n1＞［，＜n2＞］)

功能：从"字符串表达式"的左端第"n1"个字符开始，截取"n2"个字符，作为返回的子字符串。

说明：

① "n1"和"n2"都是数值表达式。

② 方括号中的内容是可选的，在后面的格式中如遇到同类情况时不再说明。

③ 当"n2"默认时，则返回从"字符串表达式"的左端第"n1"个字符开始直到"字符串表达式"的最右端的字符。

举例：

myst = "I am a student"

MID(myst, 5) 返回值为字符串" a student"。

MID(myst, 10, 4) 返回值为字符串"uden"。

MID(myst, 1, 4) 返回值为字符串"I am"。

8）数值转换为字符函数

格式：STR(＜数值表达式＞)

功能：将"数值表达式"转换成字符串。

说明：如果"数值表达式"是一个正数，则转换后的字符串有一个前导空格，暗示有一个正号。

举例：

STR(459) 返回值为字符串" 459"。

STR(-459.65)　返回值为字符串"-459.65"。

STR(459.001)　返回值为字符串"459.001"。

9）字符转数值函数

格式：VAL（＜字符表达式＞）

功能：返回包含在字符串中的数字。

说明：

① 当遇到第一个不能识别为数字的字符时，结束转换。

② 函数不能识别美元符号和逗号。

③ 空格字符将被忽略。

举例：

VAL（"1615 198ok street N.E."）　返回值为 1615198。

VAL（"2468"）　返回值为 2468。

VAL（"24 and 68"）　返回值为 24。

10）条件函数

格式：IIF(＜条件表达式＞，＜表达式 1＞，＜表达式 2＞)

功能：根据"条件表达式"的值决定返回"表达式 1"的值还是"表达式 2"的值。

说明：当"条件表达式"为真时，返回"表达式 1"的值；否则，返回"表达式 2"的值。

举例：IIF(X＞100, "Large", "Small")，当 X＞100 为真时，函数返回值为"Large"，否则返回"Small"。

11）大写字母变为小写字母函数

格式：LCASE(＜字符串表达式＞)

功能：将"字符串表达式"中的所有大写字母都变为小写字母，其余字符不变。

举例：

upst= "Hello World 1234"

LCASE(upst)　返回值为"hello world 1234"。

12）小写字母变为大写字母函数

格式：UCASE(＜字符串表达式＞)

功能：将"字符串表达式"中的所有小写字母都变为大写字母，其余字符不变。

举例：upst= "Hello world 1234" UCASE(upst)　返回值为"HELLO WORLD 1234"。

习　　题

一、选择题

1. 数据表最明显的特性，也是关系型数据库数据存储的特征是_____。

（A）数据按主题分类存储　　　　　（B）数据按行列存储

（C）数据存储在表中　　　　　　　（D）数据只能是文字信息

2. 下面_____不是使用关系的好处。

（A）一致性　　　（B）调高效率　　　（C）易于理解　　　（D）美化数据库

3. 对数据表进行修改，主要是在数据表的_____视图中进行的。

（A）数据表　　　（B）数据透视表　　　（C）设计　　　（D）数据透视图

4．Access 2010 的表关系有 3 种，即一对一、一对多和多对多，其中需要中间表作为关系桥梁的是_____关系。

　　（A）一对一　　　（B）一对多　　　（C）多对多　　　（D）各种关系都有

二、操作题

1．分别通过空白表、字段模板、表模板 3 种方法建立一个数据表。

2．对已经创建好的数据表进行删除、添加等编辑操作。

3．在数据表中什么是"冻结列"？什么是"隐藏列"？两者各有什么样的作用？请用户通过对"联系人"表的实际操作，体会这两者的不同作用。

4．对建立的"联系人"表实施筛选，将符合条件的记录从数据表中筛选出来。

第4章 查 询 设 计

【学习要点】
> 查询的概念、种类和作用
> 各种查询的建立
> 查询的应用

【学习目标】
    通过对本章内容的学习应掌握以下内容：表间关系的概念，学会定义表间关系；查询的概念及作用；使用查询向导创建各种查询；查询设计视图的使用方法；在查询设计网格中添加字段，设置查询条件的各种操作方法；计算查询、参数查询、交叉表查询的创建方法；操作查询的设计及其创建方法。

4.1 查 询 概 述

1）什么是查询

    查询就是依据一定的查询条件，对数据库中的数据信息进行查找。查询与表一样，都是数据库的对象，允许用户依据准则或查询条件抽取表中的记录与字段。Access 2010 中的查询，可以对一个数据库中的一个或多个表中存储的数据信息，进行查找、统计、计算、排序等。

    有多种设计查询的方法，用户可以通过查询设计器或查询设计向导来设计查询，如图 4-1 所示。

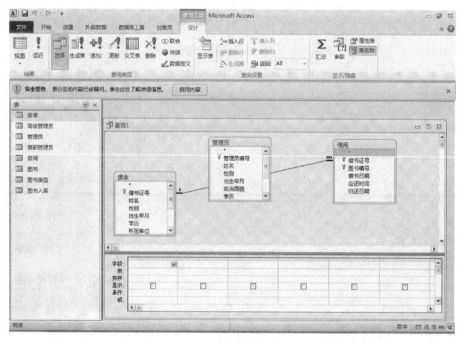

图 4-1 选择查询

简单查询向导如图 4-2 所示。

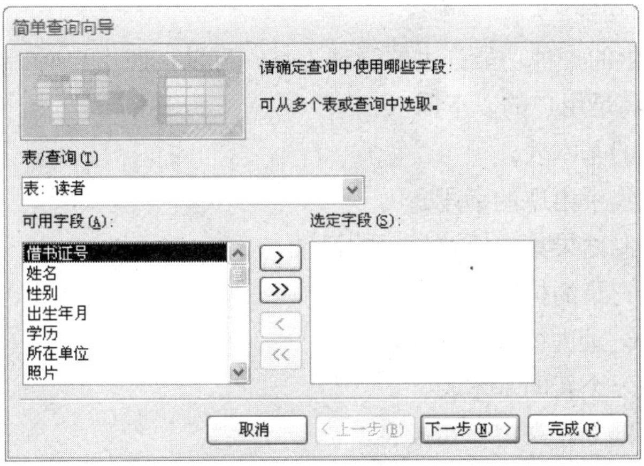

图 4-2 选择查询向导

查询结果将以工作表的形式显示出来。显示查询结果的工作表又称为结果集，它虽然与基本表有着十分相似的外观，但它并不是一个基本表，而是符合查询条件的记录集合。其内容是动态的，如图 4-3 所示。

图 4-3 选择查询向导 2

2）查询的种类

Access 2010 提供多种查询方式，查询方式可分为选择查询、汇总查询、交叉表查询、重复项查询、不匹配查询、动作查询、SQL 特定查询以及多表之间进行的关系查询。这些查询方式总结起来有 4 类：选择查询、特殊用途查询、操作查询和 SQL 专用查询。

3）查询的作用和功能

查询是数据库提供的一种功能强大的管理工具，可以按照用户所指定的各种方式来进行查询。查询基本上可满足用户的以下需求。

- 指定所要查询的基本表。
- 指定要在结果集中出现的字段。
- 指定准则来限制结果集中所要显示的记录。
- 指定结果集中记录的排序次序。
- 对结果集中的记录进行数学统计。
- 将结果集制成一个新的基本表。
- 在结果集的基础上建立窗体和报表。
- 根据结果集建立图表。
- 在结果集中进行新的查询。
- 查找不符合指定条件的记录。
- 建立交叉表形式的结果集。
- 在其他数据库软件包生成的基本表中进行查询。

作为对数据的查找，查询与筛选有许多相似的地方，但两者是有本质区别的。查询是数据库的对象，而筛选是数据库的操作。

查询和筛选之间的不同见表 4-1。

表 4-1　查询和筛选的区别

功　　能	查询	筛选
用作窗体或报表的基础	是	是
排序结果中的记录	是	是
如果允许编辑，就编辑结果中的数据	是	是
向表中添加新的记录集	是	否
只选择特定的字段包含在结果中	是	否
作为一个独立的对象存储在数据库中	是	否
不用打开基本表，查询和窗体就能查看结果	是	否
在结果中包含计算值和集合值	是	否

4.2　选　择　查　询

用户可以打开数据库窗口，选择【查询】对象，然后单击工具栏中的【新建】按钮，弹出【新建查询】对话框，如图 4-4 所示。

4.2.1　使用查询向导创建查询

1）简单选择查询

简单选择查询通过简单查询向导来快速完成，如图 4-5、图 4-6 和图 4-7 所示。

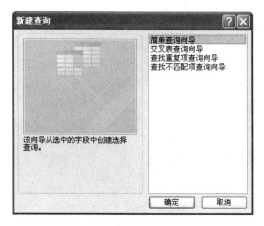

图 4-4　新建查询

图 4-5　简单查询向导 1

图 4-6　简单查询向导 2

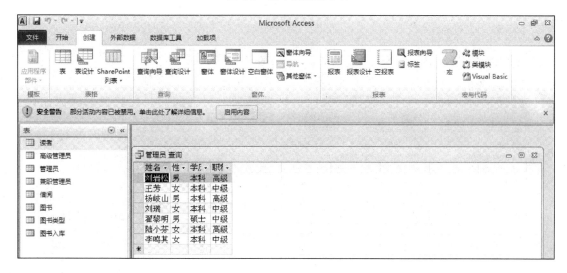

图 4-7　简单查询向导 3

如果要添加汇总，则进行下一步操作而不选择【明细】，如图 4-8 和图 4-9 所示。

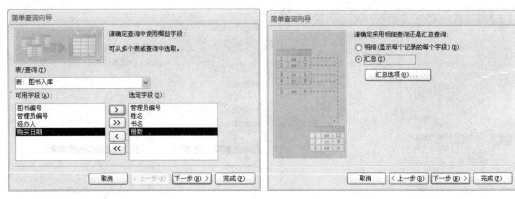

图 4-8　简单查询向导 4　　　　　　　　　　图 4-9　简单查询向导 5

下面是汇总选项，如图 4-10、图 4-11 和图 4-12 所示。

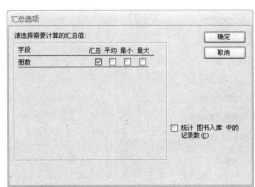

图 4-10　简单查询向导 6

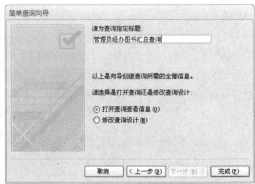

图 4-11　简单查询向导 7

图 4-12　简单查询向导 8

如果不用向导设计查询而用查询设计器进行查询设计，并且要在查询中添加汇总选项，则需要手工添加一些汇总函数。

Sum	求总和
Avg	平均值
Min	最小值
Max	最大值
Count	计数
StDev	标准差
Var	方差
First	第一条记录
Last	最后一条记录

2）交叉表查询向导

交叉表查询以表的形式显示出摘要的数值，例如某一字段的总和、计数、平均等。并按照列在数据表左侧的一组标题和列在数据表上方的另一组标题，将这些值分组，在数据工作表中分别以行标题和列标题的形式显示出来，用于分析和比较。

例如：读者借阅查询表如图 4-13 所示。

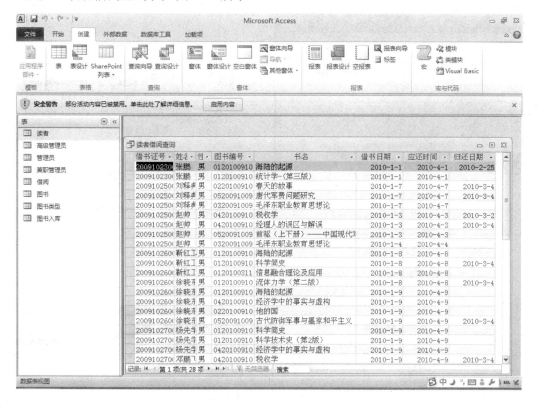

图 4-13　产品表

要从基本表中得到的信息如图 4-14 所示。

方法步骤图如图 4-15～图 4-20 所示。

（1）选择查询向导

（2）选择读者借阅查询

图 4-14　交叉表查询结果

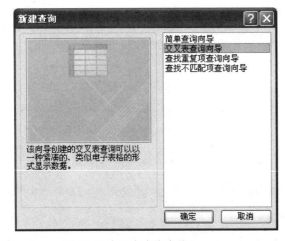

图 4-15　交叉表查询步骤 1

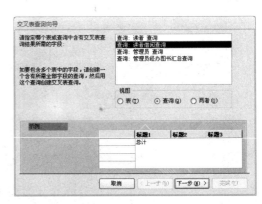

图 4-16　交叉表查询步骤 2

（3）将表中的借书证号、姓名字段导入

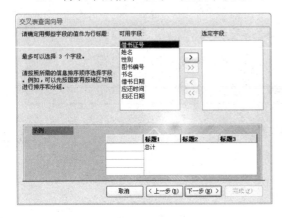

图 4-17　交叉表查询步骤 3

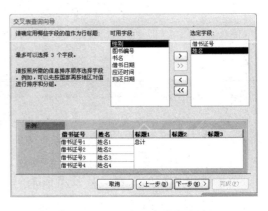

图 4-18　交叉表查询步骤 4

（4）选择合适的函数

（5）为交叉表查询命名

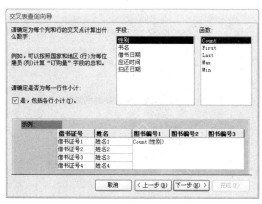
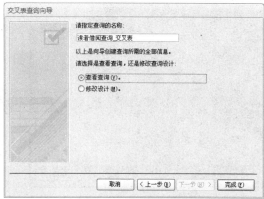

图 4-19　交叉表查询步骤5　　　　　　　　　图 4-20　交叉表查询步骤6

3）查找重复项查询向导

查找重要项查询向导，可以帮助用户在数据表中查找具有一个或多个字段内容相同的记录。此向导可以用来确定基本表中是否存在重复记录。

如果要得到如图 4-21 所示的结果集，则可进行如下操作步骤，如图 4-22～图 4-26 所示。

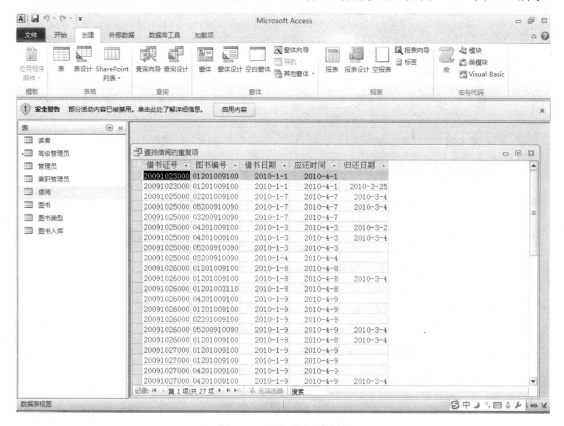

图 4-21　重复项查询结果

（1）选择查找重复项查询向导。

（2）利用借阅表中的图书编号来查询是否有重复项。

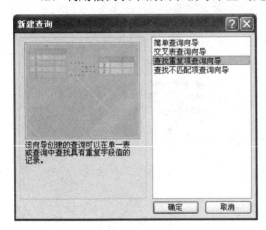

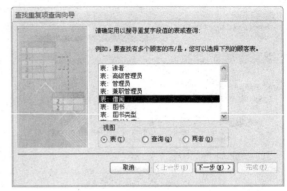

图 4-22　重复项查询向导 1　　　　　　　　图 4-23　重复项查询向导 2

（3）导入图书编号、借书日期、应还时间、归还日期字段。

图 4-24　重复项查询向导 3　　　　　　　　图 4-25　重复项查询向导 4

（4）指定查询的名称。

图 4-26　重复项查询向导 5

4）查找不匹配项查询向导

查找不匹配项查询向导，是用来帮助用户在数据中查找不匹配记录的向导。如要查找【借阅】表中的图书编号与【图书】表中的图书编号不匹配的记录。步骤分解如图4-27～图4-33所示。

（1）选择查找不匹配项查询向导。

（2）选择"借阅"表。

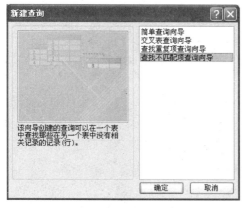 

图4-27　查询不匹配项向导1　　　　　　图4-28　查询不匹配项向导2

（3）查找图书表和借阅表中的图书编号是否有不匹配。

（4）由向导识别两张表的匹配字段。

图4-29　查询不匹配项向导3　　　　　　图4-30　查询不匹配项向导4

（5）选择还需要查询显示的字段。

图4-31　查询不匹配项向导5　　　　　　图4-32　查询不匹配项向导6

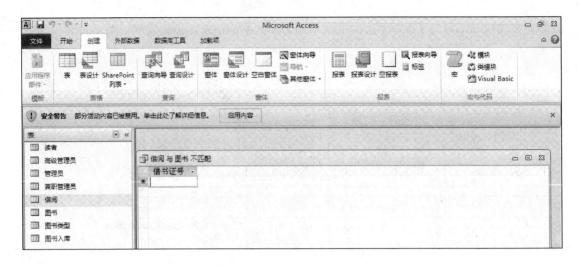

图 4-33　查询不匹配项向导 7

4.2.2　用查询设计器创建查询

使用向导只能建立简单的、特定的查询。Access 2010 还提供了一个功能强大的查询设计器，通过它不仅可以从头设计一个查询，而且还可能对已有的查询进行编辑和修改。

1）用查询设计器设计查询

【设计器】主要分为上下两部分，上面放置数据库表.显示关系和字段；下面给出设计网格，网格中有如下行标题。

- 字段：查询工作表中所使用的字段名。
- 表：该字段所来自的数据表。
- 排序：是否按该字段排序。
- 显示：该字段是否在结果集工作表中显示。
- 条件：查询条件。
- 或：用来提供多个查询条件（图 4-34）。
- 视图：每个查询有 5 种视图（设计、数据表、SQL、数据透视表、数据透视图表）。
- 查询类型：选择、交叉表、更新、追加、生成表、删除。
- 运行：运行查询。
- 显示表：显示所有可用的表。
- 总计：在查询设计区中增加【总计】行，可用于求和.求平均等。
- 上限值：用户可指定显示范围。
- 属性：显示当前对象属性。
- 生成器：弹出【表达式生成器】。
- 数据库窗口：回到数据库窗口。
- 新对象：建立数据库的新对象。

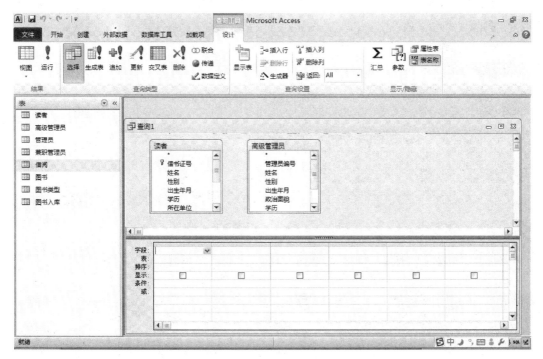

图 4-34　查询设计器

上面的工具栏上有如图 4-35 所示的按钮。

图 4-35　查询工具栏

2）用查询设计器进一步设计查询

① 添加表/查询（图 4-36）。

图 4-36　查询设计器——显示表

② 更改表或查询间的关联。

③ 删除表/查询。

④ 添加插入查询的字段。

⑤ 删除、移动字段。

⑥ 设置查询结果的排序。

⑦ 设置字段显示属性（图 4-37）。

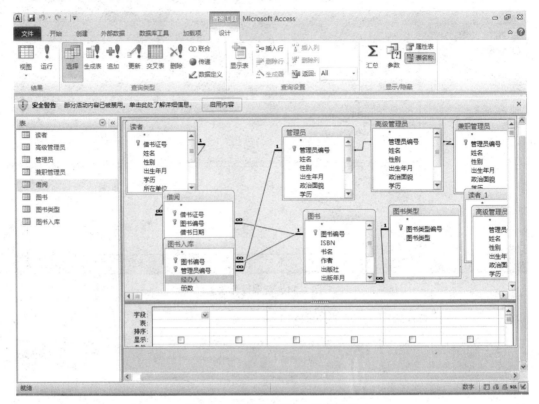

图 4-37　查询设计器——显示联系

3）查询及字段的属性设置（图 4-38，图 4-39）

图 4-38　查询设计器——查询属性　　　图 4-39　查询设计器——字段属性

4.2.3 设置查询条件

查询设计视图中的准则就是查询记录应符合的条件，与在设计表时设置字段的有效性规则的方法相似

（1）准则表达式

And	与操作	"A"And "B"
Or	或操作	"A"Or"B"
Between…And	指定范围操作	Between"A"And "B"
In	指定枚举范围	In("A,B,C")
Like	指定模式字符串	Like "A?[A~f]#[!0~9]*" 如：AuD3q 98e32ww

（2）在表达式中使用日期与时间

在准则表达式中使用日期/时间时，必须要在日期值两边加上"#"。下面写法都是正确的：#Feb12,98#.#2/12/98#.#1221998#。

相关内部函数如下。

Date()	返回系统当前日期；
Year()	返回日期中的年份；
Month()	返回日期中的月份；
Day()	返回日期中的日数；
Weekday()	返回日期中的星期数；
Hour()	返回时间中的小时数；
Now()	返回系统当前的日期与时间。

（3）表达式中的计算

A+B	两个数字型字段值相加，两个文本字符串连接；
A-B	两个数字型字段值相减；
A*B	两个数字型字段值相乘；
A/B	两个数字型字段值相除；
A\B	两个数字型字段值相除四舍五入取整；
A^B	A 的 B 次幂；
Mod(A,B)	取余，A 除以 B 得余数；
A&B	文本型字段 A 和 B 连接。

（4）使用准则表达式生成器（图 4-40、图 4-41）。

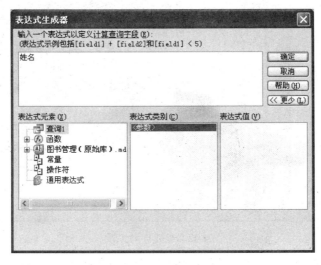

图 4-40 表达式生成器 1

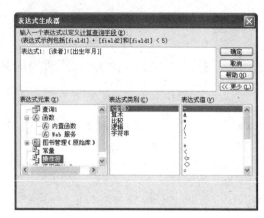

图 4-41　表达式生成器 2

4.3　参　数　查　询

数据查询未必总是静态地提取统一信息。只要用户把搜索类别输入到一个特定的对话框中，就能在运行查询时对其进行修改。例如：当用户希望能够规定所需要的数据组时，就需要使用一个参数查询。

另一个特殊用途的查询就是把字段值自动填充到相关表中的"自动查询"查询。"自动查询"查询通过查找用户输入在匹配字段中的数值，并把用户指定的信息输入到相关表的字段中。

如用户想要利用借书证号查询读者个人借阅信息。具体步骤如下。

首先打开查询设计器，将数据表添加到上面，如图 4-42 所示。

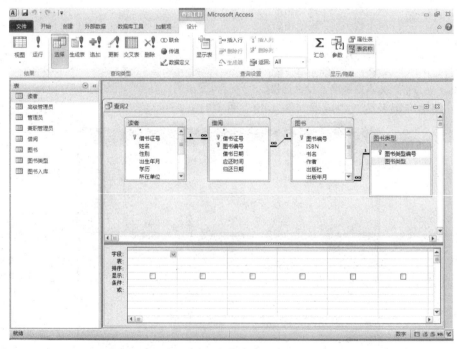

图 4-42　参数查询步骤 1

添加字段。并给出条件：Between [输入最低值] And [输入最高值]（图 4-43、图 4-44）。

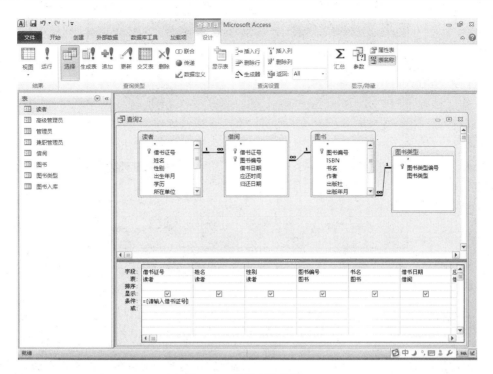

图 4-43　参数查询步骤 2

然后运行，输入参数，如图 4-45 所示。

图 4-44　参数查询步骤 3

图 4-45　参数查询步骤 4

可查看到如图 4-46 所示的结果。

图 4-46　参数查询结果

如要改变参数类型，可打开【查询】|【参数】对话框来解决，如图 4-47 所示。

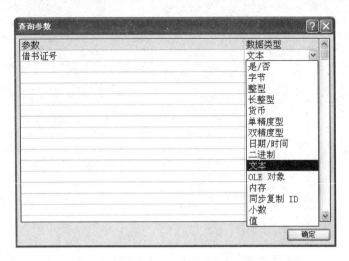

图 4-47 参数类型对话框

4.4 操 作 查 询

操作查询用于同时对一个或多个表执行全局数据管理操作。操作查询可以对数据表中原有的数据内容进行编辑，对符合条件的数据进行成批的修改。因此，应该备份数据库。

4.4.1 生成表查询

生成表查询可以从一个或多个表/查询的记录中制作一个新表。在下列情况下使用生成表查询。

① 把记录导出到其数据库。例如创建一个交易已完成的订单表，以便送到其他部门。

② 把记录导出到 Excel/Word 之类的非关系应用系统中。

③ 对被导出的信息进行控制。例如筛选出机密或不相干的数据。

④ 用作在一特定时间出现的一个报表的记录源。

⑤ 通过添加一个记录集来保存初始文件，然后用一个追加查询向该记录集中添加新记录。

⑥ 用一个新记录集替换现有的表中的记录。

例如，要以读者表为基础，查询出姓名、性别、学历、电话、学历为本科，并生成一个新表，如图 4-48、图 4-49 所示。

图 4-48 生成表对话框 1

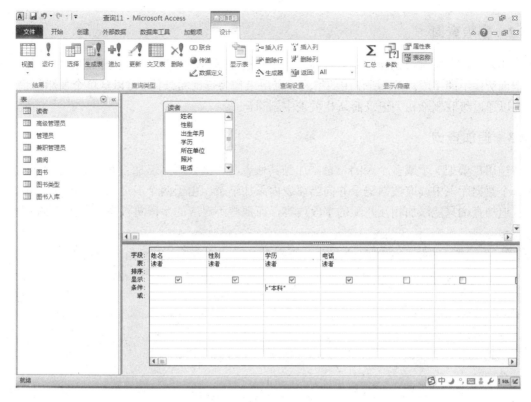

图 4-49 生成表对话框 2

提示生成新表，如图 4-50～图 4-52 所示。

图 4-50 生成表对话框 3

图 4-51 生成表对话框 4

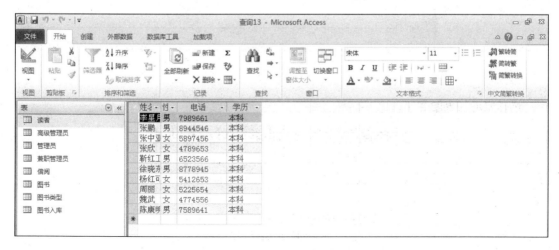

图 4-52 生成表对话框 5

4.4.2 删除查询

删除查询是所有查询操作中最危险的一个。删除查询是将整个记录全部删除而不只是删除查询所使用的字段。查询所使用的字段只是用来作为查询的条件。可以从单个表删除记录，也可以通过级联删除相关记录而从相关表中删除记录。

4.4.3 追加查询

当用户要把一个或多个表的记录添加到其他表时，就会用到追加查询。追加查询可以从另一个数据库表中读取数据记录并向当前表内添加记录，由于两个表之间的字段定义可能不同，追加查询只能添加相互匹配的字段内容，而那些不对应的字段将被忽略（图 4-53）。

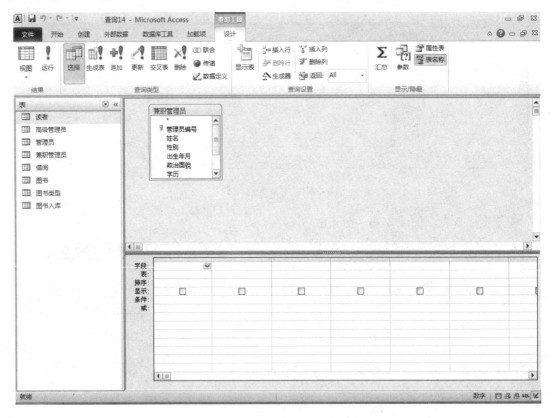

图 4-53　追加查询 1

选择要追加表的名字（图 4-54）。

图 4-54　追加查询 2

使兼职管理员表中的记录追加到管理员表中（图 4-55～图 4-57）。

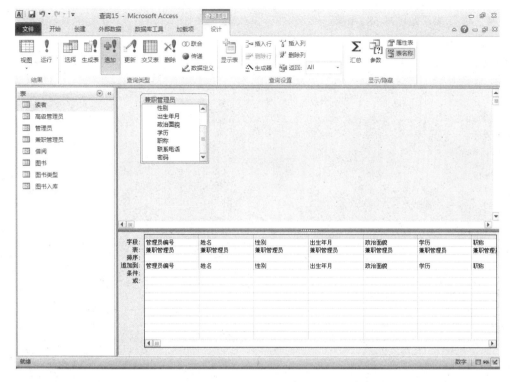

图 4-55　追加查询 3

图 4-56　追加查询 4

图 4-57　追加查询 5

4.4.4　更新查询

更新查询用于同时更改许多记录中的一个或多个字段值，用户可以添加一些条件，这些条件除了更新多个表中的记录外，还筛选要更改的记录。大部分更新查询可以用表达式来规定更新规则。

如表 4-2 实例所示。

表 4-2　更新记录实例表

字段类型	表 达 式	结　　果
货币	[单价]*1.05	把"单价"增加 5%
日期	#4/25/01#	把日期更改为 2001 年 4 月 25 日
文本	"已完成"	把数据更改为"已完成"
文本	"总"&[单价]	把字符"总"添加到"单价"字段数据的开头
是/否	Yes	把特定的"否"数据更改为"是"

例如：将 1970 年 1 月 1 日以前出生的且职称为"中级"的管理员职称更新为"高级"。先打开设计视图，在"查询类型"中选择"更新查询"，将更新字段拖至查询设计网格，然

后输入更新条件，如图 4-58 所示。

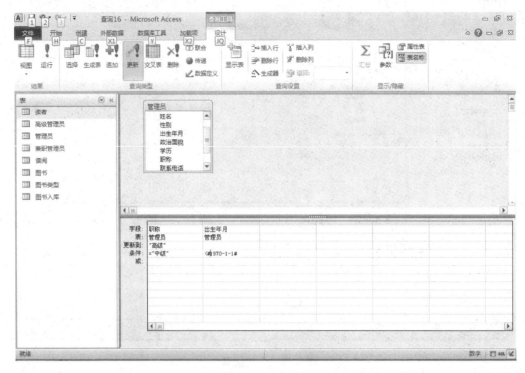

图 4-58　追加查询 1

在查询设计视图中单击【运行】按钮，提示更新成功，如图 4-59、图 4-60 所示。

图 4-59　追加查询 2

图 4-60　追加查询 3

4.5　上 机 实 训

实　训　一

一、实验目的
- 掌握向导查询的方法
- 利用查询向导查询【管理员】信息

二、实验过程
1）查询管理员姓名、性别、学历、职称等基本信息

（1）打开【图书管理】数据库，单击【查询】对象，再单击【新建】按钮。打开【新建查询】对话框。

（2）在【新建查询】对话框中，单击【简单查询向导】选项，然后单击【确定】按钮。

打开【简单查询向导】的第一个对话框。

（3）在对话框中【表/查询】列表中选择【管理员】表，在"可用字段"列表框中分别双击【姓名】、【性别】、【学历】、"职称"等字段，将其添加到"选定的字段"列表框中。设置完成后，单击【下一步】按钮，打开【简单查询向导】的第二个对话框。

（4）输入查询标题"管理员基本信息查询"，选择"打开查询查看信息"，单击【完成】按钮。这时会以"数据表"的形式显示查询结果，并将该查询自动保存在数据库中。

2）查询管理员姓名、性别、经办的图书

（1）在"图书管理"数据库窗口中，选择"查询"对象，单击【新建】按钮。

（2）选择"简单查询向导"选项，然后单击【确定】按钮。打开【简单查询向导】对话框。

（3）在"表/查询"列表中选择"管理员"表，在"可用字段"列表框中双击【管理员编号】、"姓名"、"性别"字段；再在"表/查询"列表中选择"图书入库"表，双击【图书编号】、"经办人"、"册书"、"购买日期"等字段，这样就选择了两个表中的所需字段。单击【下一步】按钮。

（4）在对话框中选择"明细（显示每个记录的每个字段）"，单击【下一步】按钮，打开"简单查询向导"的第二个对话框。

（5）以后的操作与"管理员基本信息查询"的操作相同，为该查询取名为"管理员经办图书查询"。

3）查询管理员姓名、所购图书总册数

（1）在"图书管理"数据库窗口中，单击【查询】对象，再单击【新建】按钮。

（2）选择"简单查询向导"选项，然后单击【确定】按钮，打开 "简单查询向导"的第一个对话框，在对话框中的"表/查询"下拉列表中选择"表：管理员"，字段为"管理员编号"、"姓名"，选择"表：图书"，字段为"书名"，选择"表：图书入库" 表，字段为"册数"。单击"下一步"。

（3）设置完成后，单击【下一步】按钮，打开 "简单查询向导"的第二个对话框。

（4）在对话框中，选择"汇总"选项，单击【汇总选项】按钮，打开【汇总选项】对话框。

（5）在"汇总选项"对话框中选中"册数"的汇总复选框。然后单击【确定】按钮，返回"简单查询向导"的第二个对话框。

（6）单击【下一步】按钮，打开"简单查询向导"最后一个对话框，输入查询标题"管理员经办图书汇总查询"，单击【完成】按钮。

实 训 二

一、实验目的

● 掌握利用设计视图查询

● 利用设计视图查询"读者"信息

二、实验过程

1）利用设计视图查询读者基本信息

（1）打开"图书管理"数据库，单击【查询】对象，再单击【新建】按钮。打开【新建查询】对话框。

（2）在"新建查询"对话框中，单击【设计视图】选项，然后单击【确定】按钮。打开"查询1选择查询"视图，同时打开"显示表"对话框。

（3）在"显示表"对话框中，选中"读者"表，把"读者"表添加到设计网格上部的表区域内；关闭"显示表"对话框。

（4）在"读者"表中，双击"借书证号"，将"借书证号"字段添加到设计网络中；重复上述步骤，将"读者"表中的"姓名"、"性别"、"出生年月"、"学历"、"所在单位"、"是否会员"添加到设计网络中。

（5）单击工具栏上的【保存】按钮，打开"另存为"对话框，输入查询名称"读者基本信息查询"，单击【确定】按钮。

（6）单击工具栏上的【运行】按钮，或选择"视图"菜单的"数据表视图"显示查询结果。

2）创建读者借阅查询

（1）打开"图书管理"数据库，单击"查询"对象，再单击【新建】按钮。打开"新建查询"对话框。

（2）在"新建查询"对话框中，单击"设计视图"选项，然后单击【确定】按钮。打开"查询1选择查询"视图，同时打开"显示表"对话框。在"显示表"对话框中，分别将"读者"表、"图书"表、"借阅"表、"图书类型"表添加到设计网格上部的表区域内，关闭"显示表"对话框。

（3）在"读者"表中，双击"借书证号"，将"借书证号"字段添加到设计网络中。重复上述步骤，将"读者"表中"姓名"、"性别"，"图书"表的"图书编号"、"书名"，"借阅"表的"借书日期"、"应还时间"、"归还日期"字段都添加到设计网络中，将"图书类型"表的"图书类型"字段添加到设计网络中。

（4）在设计网络的"应还时间"列的"排序"行的下拉列表中选择"升序"，"借书日期"列的"排序"行的下拉列表中选择"升序"，"归还日期"列的"排序"行的下拉列表中选择"升序"。

（5）单击工具栏上的【保存】按钮，打开【另存为】对话框，输入查询名称"读者借阅查询"，单击【确定】按钮，

（6）单击工具栏上的【运行】按钮显示查询结果。

实 训 三

一、实验目的
● 学会创建技术查询统计的方法
● 创建计算查询统计各类图书信息

二、实验过程

（1）在【图书管理】数据库窗口中，选择【查询】对象，双击对象栏中的【在设计视图中创建查询】选项，打开【显示表】对话框；在【显示表】对话框中选择【图书】表、【图书类型】表，单击【确定】按钮，再关闭【显示表】对话框。

（2）在【设计网格】中，分别添加【图书类型】表的【图书类型编号】字段和【图书】表的【图书类型】。

（3）在工具栏上单击【总计】按钮。Access 2010将在设计网格中显示【总计】行。

（4）在【图书类型】字段的"总计"行中选择【分组】；在【图书类型编号】字段的【总计】行中选择【计数】。本题中【图书类型】为分组字段，故在总计行设置为【分组】，其他字段用于计算，因此选择不同的计算函数。如果对所有记录进行统计，则可将【图书类别编号】列删除。

（5）右击【图书类型编号】单元格，选择【属性】，在【字段属性】对话框中输入"图书种数"。

（6）单击工具栏上的【保存】按钮，将查询保存为"各类图书统计查询"。

（7）单击【运行】按钮，则可显示查询结果。

实 训 四

一、实验目的

● 利用向导交叉查询

● 利用向导创建馆藏图书交叉表查询

二、实验过程

（1）打开"图书管理"数据库，选择"查询"对象，单击【新建】按钮，在"新建查询"对话框中选择"交叉表查询向导"，单击【确定】按钮。

（2）在 "交叉表查询向导"的第一个对话框中，选择交叉表查询所包含的字段来自于哪个表或查询。在"视图"中选择"查询"，在列表中选择"查询：读者借阅查询"，单击【下一步】按钮。

（3）在对话框中分别双击"可用字段"列表中的"借书证号"、"姓名"字段作为行标题。单击【下一步】按钮进入第三个对话框。

（4）在对话框中选择"图书类型"作为交叉表查询的列标题。单击【下一步】按钮。

（5）确定交叉表查询中行和列的交叉点计算的是什么值，在此"字段"表中选择"图书编号"，"函数"列表中选择"计数"，单击【下一步】按钮。

（6）在对话框中输入查询名称：读者借阅交叉表查询，单击【完成】按钮。

（7）这时以"数据表"的形式显示交叉表查询结果。

实 训 五

一、实验目的

● 掌握操作查询更新的方法

● 利用操作查询更新"管理员"信息

二、实验过程

1）利用"追加查询"将"兼职管理员"表中 2006 年 9 月 1 日前工作的数据追加到"管理员"表

（1）在"图书管理"数据库中新建"兼职管理员"表，表结构与"管理员"表结构相同。

（2）打开"查询"对象列表，双击"在设计视图中创建查询"，打开查询设计视图，将"兼职管理员"表添加到设计视图中。

（3）将"兼职管理员"表中的全部字段拖到设计网格中。如果两个表中所有的字段都具有相同的名称，也可以只将星号(*)拖到查询设计网格中。

（4）若要预览查询将追加的记录，单击工具栏上的【视图】按钮，若要返回查询设计视图，可再次单击工具栏上的【视图】按钮，在设计视图中进行任何所需的修改。

（5）在查询设计视图中，单击工具栏上【查询类型】按钮旁的箭头，在下拉菜单中单击【追加查询】按钮，弹出"追加"对话框。在"表名称"框中，输入追加表的名称"管理员"，由于追加表位于当前打开的数据库中，则选中"当前数据库"然后单击【确定】按钮。如果表不在当前打开的数据库中，则单击【另一数据库】按钮并键入存储该表的数据库的路径，或单击【浏览】按钮定位到该数据库。

（6）这时，查询设计视图增加了"追加到"行，并且在"追加到"行中自动填写追加的字段名称。

（7）在查询设计视图中单击工具栏上的【运行】按钮，弹出追加提示框。

（8）单击【是】按钮，则 Access 2010 开始把满足条件的所有记录追加到"管理员"表中。

2）利用"删除查询"删除"管理员"表中管理员编号以 2 开头的管理员信息

（1）新建包含要删除记录的表的查询，本例"显示表"对话框中选择"管理员"表。

（2）在查询设计视图中，单击工具栏上【查询类型】按钮旁的箭头，单击【删除查询】按钮，这时在查询设计网络中显示"删除"行；

（3）从"管理员"表的字段列表中将星号(*) 拖到查询设计网格内，"From"将显示在这些字段下的"删除"单元格中。

（4）确定删除记录的条件，将要为其设置条件的字段从主表拖到设计网格，Where 显示在这些字段下的"删除"单元格中。这里为"管理员编号"设置删除条件。

（5）对于已经拖到网格的字段，在其"条件"单元格中输入条件：Like "2*"。

（6）要预览待删除的记录，请单击工具栏上的【视图】按钮。若要返回查询设计视图，再次单击工具栏上的【视图】按钮。"删除查询"的数据表视图。

（7）单击工具栏上的【运行】按钮，则删除"管理员"表中满足"删除查询"条件的记录。

3）删除学历为【本科】读者的借阅信息

（1）新建一个查询，包含"读者"表和"借阅"表。

（2）在查询设计视图中，单击工具栏上的【查询类型】按钮，选择"删除查询"。

（3）在"借阅"表中，从字段列表将星号(*)拖到查询设计网格第一列中（此时为一对多关系中的"多"方），From 将显示在这些字段下的"删除"单元格中。

（4）查询设计网格的第二列字段设置为"学历"（在一对多关系中"一"的一端），Where 显示在这些字段下的"删除"单元格中。

（5）在条件行输入条件：="本科"。

（6）要预览待删除的记录，单击工具栏上的【视图】按钮。若要返回查询设计视图，再次单击工具栏上的【视图】按钮。该"删除查询"的数据表视图。

（7）单击工具栏上的【运行】按钮，从"多"端的表中删除记录。

4）将 1970 年 1 月 1 日以前出生且职称为"中级"的管理员职称更新为"高级"

（1）创建一个新的查询，将"管理员"表添加到设计视图。

（2）在查询设计视图中，单击工具栏上【查询类型】按钮旁的箭头，在下拉列表中选择"更新查询"，这时查询设计视图网格中增加一个"更新到"行。

（3）从字段列表将要更新或指定条件的字段拖至查询设计网格中。本例选择"职称"字段和"出生年月"字段。

（4）在要更新字段"职称"字段的"更新到"行中输入："高级"，在"条件"行中输入：="中级"；在"出生年月"字段的"条件"行中输入：<#1970-1-1#。

（5）若要查看将要更新的记录列表，单击工具栏上的【视图】按钮。若要返回查询设计视图，再单击工具栏上的【视图】按钮，在设计视图中进行所需的更改。

（6）在查询设计视图中单击工具栏上的【运行】按钮，弹出更新提示框。

（7）单击【是】按钮，则 Access 2010 开始按要求更新记录数据。

5）从"管理员"表将职称为"高讲"的管理员记录保存到"高级管理员"表中

（1）创建一个新的查询，将"管理员"表添加到设计视图。

（2）在查询设计视图中，单击工具栏上【查询类型】按钮旁的箭头，在下拉列表中单击"生成表查询"，显示"生成表"对话框。

（3）在"生成表"对话框的"表名称"框中，输入所要创建或替换的表的名称，本例输入"高级管理员"。选择"当前数据库"选项，将新表"高级管理员"放入当前打开数据库中。然后单击【确定】按钮，关闭"生成表"对话框。

（4）从字段列表将要包含在新表中的字段拖动到查询设计网格，在"职称"字段的"条件"行里输入条件：　="高级"。

（5）若要查看将要生成的新表，单击工具栏上的【视图】按钮。若要返回查询设计视图，再单击工具栏上的【视图】按钮，这时可在设计视图中进行所需的更改。

（6）在查询设计视图中单击工具栏上的【运行】按钮，弹出生成新表的提示框。

（7）单击【是】按钮，则 Access 2010 在"图书管理"数据库中生成新表"高级管理员"。打开新建的表"高级管理员"，可以看出表中仅包含职称为"高级管理员"的指定字段的记录。

习　　题

一、选择题

1．ACCESS 查询的数据源可以来自_____。

（A）表　　　　　　　　　　　　（B）查询

（C）表和查询　　　　　　　　　（D）报表

2．创建 ACCESS 查询可以_____。

（A）利用查询向导　　　　　　　（B）使用查询"设计"视图

（C）使用 SQL 查询　　　　　　　（D）使用以上 3 种方法

3．以下关于查询的叙述正确的是_____。

（A）只能根据数据表创建查询

（B）只能根据已建查询创建查询

（C）可以根据数据表和已建查询创建查询

（D）不能根据已建查询创建查询

4．ACCESS 支持的查询类型有_____。

（A）选择查询、交叉表查询、参数查询、SQL 查询和动作查询

（B）基本查询、选择查询、参数查询、SQL 查询和动作查询

（C）多表查询、单表查询、交叉表查询、参数查询和动作查询

（D）选择查询、统计查询、参数查询、SQL 查询和动作查询

5．以下不属于动作查询的是_____。

（A）交叉表查询　　　　　　　　（B）更新查询

（C）删除查询　　　　　　　　　（D）生成表查询

6．以下不属于 Access 查询的是_____。

（A）更新查询　　　　　　（B）交叉表查询

（C）SQL 查询　　　　　　（D）连接查询

7. 生成表查询不能应用于_____。

（A）创建表的备份副本

（B）快速批量追加数据

（C）提高基于表查询或 SQL 语句的窗体和报表的性能

（D）创建包含旧记录的历史表

8. 假设某数据表中有一个"姓名"字段，查找姓"王"的记录的条件是_____。

（A）NOT"王*"　　　　　　（B）LIKE"王"

（C）LIKE"王*"　　　　　　（D）"王"

二、简答题

1. 如何在查询中提取多个表或查询中的数据？

2. 如何用子查询来定义字段或定义字段的条件？

3. 简述在查询中进行计算的方法？

第5章　结构化查询语言 SQL

【学习要点】
> SQL 语言的基本概念、特点
> SQL 语言的功能
> SQL 语言的用法
【学习目标】

通过本章的学习，了解 SQL 及其标准的发展、SQL 的特点及分类、视图相关语句，熟悉 SQL 中各种语句的语法，熟悉 SQL 数据定义语言（DDL）语句，掌握 SQL 中数据查询、数据操作语言的详细语法，并能深刻理解、综合应用，以便为今后深入学习打下更加坚实的基础。

5.1　SQL 概述

SQL 是结构化查询语言（Structured Query Language）的缩写，是一种介于关系代数与关系演算之间的语言，是一种用来与关系数据库管理系统通信的标准计算机语言。其功能包括数据查询、数据操纵、数据定义和数据控制 4 个方面，是一个通用的、功能极强的关系数据库语言。目前已成为关系数据库的标准语言。

5.1.1　SQL 的发展

SQL 是 1974 年由 Boyce 和 Chamberlin 提出的，1975～1979 年 IBM 公司 San Jose Research Laboratory 研制的关系数据库管理系统原型系统 System R 实现了这种语言。这种语言由于其功能丰富、语言简洁、使用方法灵活、方便易学，受到用户及计算机工业界的欢迎，被众多计算机公司和软件公司所采用。经各公司的不断修改、扩充和完善，SQL 最终发展成为关系数据库的标准语言。

1986 年由美国国家标准局(ANSI)公布 SQL86 标准，1987 年国际标准化组织(ISO) 也通过了这一标准，作为关系数据库的标准语言。此后 ANSI 经过不断完善和发展，1989 年 ISO 第二次公布了 SQL 标准(SQL89 标准)，目前新的 SQL 标准是 1992 年制定的 SQL92 国际标准，在 1993 年获得通过，简称 SQL2。在 SQL2 的基础上，增加了许多新特征，产生了 SQL3 标准，表示第三代 SQL，在 1999 年提出，名字改成 SQL：1999，是为了避免千年虫现象在数据库标准命名中出现。这一标准到目前还没有获得通过，但是好多数据库厂商在其新的数据库产品中都已经开始加入 SQL3 标准中的一些新内容。比如 SQL Server 2005、Oracle10g 等。

自 SQL 标准成为国际标准语言以后，各个数据库厂家纷纷推出各自支持的 SQL 软件或与 SQL 的接口软件。大多数数据库均用 SQL 作为共同的数据存取语言和标准接口，使不同数据库系统之间的互操作有了共同的基础。但各厂家又在 SQL 标准的基础上进行扩充，形成了自己的语言。比如，Microsoft 公司推出的 SQL Server，扩充 SQL 标准后称为 Transact-SQL，简称 T-SQL。因此，有人把确立 SQL 为关系数据库语言标准及其后的发展称为是一场革命。

5.1.2　SQL 的特点

SQL 集数据查询(Data Query)、数据操纵(Data Manipulation)、数据定义(Data Definition) 和数据控制(Data Control)功能于一体，语言风格统一，充分体现了关系数据语言的特点和优点。使用 SQL 语句就可以独立完成数据管理的核心操作。SQL 具有下列 6 个特点。

1）综合统一

SQL 集数据定义语言 DDL（Data Definition Language）、数据操纵语言 DML（Data Manipulation Language）、数据控制语言 DCL（Data Control Language）的功能于一体，语言风格统一，可以独立完成数据库生命周期中的全部活动，包括定义关系模式、录入数据以建立数据库、查询、更新、维护、数据库重构、数据库安全性控制等一系列操作要求。

2）高度非过程化

非关系数据模型的数据操纵语言是面向过程的语言，用其完成某项请求，必须指定存取路径（如早期的 FoxPro）。而用 SQL 进行数据操作，用户只需提出"做什么"，而不必指明"怎么做"，因此用户无需了解存取路径，存取路径的选择以及 SQL 语句的操作过程由系统自动完成。这不但大大减轻了用户负担，而且有利于提高数据的独立性。所以说 SQL 是高度非过程化的，即一条 SQL 语句可以完成过程语言多条语句的功能。

3）面向集合的操作方式

非关系数据模型采用的是面向记录的操作方式，任何一个操作其对象都是一条记录。SQL 采用集合操作方式，不仅查找结果可以是元组的集合，而且一次插入、删除、更新操作的对象也可以是元组的集合。

4）以同一种语法结构提供两种使用方式

SQL 既是自含式语言，又是嵌入式语言。且在两种不同的使用方式下，SQL 的语法结构基本上是一致的。作为自含式语言，它能够独立地用于联机交互的使用方式，用户可以在终端键盘上直接键入 SQL 命令对数据库进行操作。作为嵌入式语言，SQL 语句能够嵌入到高级语言（如 PowerBuilder、VC、VB、Delphi、Java、C）程序中，供程序员设计程序时使用。

5）语言简捷，易学易用

SQL 的功能极强，但由于设计巧妙，语言十分简洁。

6）SQL 支持关系数据库三级模式结构

数据库三级模式指内模式对应于存储文件，模式对应于基本表，外模式对应于视图。基本表是本身独立存在的表；视图是从基本表或其他视图中导出的表，它本身不独立存储在数据库中，也就是说数据库中只存放视图的定义而不存放视图对应的数据，这些数据仍存放在导出视图的基本表中，因此视图是一个虚表。用户可以用 SQL 对视图和基本表进行查询。在用户眼中，视图和基本表都是关系，而存储文件对用户是透明的，由实现系统决定。

5.1.3　SQL 的基本概念

1）SQL 支持的关系数据库的三级模式

SQL 支持关系数据库三级模式结构。其中，外模式对应于视图和部分表，模式对应于表，内模式对应于存储文件。

2）SQL 的基本概念

如图 5-1 所示，SQL 既可以对基本表进行操作，也可以对视图进行操作。基本表是本身独立存在的表，在 SQL 中一个关系就对应一个表。视图是从基本表或其他视图中导出的表，本身不独立存储在数据库中，也就是说数据库中只存放视图的定义而不存放视图对应的数据，这些数据仍存放在导出视图的基本表中，因此视图是一个虚表。视图和部分表的逻辑结构组成了外模式，基本表的逻辑结构组成了模式，存储文件的逻辑结构组成了内模式。存储文件的物理文件结构是任意的，用户可以用 SQL 对视图和表进行查询。

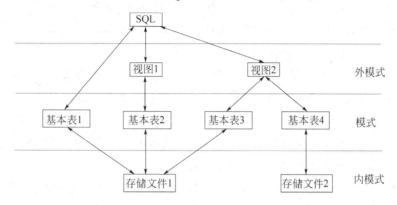

图 5-1　SQL 对关系数据库模式的支持

3）SQL 的功能

（1）数据定义功能

通过 DDL（DDL Data Definition Language）来实现。可用来支持创建、删除、修改数据库对象（如数据库、表、索引、视图等）等。定义关系数据库的模式、外模式、内模式。常用 DDL 语句包含的动词有 CREATE、ALTER、DROP 三个。

（2）数据操纵功能

通过 DML（DATA Mainpulation Language）来实现，广义的 DML 包括数据查询和数据更新两种语句，数据查询指对数据库中的数据进行查询、统计、排序、分组、检索等操作。数据更新指对数据的插入、删除、修改等操作。狭义的 DML 指数据更新。

（3）数据控制功能

指数据的安全性、完整性和事务控制功能。SQL 中主要通过几个动词（GRANT、REVOKE）实现安全性中的权限控制，称之为数据控制语言 DCL(Data Control Language)。

5.1.4　SQL 的分类简介

可执行的 SQL 语句的种类数量之多是惊人的，但 SQL 的设计非常巧妙，SQL 结构简洁、功能强大、简单易学，只用了 9 个核心动词就完成了数据定义、数据查询、数据操作、数据控制的大部分功能。使用 SQL，可以执行任何功能：从一个简单的表查询，到创建表和存储过程，到设定用户权限。在这个章节中，将重点讲述如何从数据库中检索、更新数据和定义对象。SQL 的 9 个核心动词和所属的类型见表 5-1。

表 5-1　SQL 核心动词

SQL 功能	所使用动词	SQL 功能	所使用动词
数据定义	CREATE、ALTER、DROP	数据操纵	INSERT 、UPDATE 、DELETE
数据查询	SELECT	数据控制	GRANT 、REVOKE

分类简介如下。

SELECT　从一个表、多个表或视图中检索列和行，具有数据查询、统计、分组、排序的功能，是 SQL 语言中最核心的动词，包含 5 个子句。

CREATE　创建一个新的对象，包括数据库、表、索引、视图等对象的创建，创建不同对象时 CREATE 动词后的关键字不同，分别用 DATABASE、TABLE、INDEX、VIEW 实现。

DROP　删除对象，包括数据库、表、索引、视图等对象的删除，不同对象删除时 DROP 动词后的关键字不同。对象的删除要确保该对象以及相关内容确实无用，才能使用 DROP 删除，因为删除对象会把对象中的所有内容都删除掉。

ALTER　在一个对象建立后，修改对象的结构设计，包括数据库、表、视图等对象的结构修改。可以跟 ADD、DROP、ALTER3 个子句，但每个语句只能跟其中一个子句。

INSERT　向一个表或视图中插入行，可以一次插入一行，也可以一次插入多行。

UPDATE　修改表中已存在的某些列的值，可以修改所有行的某些列值，也可以修改部分行的某些列值，主要由 UPDATE、SET、WHERE 子句构成。

DELETE　从一个表或视图中删除行，可以一次删除部分行，也可以一次删除所有行。

GRANT　向数据库中的用户授以操作权限，可用实现数据库的安全性控制。

REVOKE　收回以前显式（使用 GRANT 语句授予）授予给当前数据库中用户的权限，但如果从其他角色或用户继承了相应的权限，则该用户还具有相应的权限。

5.1.5　示例说明

以一个"学生－课程"数据库 Students 为例说明 SQL 语句的各种用法。该数据库中包括 3 个表。

（1）"学生"表 Student 由学号（Sno）、姓名（Sname）、性别（Ssex）、年龄（Sage）、所在系（Sdept）5 个属性组成。可记为：Student (Sno,Sname,Ssex,Sage,Sdept)，其中 Sno 为主码。

（2）"课程"表 Course 由课程号（Cno）、课程名（Cname）、先修课号（Cpno）、学分（Ccredit）4 个属性组成。可记为 Course(Cno,Cname,Cpno,Ccredit)，其中 Cno 为主码。

（3）"学生选课"表 SC 由学号（Sno）、课程号（Cno）、成绩（Grade）3 个属性组成。可记为 SC(Sno,Cno,Grade)，其中(Sno，Cno)为主码。3 个表示例的数据见表 5-2～表 5-4，空白处代表为空（NULL）。

表 5-2　Student 表

Sno	Sname	Sex	Sage	Sdept	Sno	Sname	Sex	Sage	Sdept
08001	张力	男	18	cs	08006	刘丹丹	女	17	ma
08002	李丽	女	19	is	08007	刘立	男	21	cs
08003	赵海	男	20	ma	08008	王江	男	19	cs
08004	张娜	女	17	cs	08009	高晓	男	20	is
08005	刘晨	男	18	is	08010	张丽	女	19	cs

表 5-3　SC 表

Sno	Cno	Grade	Sno	Cno	Grade
08001	002	100	08004	001	90
08001	003	95	08005	007	97
08001	004	90	08005	002	37
08001	006	100	08006	003	
08002	002	98	08008	001	50
08002	003		08008	003	80
08003	001	99	08009	001	89
08003	002	80	08009	004	90
08003	003	98	08010	005	100

表 5-4　Course 表

Cno	Cname	Cpno	Ccredit
001	数据库	005	4
002	高等数学		2
003	信息系统	001	4
004	操作系统	006	3
005	数据结构	007	4
006	数据处理		2
007	C 语言	006	4

5.2　数据定义语言

SQL 数据定义功能包括 4 部分：定义数据库、定义基本表、定义基本视图、定义索引。其中数据库、基本表的定义可以包括创建、修改和删除 3 个方面；视图和索引的定义包括创建和删除两个方面；通过 CREATE 、ALTER、DROP 3 个核心动词完成数据定义功能。具体数据定义动词和相关语句见表 5-5。

表 5-5　数据定义动词和相关语句

动词	语　句	功　能
CREATE	CREATE DATABASE	创建数据库
	CREATE TABLE	创建表
	CREATE VIEW	创建视图
	CREATE INDEX	创建索引
ALTER	ALTER DATABASE	修改数据库
	ALTER TABLE	修改表的结构设计
DROP	DROP DATABASE	删除数据库
	DROP TABLE	删除表
	DROP VIEW	删除视图
	DROP INDEX	删除索引

5.2.1　定义基本表

1）创建基本表

SQL 使用 CREATE TABLE 语句创建基本表，其一般格式如下：

```
CREATE TABLE <表名>(<列名><数据类型> [列级完整性约束条件]
          [, <列名><数据类型> [列级完整性约束条件]...]
          [,<表级完整性约束条件>]);
```

一般语法格式中出现的一些符号说明如下。

◆ <>　表示里面的内容在该语句中是必选的，真正书写语句时必须去掉；

◆ []　表示里面的内容是可以选择的，真正书写语句时必须去掉；

♦ |　　表示前后内容地位是相同的，一般在一个语句中只能选择其中之一；

♦ { }　表示里面的内容是一个整体，真正书写语句时必须去掉；

♦ ( )　表示语法中里面内容是个整体，真正书写语句时必须带上；

♦ ,　　表示语法中前后部分是并列的关系，真正书写语句时必须带上；

♦ ;　　表示语句的结束，真正书写语句一般情况下可以省略，有些时候必须带上；

♦ …　　表示省略，省略内容跟该符号前面内容格式一致，真正书写语句时必须去掉；

这些符号在本书出现的其他语法格式中含义相同，跟 Access 的帮助和 SQL Server 2000 联机丛书上面的出现的语法格式中符号含义相同，所有语句中的标点都是半角状态符号。

语法说明如下：

<表名>　所要定义的基本表的名字，一般自己命名。

<列名>　表由一个或多个属性(列)组成。建表时通常需要定义列信息及每列所使用的数据类型，列名在表内必须为惟一的，一个表至少包含一个列。

<数据类型>　定义表的各个列（属性）时需指明其数据类型和长度，不同的数据库管理系统支持的数据类型不完全相同，应根据实际使用的 DBMS 来确定。不同数据库管理系统支持的数据类型比较，见表 5-6。

表 5-6　部分数据类型比较

Microsoft SQL Server		Access	
数据类型名称	说　明	数据类型名称	说　明
Bit	1 位，值为 0 或 1	Bit	1 位，值为 0 或 1
Int/Smallint	4 字节整数/2 字节整数，	SMALLINT，INT	范围较小的整数类型
Tinyint	字节类型 0-255 之间整数	BYTE	字节型 0-255 之间整数
Bigint	长整型	LONG	长整型
NUMERIC(P, S)/DECIMAL(P, S)	小数类型，P 为精度，S 为小数位	NUMERIC(P, S)/NUMBER(P, S)/DECIMAL(P, S)	小数类型，P 为精度，S 为小数位
REAL	实数类型，精度更高	REAL	实数类型，精度更高
RLOAT	浮点数类型	FLOAT, DOUBLE	浮点数类型，双精度
Char(n)/Varchar(n)	固定长度/可变长字符类型，n 为 1～8000B	CHAR/TEXT	固定长度字符串
Money/Smallmoney	8 字节/4 字节，存放货币类型，值为 − 263～263−1	Money/Currency	存放货币类型
Datetime/Smalldatetime	8 字节/4 字节，日期时间型，精确度为 1/300s	DATETIME/DATE/TIME	日期时间类型
Uniqueidentifier	16 字节，存放唯一标识（CUID）	Counter/ID ENTITY	自动编号数据类型
Binary(n)/Varbinary(n)	固定长度/可变长度二进制数据	Binary(n)	字节数据类型
Image/Text	二进制数据，大小为 0～2 GB	OLEOBJECT	OLE 对象类型
用户自定义类型	基于基本类型自己定义	hyperlink	超级链接类型

<列级完整性约束条件>　只应用到一个列的完整性约束条件（表 5-7）

<表级完整性约束条件>　应用到多个列的完整性约束条件。

表 5-7　基本列和表级完整性约束

约 束 类 型	功 能 描 述	Access 是否支持	SQL Server 是否支持
NOT NULL(*)	防止空值进入该列	√	√
UNIQ UE(**)	防止重复值进入该列	√	√
PRIMARY EY(***)	进入该列的所有值是唯一的，且不为 NULL	√	√
FOREIGN EY(***)	定义外码，限制外码要么取空要么取相应主码值	√	√
DEFUALUT(**)	默认约束，将该列常用的值定义为缺省值，减少数据输入	语句不支持，表设计视图支持	√
CHECK(**)	检查约束，通过约束条件表达式设置列值应满足的条件	语句不支持，表设计视图支持	√

注：* 表示列级约束。

　　** 表示列级约束或表级约束，分别取决于他是否应用于一个或多个列。

　　*** 表示当定义为单一属性码（主码或外码）时是列约束，当定义为组合码时是表约束。

【例 5-1】　建立学生表 Student，由学号 Sno、姓名 Sname、性别 Ssex、年龄 Sage、所在系 Sdept 5 个属性组成，每个属性根据所指的内容分别采用相应字符或数值数据类型。

```
CREATE TABLE Student
(Sno Char(5),Sname Char(20),Ssex Char(2),Sage Smallint,Sdept Char(15));
```

注：该语句在 Access 和 SQL Server 两个具体的 DBMS 中都可以正常执行。

Access 中执行该语句的步骤如下：

（1）打开 Access 应用程序，新建一个 Access 数据库，或者直接双击打开已经存在的 Access 数据库文件（必须保证计算机上安装有 Access 应用程序）；如图 5-2 所示，打开一个 students 数据库；

（2）在如图 5-2 所示的界面中单击【对象】列表中【查询】对象，然后双击【在设计视图中创建查询】，出现如图 5-3 所示的【显示表】窗口；

（3）在如图 5-3 所示的界面中单击【关闭】按钮，关闭【显示表】窗口，出现如图 5-4 所示的【查询 1：选择查询】设计视图窗口；

图 5-2　Students 数据库窗口

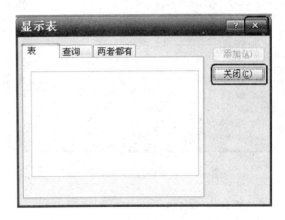

图 5-3　显示表窗口

（4）单击如图 5-4 所示的工具栏最左上角的【SQL】图标，或者【视图】菜单中的【SQL

视图】菜单项，弹出如图 5-5 所示的【查询 1：数据定义查询】SQL 视图窗口；在窗口中把
【例 5-1】的 SQL 语句输入。单击工具栏上的【运行】按钮，如果语句有错误会弹出错误提示
窗口，如果没有错误，光标会回到该语句的最前方，表示执行成功。如果想把该语句保存下
来，直接单击工具栏上的【保存】按钮，在弹出的【另存为】窗口中输入保存的名称，单击
【确定】按钮即可。

图 5-4 选择查询设计视图窗口

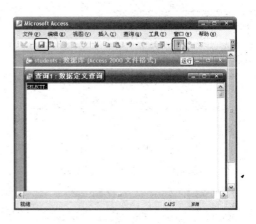

图 5-5 选择查询 SQL 视图窗口

（5）可以切换到【Students 数据库】窗口，然后在【对象】列表中单击【表】，得到如图
5-6 所示的表对象窗口。

（6）如果想修改表的字段或者属性，在图 5-6 中，单击【Student】对象，然后单击工具
栏上的【设计】按钮，弹出如图 5-7 所示的表设计视图窗口。在【字段名称】栏要修改的列
上单击，可以修改列名在【数据类型】栏可以更改数据类型，在【字段属性】区可以修改字
段属性。

图 5-6 表对象窗口

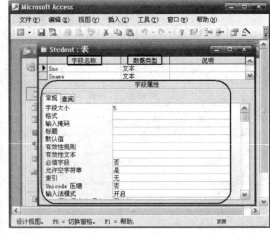

图 5-7 Student 表设计视图窗口

该语句在 SQL Server 中运行步骤如下。

（1）在【开始】菜单中单击【程序】，单击【Microsoft SQL Server】子菜单中的【查询分
析器】命令，弹出如图 5-8 所示的【连接到 SQL Server】窗口。

（2）单击【确定】按钮，弹出【SQL 查询分析器】窗口，如图 5-9 所示。在该窗口的代码编辑窗口，即【查询】窗口中即可输入【例 5-1】中的代码。

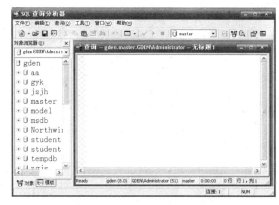

图 5-8　连接到 SQL Server 窗口　　　　　　图 5-9　SQL 查询分析器窗口

（3）代码输入后可以从【数据库选择列表】中选择将该表创建到哪个数据库中，然后单击【执行查询】按钮，如果没有语法错误会弹出如图 5-10 所示的窗口，表示执行成功。

图 5-10　查询分析器执行状态窗口

【例 5-2】　建立课程表 Course，由课程号（Cno）、课程名（Cname）、先修课号（Cpno）、学分（Ccredit）4 个属性组成，每个属性根据所指的内容分别采用相应的字符或数值数据类型。

```
CREATE TABLE Course
        (Cno Char(3),
        Cname Char(30),
        Cpno Char(3),
        Ccredit Smallint);
```

注：该语句在 Access 和 SQL Server 中都可以正常运行。

【例 5-3】　建立"学生选课"表 SC，由学号（Sno）、课程号（Cno）、成绩（Grade）3 个属性组成。

```
CREATE TABLE SC
        (Sno Char(5),Cno Char(3),Grade Int);
```

注：该语句在 Access 和 SQL Server 中都可以正常运行。并且执行后如果单击【students：数据库】/【对象】/【表】，显示如图 5-11 所示的窗口，然后单击工具栏上的【关系】按钮，则弹出表间关系图如图 5-12 所示。

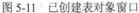

图 5-11　已创建表对象窗口

图 5-12　【关系】窗口

2）修改基本表

在建立或导入一个数据表后，用户可能需要修改表的设计。这时就可以使用 ALTER TABLE 语句。但是注意，改变现存表的结构可能会导致用户丢失一些数据。比如，改变一个域的数据类型将导致数据丢失或舍入错误，这取决于用户现在使用的数据类型。改变数据表也可能会破坏用户应用程序中涉及到所改变的域的部分。所以用户在修改现有表的结构前一定要格外小心。

使用 ALTER TABLE 语句，可以增加、删除改变列或域，也可以增加或删除一个约束。还可以为某个域设定缺省值，但是一次只能修改一个域。

ALTER TABLE 语句基本格式为：

```
ALTER TABLE <表名>
[{ADD {COLUMN <新列名><数据类型>[列级完整性约束]]}|{CONSTRAINT <约束名> <约束类型>}}
|{DROP{CONSTRAINT <完整性约束名>} |{COLUMN <列名>}}
|[ALTER COLUMN <列名> <数据类型>];
```

<表名>　指定需要修改的基本表，必须存在。

ADD 子句　用于增加新列，同时指明增加新列的数据类型和完整性约束条件，也可以直接增加约束。

DROP 子句　用于删除指定的完整性约束条件或者列。

ALTER 子句　用于修改原有的列定义。

注：这三个字句在每个 ALTER TABLE 语句中只能出现一个。

【例 5-4】　向 Student 表增加"入学时间"列，其数据类型为日期型

```
ALTER TABLE Student ADD COLUMN Scome DATETIME
```

不论基本表中原来是否已有数据，新增加的列一律为空值。如果原来表中已有数据，添加的新列不能设置"NOT NULL"。

【例 5-5】　将年龄列的数据类型改为字节整数（Byte）。

```
ALTER TABLE Student ALTER COLUMN Sage BYTE;
```

注：该语句在 Access 中可以正常执行，在 SQL Server 中执行时，需要把 BYTE 改成 TINYINT。ALTER

子句主要用来修改原列的宽度，尽管有些系统允许对列名和数据类型进行修改，但一般不允许这样做，以免破坏已有数据。

【例 5-6】　删除 Student 刚添加的入学时间字段 Scome。

```
ALTER TABLE Student  DROP COLUMN Scome;
```

DROP 子句可以删除列也可以删除约束，如果删除列，该列中所有数据都将被清空，所以一定要慎重，在确保这个列的数据没有用的时候才能删除。

3）删除基本表

当某个基本表不需要时，可使用 DROP TABLE 语句进行删除，一般格式为：

```
DROP TABLE <表名>
```

【例 5-7】　删除 Student 表。

```
DROP TABLE Student
```

基本表一旦被删除，表中的数据和在此表上建立的索引都将自动被删除，视图仍将保留但无法使用。所以删除表的一定要小心，确保表确实无用了再删除。

5.2.2　完整性约束的实现

关系数据库的完整性主要包括实体完整性、参照完整性和用户定义的完整性 3 种类型，表 5-7 列出了 SQL 语句中实现的完整性约束。

建表的同时通常还可以定义与该表有关的完整性约束条件，这些完整性约束条件被存入系统的数据字典中，当用户操作表中数据时由 DBMS 自动检查该操作是否违背这些完整性约束条件。如果完整性约束条件涉及到该表的多个属性列，则必须定义在表级上，称表级约束；如果完整性约束条件只涉及到表中一个列，则称列级约束；一般约束既可以定义在列级也可以定义在表级。完整性约束条件既可以由 RDBMS 内部自动命名，也可以由用户明确给出约束的名称。建议建立约束时指定名称，以方便以后引用。

另外，在表建立后，也可以添加相应的约束，如果表中已有数据，添加约束时，要保证表中数据不能违背新添加的约束，否则添加约束将失败。在 CREATE TABLE 和 ALTER TABLE 语法中都涉及到约束条件的表示，下面举例说明在 SQL 语句中实现完整性约束。

【例 5-8】　在【例 5-1】所建的 Student 表中，学号属性的列级完整性约束条件限制该列数不能为空（NULL），并且其值具有唯一性。该完整性约束是由 RDBMS 内部定义，性别属性的完整性约束由用户自己定义约束表达式，并将该约束命名为 Csex。

该题目描述的约束实际上可以在建立表的过程中直接实现，具体语法如下：

```
CREATE TABLE Student
      (Sno Char(5) NOT NULL UNIQUE,Sname Char(20),Ssex Char(2),
      Sage Smallint DEFAULT 20,Sdept Char(15),
      CONSTRAINT Csex  CHECK( Ssex in ('男','女'));
```

注：该语句在 Access 中执行时，需去掉 Default 和 Check 约束，如果要实现这两个约束，需要先创建该表后打开表的设计视图在对应列的属性中设置"默认值"和"有效性规则"。在 SQL Server 中可以直接执行。如果想实现题目要求的默认值和 Check 约束，在图 5-6 中，单击【Student】对象，然后单击工具栏上的【设计】按钮弹出表的设计窗口，如图 5-7 所示。在【字段名称】栏 Sage 列上单击，【字段属性】区找到【默认值】属性，在后面文本框输入 20，即设置了默认值；以同样方法找到 Ssex 列的【有效性规则】属性，在后面文本框中输入 In ("男","女")或者输入"男" Or "女"，然后单击工具栏上的【保存】按钮，即可完成两种约

束的设置。

如果 Student 表已经建立，可以通过 ALTER TABLE 语句实现该题目描述的约束。具体实现如下：

```
ALTER TABLE Student
    ALTER COLUMN Sno Char(5) NOT NULL UNIQUE;
```

注：该语句在 Access 中执行正常，在 SQL Server 中执行时需要把 UNIQUE 约束放在另外一个 ALTER TABLE …ADD 语句中实现（添加约束）。

```
ALTER TABLE Student
    ADD CONSTRAINT DF_Sage DEFAULT 20 FOR Sage;
```

注：该语句在 SQL Server 中可正常执行，在 Access 中执行不了，可以通过打开表的设计视图来设置 Sage 列的默认值。

```
ALTER TABLE Student
    ADD CONSTRAINT Csex  CHECK( Ssex in ('男', '女'));
```

注：该语句在 SQL Server 中可正常执行，在 Access 中执行不了，可以通过打开表的设计视图来设置 Ssex 列的 CHECK 约束。

这三个语句不能合到一个中，因为一个 ALTER TABLE 语句只能跟 ALTER、ADD、DROP 三个子句中的一个。但是后两个语句因为都用 ADD 子句实现，所以可以合并，语句如下(SQL Server 中可以实现)：

```
ALTER TABLE Student
ADD CONSTRAINT df_sage DEFAULT 20 FOR Sage,CONSTRAINT Csex  CHECK( Ssex in
('男', '女'));
```

【例 5-9】 在【例 5-1】中建立的 Student 表中，学号属性为主键（Primary Key），该完整性约束由用户自己定义约束名为 PK_Sno。实现语句如下：

```
ALTER TABLE Student
    ADD CONSTRAINT PK_Sno PRIMARY KEY(Sno);
```

【例 5-10】 在【例 5-2】中建立的 Course 表中，其中课程号属性为主键（Primary Key），该完整性约束由用户自己定义约束名为 PK_Cno，先修课号（Cpno）必须是存在的课程号或者为空，所以可以建成外键约束，该完整性约束由用户自己定义约束名为 FK_Cpno。具体实现语句为：

```
ALTER TABLE Course
    ADD CONSTRAINT PK_Cno PRIMARY KEY(Cno),CONSTRAINT FK_Cpno FOREIGN KEY
        (Cpno) REFERENCES Course(C no);
```

该语句在 Access 中可以正常执行。在 SQL Server 中执行时提示不能在允许空值得列上建立主键约束，所以应该先把 Cno 设置成 "NOT NULL"。

【例 5-11】 在【例 5-3】建立的 SC 表上，（Sno，Cno）联合做主键。Sno 和 Cno 单独做外键。如果建立表的过程中 Student 表 Sno 列已经建成主键，Course 表的 Cno 列已经建成主键则可以通过下列语句直接在建表时实现题目要求。

```
CREATE TABLE SC
    (Sno Char(5) FOREIGN KEY REFERENCES Student(Sno),
     Cno Char(3) FOREIGN KEY REFERENCES Course(Cno),
     Grade Int,Constraint PK_SC PRIMARY KEY (SNO,CNO) );
```

该语句在 SQL Server 中可以正常执行，在 Access 中执行时需要把 FOREIGN KEY 关键字去掉，否则执行不了。

如果 SC 表已经建立，可以通过下面语句实现题目要求。

```
ALTER TABLE SC
    ADD CONSTRAINT PK_SC PRIMARY KEY(SNO,CNO),CONSTRAINT FK_Sno FOREIGN
    KEY(Sno) EFERENCES Student(Sno),CONSTRAINT FK_Cno FOREIGN KEY(Cno)
    REFERENCES Course(Cno);
```

需要保证 Student(Sno)和 Course(Cno)已经建成主键。

【例 5-12】　删除学生表中对学生性别的约束定义 Csex。

```
ALTER TABLE Student         .
DROP CONSTRAINT Csex
```

如果主键和外键约束都是在建表过程中实现的，则打开关系窗口，会得到如图 5-13 所示的【关系】窗口。

5.2.3　索引的建立与维护

1）索引的作用

假设想找到本书中的某一个句子，可以一页一页地逐页搜索，但这会花很多时间；而通过使用本书的索引（目录），就可以很快地找到想要搜索的主题。表的索引就是表中数据的目录。索引是建立在表上的，不能单独存在，如果删除表，则表上的索引将随之消失。

在进行数据查询时，如果不使用索引，就需要将数据文件分块，逐个读到内存中进行查找的比较操作。如果使用索引，可先将索引文件读入

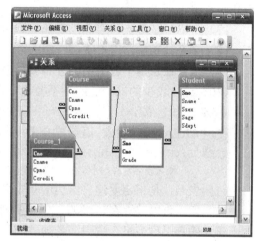

图 5-13　完整的关系图窗口

内存，根据索引项找到元组的地址，然后再根据地址将元组数据读入内存，并且由于索引文件中只含有索引项和元组地址，文件很小，而且索引项经过排序，可以很快的读入内存并找到相应元组地址，极大地提高查询的速度。对一个较大的表来说，通过加索引，一个通常要花费几个小时来完成的查询只要几分钟就可以完成。

使用索引可保证数据的唯一性。在索引的定义中包括了数据唯一性的内容。在对相关的索引项进行数据输入或数据更改时，系统都要进行检查，以确保数据的唯一性。

使用索引可加快连接速度。在两个关系进行连接操作时，系统需要在连接关系中对每一个被连接字段做查询操作。如果每个连接文件的连接字段上建有索引，可以大大加快连接速度。如要实现学生和选课的连接操作，在选课表的学号字段（外码）上建立索引，数据连接速度就会非常快。

2）索引的类型

索引分为聚簇索引和非聚簇索引两种。

在聚簇索引中，索引树的叶级页包含实际的数据；记录的索引顺序与物理顺序相同。非常类似于目录表，目录表的顺序与实际页码顺序一致。

在非聚簇索引中，叶级页指向表中的记录，记录的物理顺序与逻辑顺序没有必然关系。非簇聚索引更像书的标准索引表。索引表的顺序与实际的页码顺序是不同的。一本书也许有

多个索引，例如同时有主题索引和作者索引。同样，一个表也可以同时有多个非聚簇索引。

3）索引的建立原则

（1）索引的建立与维护由 DBA 和 DBMS 完成。索引由 DBA 和 DBO（表的属主）负责建立与删除，其他用户不得随意建立与删除；维护工作由 DBMS 自动完成。

（2）大表应当建索引，小表不必建索引，不宜建较多索引。索引要占用文件目录和存储空间。当基本表数据增删修改时，索引文件都要随之变化，以与基本表保持一致。

（3）根据查询要求建立索引。对于一些查询频度高，实时性高的数据一定要建立索引。

（4）主键列默认自动建立聚簇索引。

（5）外键或在表联接操作中经常用到的列建立索引，这样可以加快连接查询速度。

（6）常被搜索键值范围的列建立索引，比如条件"sage between 18 and 20"，建议在 sage 列建立索引。

（7）常以排序形式访问的列，在 order by 字句后出现的列，建索引可以预排序。

（8）常在聚集操作中处于同一组的列，group by 字句后的列一般建索引。

（9）很少在查询中被引用的列不要建立索引。

（10）包含较少的惟一值的列不要建立索引。

4）索引的建立

使用 CREATE INDEX 语句建立索引，一般格式为：

```
CREATE[UNIQUE][CLUSTERED|NONCLUSTERED]INDEX <索引名>
      ON <表名> (<列名1>[<次序>][,<列名2>[<次序>]]…);
```

（1）表名：是指定要建立索引的基本表的名字，一个表可以建立多个索引。

（2）索引可以建立在该表的一列或多列上，在单一列上建立的索引称为单一索引，多个列上建立的索引称为组合索引；各列之间用逗号分割，每个列名后面还可以用<次序>指定索引值的排序次序，包括 ASC(升序)和 DESC(降序)两种，缺省值为 ASC。

（3）UNIQUE 表示此索引的每一个索引值只能对应唯一的数据记录，输入数据时如果出现重复值会弹出错误消息，跟 UNIQUE 约束一致。

（4）CLUSTERED 表示要建立的索引是聚簇索引，NONCLUSTERED 表示建立的索引是非聚簇索引。Access 中不支持聚簇和非聚簇，语法中不能包含这两个关键字。

【例 5-13】为学生−课程数据库中的 Student、Course、SC 3 个表建立索引。其中 Student 表按学号建立唯一索引，Course 表按课程号升序建立唯一索引，SC 表按学号升序和课程号降序建立唯一索引。

```
CREATE UNIQUE INDEX Stusno ON Student(Sno);
CREATE UNIQUE INDEX Coucno ON Course(Cno);
CREATE UNIQUE INDEX SCno ON SC(Sno ASC,Cno DESC) ;
```

上面三个创建索引的语句在 Access 中都可以正常执行，执行后若想看到建立的索引，可以按下列步骤查看（以第一个语句建立的索引查看为例）。

（1）切换到 Access【数据库】窗口，单击【对象】列表中的【表】对象，在右边窗格中选中【Student】表对象，单击【数据库】窗口中工具栏上的【设计】按钮，打开表的设计视图如图 5-14 所示。

（2）单击应用程序窗口工具栏上的【索引】按钮，弹出如图 5-15 所示的【索引】窗口，可以在该窗口查看、修改和删除索引信息。如果表已建立的有 UNIQUE 约束或者主键，在该窗口中也可以找到，因为主键和 UNIQUE 约束自动创建索引。

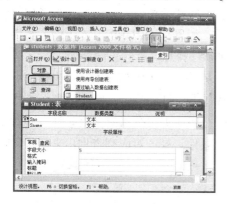

图 5-14　表设计视图窗口　　　　　　　　　　图 5-15　【索引】窗口

5）索引的删除

索引的建立，由系统来选择和维护，用户无权干预。但有些索引的维护反而加重了系统的负担，就不得不删除掉这些不必要的索引，可以使用 DROP INDEX 语句删除。一般格式为：

```
DROP INDEX <索引名称> ON <表名>
```

注：该语法中的 ON<表名>在 Access 中执行时必须带上，在 SQL Server 则中不需要。

【例 5-14】　删除表 SC 的索引 SCno

```
DROP INDEX SCno ON SC
```

如果上述语句在 SQL Server 中运行时，需要把"ON SC"删掉。删除索引时，系统会同时从数据字典中删除有关该索引的描述。

5.3　数据查询语句

数据库是为更方便有效地管理信息而存在的，人们希望数据库可以随时提供所需要的数据信息，因此对用户来说数据查询是数据库最重要的功能。可以说查询是每个项目的核心操作，也是数据库的核心操作。数据查询功能是指根据用户的需要以一种可读的方式从数据库中提取数据。SQL 提供了 SELECT 动词进行数据的查询，该语句具有灵活的使用方式和丰富的功能。可以实现数据的查询、统计、分组、汇总和排序等多种功能。本节讲述数据查询的实现方法，即 SELECT 语句的使用。

5.3.1　SELECT 语句的一般语法

```
SELECT [ALL|DISTINCT]<目标列表达式>[,<目标列表达式>]…
FROM <表名或视图名>[,<表名或视图名>]…
[WHERE <行条件表达式>]
[GROUP BY <列名1>,[列名2][,…][HAVING 组条件表达式] ]
[ORDER BY <列名1> [ASC|DESC][,…]];
```

在 SELECT 语句中共有 5 个子句，其中 SELECT 和 FROM 语句为必选子句，而 WHERE、GROUP BY、ORDER BY 语句为任选子句。整个 SELECT 语句的含义是，根据 WHERE 子句的行条件表达式，从 FROM 子句指定的表或视图中查找满足条件的元组，如果有 GROUP BY 子句，则将结果按 GROUP BY 后的分组字段（GROUP BY 后跟的字段）分组，分组字段中列值相等的元组为一个组，每个组产生结果表中一条记录，通常会在每组中作用集函数。如果有 HAVING 短语，则只有满足指定条件的组才能输出。再按 SELECT 子句中的目标列表达式，选出元组中的属性值形成结果表。最后，如果有 ORDER BY 子句，结果表再按排序字段（OREDER BY 后的字段）及指定的排列次序排序。

这 5 个子句，书写时一定要按语法中的先后顺序，另外，为了美观和不容易出错，尽量每个子句占一行。但在机器内部执行时的顺序是②③④①⑤，即先确定从哪个数据源查找，然后确定过滤条件，如果有分组子句，对过滤后的记录分组，如果分组有限制条件，则对分组进一步限制，然后把符合过滤条件和分组后符合分组条件记录的对应列查询出来，最后对结果进行排序。

1）SELECT 子句

指明要检索的结果集的目标列。目标列的构成如下所示：

```
< 目标列表达式 > ::=
{    * | { 表名 | 视图名| 表别名}.*| { 列名 | 表达式 } [ [ AS ] 列别名]
 |列别名 = 表达式     }    [ ,… n ]
```

表达式包含由运算符、列、常量构成的运算式和常量两种类型。如果使用了两个基本表（或视图）中相同名字的列名，要在列名前面加表名限定，即使用"<表名>.<列名>"。如果目标列前面有 DISTINCT 关键字表示去掉重复值。

2）FROM 子句

指明数据源，即从哪(几)个表（视图）中进行数据检索。表（视图）间用逗号","进行分隔。

3）WHERE 子句（行条件子句）

过滤 FROM 子句中给出的数据源中的数据，通过条件表达式限制查询必须满足的条件。DBMS 在处理语句时，以行为单位，逐个考查每个行是否满足条件，将不满足条件的行过滤掉。WHERE 条件的特点就是一次作用一行记录，表中每行记录都要过滤一遍，所以在条件中不能出现集合函数（分组函数）。

4）GROUP BY 子句（分组子句）

对满足 WHERE 子句的行指明按照 GROUP BY 子句中所指定的某个（几个）列的值对整个结果集进行分组。GROUP BY 子句使得同组的元组集中在一起，也使数据能够分组进行统计。将来每个分组对应结果集中的一个值。所以该子句影响 SELECT 子句后的目标列表达式，要求目标列表达式只能是集合函数或分组字段或者两者的组合。HAVING 短语（分组条件子句）依赖于 GROUP BY 子句，作用是对分组进行过滤，没有 GROUP BY 不可能有 HAVING，有 HAVING 一定要有 GROUP BY，且 HAVING 后的条件表达式必须是集合函数构成的条件表达式，不能是一般的条件，表达式的作用范围是每个分组，并且一个分组只作用一次，一个分组一个分组的起作用。

5）ORDER BY（排序子句）

对查询返回的结果集进行排序。查询结果集可按多个排序列进行排序。每个排序列后面可以跟一个排列次序。最终排序结果跟排序列先后顺序有关，如果有两个排序列，先按第一个排序，只有第一个排序列值相等的记录，才考虑用第二个排序列排序。ORDER BY 子句仅对所检索数据显示有影响，并不改变表中行的内部顺序，且不能出现在自查询中。

5.3.2　简单查询

简单查询是指仅涉及一个数据库表或者视图的查询，也称单表查询，是一种最简单的查询操作。比如选择一个表中某些列值、选择一个表中的特定行等。

1）选择表中若干列

选择表中若干列，实际上对应于关系运算中的投影运算。主要包含下面几种情况：

（1）查询指定列

在很多情况下，表中包含的列很多，而对于某些用户来说只对表中的一部分属性列感兴趣，这时可以通过在 SELECT 子句的<目标列表达式>中有选择地列出用户感兴趣的列。

【例 5-15】　查询全体学生的学号与姓名。

```
SELECT Sno,Sname
FROM Student;
```

【例 5-16】　查询全部课程的课程名和学分。

```
SELECT Cname,Ccredit
FROM Course;
```

（2）查询全部列

将表中的所有属性列都选出来，有两种方法。一种是在 SELECT 关键字后列出所有列名，第二种方法可以简单地用*代替所有的列，列的显示顺序与其在基表中的顺序相同。

【例 5-17】　查询全体学生的详细记录

```
SELECT *
FROM Student;
```

该语句无条件把表的全部信息都查询出来，所以也称全表查询，是最简单的一类查询，尤其是*的使用，不需要知道表里面到底有哪些列，直接用*代替所有的列。

（3）查询经过计算的列

【例 5-18】　查询所有学生的姓名年龄及出生年份，假设当前年份是 2008 年。

```
SELECT Sname,2008-sage
FROM Student;
```

实际上 SELECT 后的目标列表达式不仅可以是算术表达式，还可以是常量、函数等。比如，查询当前系统日期时间，Access 中用 NOW()函数，SQL Server 中用 GETDATE()函数，可以直接跟在 SELECT 子句后面实现查询。

（4）对列起别名

上面的例子中如果 SELECT 后面跟表达式或者常量或者函数，结果显示时可能是无列名或者是表达式，不能标示该列的含义，因此，可以对这些表达式起别名，比如，【例 5-18】中 2008-sage 可以起别名，具体格式是：

```
SELECT Sname,2008-sage AS BIRTHDATE
FROM Student;
```

或者

```
SELECT Sname,BIRTHDATE=2008-sage
FROM Student;
```

别名的作用是给表达式起个能表示其含义的名字，用户可以通过指定别名来改变查询结果的列标题，对于含算术表达式、常量、函数的目标列表达式使用别名尤为有用。当然对一般的列也可以起别名，比如，把英文列名起个中文别名等，这样更符合一般用户的习惯。

（5）引用字面值（常量值）

如果在查询表中数据时，目标列表达式中出现了常量值，则结果集中有几条记录，该常量值就出现几次，也称之为字面值。在【例 5-18】中，如果想说明 2008-sage 的含义，可以在其前面再加一个常量字符串"Year of Birth"，即

```
SELECT Sname, "Year of Birth",2008-sage
FROM Student;
```

该列的作用实际上相当于对 2008-sage 的说明，每个学生姓名后面都会出现该字面值。

2）选择表中若干元组

通过目标列表达式的不同形式，可以从一个表中查询用户感兴趣的所有元组的部分或全部列。如果表中元组很多，而用户只对部分元组感兴趣，这时可以通过条件限制和 DISTINCT 关键字限制，让用户选择感兴趣元组的全部或部分列。

（1）用于消除重复行的 DISTINCT 谓词

【例 5-19】 选择所有选修过课程学生的学号

```
SELECT Sno
FROM SC
```

如果有学生选修多门课程，该结果将会出现许多重复行，可以使用 DISTINCT 去掉重复行。

```
SELECT DISTINCT Sno
FROM SC
```

【例 5-20】 查询所有的系

因为每个系有多个学生，所以系别有重复值，可以使用 DISTINCT 谓词去掉重复。

```
SELECT DISTINCT Sdept
FROM Student;
```

DISTINCT 后面可以跟多个列，表示多个列组合起来去掉重复，而不是只对 DISTINCT 后第一个列去重复。

（2）条件限制

在查询语句中可以通过 WHERE 条件（行条件）实现，也可以通过 HAVING 条件（组条件）实现，本部分先讨论 WHERE 条件。通过 WHERE 条件可以查询满足指定条件的元组。WHERE 子句常用的查询条件见表 5-8。

表 5-8 常用的查询条件谓词

查询条件	谓 词
比较	=, >, <, >=, <=, !=, <>, !>,! <,NOT +比较运算符条件
确定范围	BETWEEN...AND，NOT BETWEEN...AND
确定集合	IN，NOT IN
是否为空值	IS NULL,IS NOT NULL（而不是 NOT IS NULL）
字符匹配	LIKE，NOT LIKE
逻辑谓词	AND，OR，NOT

① 比较运算符的使用。比较运算符用于测试两个数据是否相等、不等、小于或大于某个值。用于在选择元组时做比较。还可以用逻辑运算符 NOT 对比较运算符构成的条件进行限制，表示条件求非。

【例 5-21】 查找选课成绩不及格的所有学生的学号和所选课程号和成绩。

```
SELECT Sno,Cno,Grade
FROM SC
WHERE Grade<60;
```

【例 5-22】 查找年龄不大于 20 岁的所有学生的姓名和年龄。

```
SELECT Sname,Sage
FROM Student
WHERE Sage<=20;
```

② 确定范围。如果想根据某个范围的值来作为条件选择行，可以使用 BETWEEN…AND，NOT BETWEEN…AND。BETWEEN 和 AND 后跟范围的上限和下限，在 Access 2010 中上限和下限放哪个后面都可以，但在 SQL Server 中，BETWEEN 后只能跟范围的下限（即小的值），AND 后只能跟范围的上限（即大的值）。这个范围可以是数字范围，也可以是日期时间范围，甚至可以是字符范围，如果是字符范围，是按照 26 个英文字母的顺序，如果是汉字构成的范围，则按照汉语拼音中字符的顺序确定范围。

【例 5-23】 查询年龄在 18 至 20 岁之间的学生的姓名、系别和年龄。

```
SELECT Sname, Sdept, Sage
FROM Student
WHERE Sage BETWEEN 18 AND 20;
```

该题目还可以这样表示：

```
SELECT Sname, Sdept, Sage
FROM Student
WHERE Sage >= 18 AND Sage<=20;
```

这说明 BETWEEN …AND 谓词确定的范围是包含上下限的。

【例 5-24】 查询年龄不在 18 至 20 岁之间的学生姓名、系别和年龄。

```
SELECT Sname, Sdept, Sage
FROM Student
WHERE Sage NOT BETWEEN 18 AND 20;
```

【例 5-25】 查询姓名处于"刘晨"和"张力"之间的学生姓名、系别和年龄。

```
SELECT Sname, Sdept, Sage
FROM Student
WHERE Sname BETWEEN "刘晨" AND "张力";
```

③ 确定集合。如果想根据指定列表中值的集合来作为条件选择行，可以使用 IN 和 NOT IN 运算符。

【例 5-26】 查信息系(IS)、数学系(MA)和计算机科学系(CS)学生的姓名和性别。

```
SELECT Sname,Ssex
FROM Student
WHERE Sdept IN('IS','MA','CS');
```

【例 5-27】 查既不是信息系、数学系，也不是计算机科学系学生的姓名和性别。

```
SELECT Sname,Ssex
FROM Student
WHERE Sdept NOT IN('IS','MA','CS');
```

④ 判断是否为空。限制条件中用 IS NULL 和 IS NOT NULL 判断指定的列中是否存在空值（NULL）。

【例5-28】 查找没有成绩的学生学号和对应的课程号。

需要注意的是，没有成绩跟成绩为0是不一样的。另外，空值是不能跟任何其他值进行比较的，所以，成绩为空不能表示成 Grade=NULL，而必须用 IS NULL，所以该题目对应的语句为：

```
SELECT Sno,Cno
FROM SC
WHERE Grade IS NULL;
```

【例5-29】 查找所有有成绩的学生学号和对应的课程号。

```
SELECT Sno,Cno
FROM SC
WHERE Grade IS NOT NULL;
```

这里用 IS NOT NULL 判断不为空，而不是 NOT IS NULL，跟 IN 和 BETWEEN 不同。

⑤ 字符匹配。一般的查询都是基于一列或 n 列的精确值。SQL 为字符型数据提供了一个字符匹配机制，即 LIKE 和 NOT LIKE 谓词。通过该机制可以实现模糊查询。

LIKE 谓词用于匹配字符串的格式为： [NOT] LIKE '匹配串'

含义是查找指定的属性列值与'匹配串'相匹配的元组。'匹配串'可以是完整的字符串（可以用=代替 LIKE），也可以含有通配符。不同的 DBMS 中提供的通配符不太一样。SQL Server 和 Access 中的通配符见表 5-9。

表5-9 SQL Server 和 Access 中的通配符

通配符	作　用	Access支持否	SQL Server支持否	示　例
%	匹配零个或更多字符的任意字符串		√	Sname LIKE '张%'　查询姓张的学生
_	匹配单个字符		√	Sname LIKE '张_'姓张且名字两个字
[]	指定范围或集合中的任何单个字符	√	√	Sdept LIKE '[a-f]S'以 a-f 任意字母开头，以 S 结尾的系列。[abcdef]
[^]	不属于指定范围或集合的任何单字符	√	√	Sdept LIKE '[^a-f]S'不以 a-f 任意字母开头，但以 S 结尾的系列。[^abcdef]
*	匹配零个或更多字符的任意字符串	√		Sname LIKE '张*'查询姓张的学生
?	匹配单个字符	√		Sname LIKE '张?'姓张且名字两个字
#	匹配单个数字	√		Sage LIKE '1#'年龄在 10 到 19 岁之间的学生

【例5-30】 查所有姓李的学生的学号、姓名和性别。

```
SELECT Sno,Sname,Ssex
FROM Student
WHERE Sname LIKE '李*';
```
(Access 2010 中可以实现，SQL Server 中实现用%代替*)

【例5-31】 查姓"李"且全名为 3 个汉字的学生的姓名。

```
SELECT Sname
FROM Student
WHERE Sname like '李??';
```
(Access 中可以实现，SQL Server 中实现用_代替?)

注意：在有些排序规则下，由于一个汉字占 2 个字符位置，所以匹配串李后面需要跟 4 个_。

【例 5-32】　查名字中第二字为"力"字的学生的学号和姓名。

```
SELECT Sno,Sname
FROM Student
WHERE Sname LIKE '?力*';
```

【例 5-33】　查系别以 a～f 间任意字符开头且包含 s 的系别及该系学生的学号和姓名。

```
SELECT Sdept,Sno,Sname
FROM Student
WHERE Sdept LIKE ' [a-f]%s%';
```

【例 5-34】　查系别不是以 a～f 间任意字符开头但以 s 结尾的系别及该系学生的学号和姓名。

```
SELECT Sdept,Sno,Sname
FROM Student
WHERE Sdept LIKE '[^a-f]s';
```

【例 5-35】　查年龄在 10 到 19 岁之间的学生的姓名和年龄。

```
SELECT Sname,Sage
FROM Student
WHERE Sage LIKE '1#';
```

该例子只能在 Access 2010 中能执行。当然该题目也可以用 BETWEEN…AND 来实现。

【例 5-36】　查询所有不姓刘的学生姓名(Sname)和年龄(Sage)。

```
SELECT  Sname, Sage
FROM  Student
WHERE  Sname NOT LIKE '刘';
```

⑥ 逻辑运算符的使用。可以利用逻辑运算符（AND、OR、NOT）在 WHERE 子句中建立复合条件。复合条件是指含有两个或两个以上条件表达式的条件。AND 表示连接的条件必须都为真时整个条件才为真，OR 表示连接的条件只要有一个为真，整个条件就为真，NOT 用于取反。

【例 5-37】　查找所有计算机系年龄小于 19 的学生信息。

```
SEELCT *
FROM Student
WHERE Sdept='CS' AND Sage<19;
```

【例 5-38】　查询年龄小于 19 岁或计算机系的学生信息。

```
SELECT *
FROM Student
WHERE Sdept ='cs' OR Sage<19;
```

IN 谓词实际上是多个 OR 运算符的缩写，所以【例 5-37】的 where 条件可以表示成：

```
WHERE Sdept='cs' OR Sdept='is' OR Sdept='ma';
```

【例 5-39】　查找所有选修了课程号为 I 或课程号为 2 的学生学号。

```
SELECT Sno
```

```
FROM SC
WHERE Cno='1' OR Cno='2';
```

【例 5-40】 查找所有选课成绩不小于 60 分的学生的学号和所选课程号和成绩。

```
SELECT Sno,Cno,Grade
FROM SC
WHERE NOT Grade < 60;
```

这些条件谓词是查询的基础，所以必须熟练掌握，有些谓词在特定的环境下使用跟其他谓词能实现相同的效果，建议在开始时尽量考虑用多种方法来实现。

⑦ 算术运算符及表达式的使用。算术运算符在 SQL 中表达数学运算操作。SQL 的数学运算符只有 4 种，为：+（加号）、-（减号）、*（乘号）、/（除号）。SQL 能用表中的数值或字符列来进行简单的运算。运算结果产生的新列不能成为该表的永久字段，仅仅是为了显示用。

SQL 中由算术运算符、常量、列名、函数等构成的式子叫算术表达式，表达式可以出现在 SELECT 子句、WHERE 条件、HAVING 短语中，也可以出现在 ORDER BY 子句中。

【例 5-41】 查询全体学生成绩增长 20% 之后的学生学号、课程号和成绩。

```
SELECT Sno,Cno,Grade*(1+0.2)
FROM SC;
```

【例 5-42】 查询 1987 年以后出生的学生姓名和出生年份。

```
SELECT Sname,(2008-Sage) AS 'BIRTHDATE'
FROM Student
WHERE （2008 - Sage）>1987;
```

还可以对查询出来的结果按出生年份进行排序，只需在 WHERE 语句后面再写上：ORDER BY (2008-Sage) ASC；

（3）对查询结果排序

如果没有指定查询结果的显示顺序，DBMS 将按其最方便的顺序(通常是元组在表中的先后顺序)输出查询结果，像【例 5-41】所示的前一个例子。用户也可以用 ORDER BY 子句指定按照一个或多个属性列（排序字段）的升序(ASC)或降序(DESC)重新排列查询结果，其中升序 ASC 为缺省值，如【例 5-41】所示的后一个例子。

【例 5-43】 查询选修了 2 号课程学生的学号及其成绩，查询结果按分数的降序排列。

```
SELECT Sno, Grade
FROM SC
WHERE Cno='2'
ORDER BY Grade DESC;
```

【例 5-44】 查询全体学生选课情况，查询结果课程号相同的相邻显示，对选修了同一课程的学生号按降序排列。

```
SELECT *
FROM SC
ORDER BY Cno, Sno DESC;
```

有时，也可以用 SELECT 子句中出现的列的顺序号来作为排序字段使用。【例 5-43】中

ORDER BY 后的 Grade 可以写成 2。另外，如果列或者表达式在 SELECT 子句中有别名，也可以直接在 ORDER BY 后面引用别名作为排序字段。如【例 5-41】所示的后一个例子中在 ORDER BY 后面可以用 BIRTHDATE 代替(2008-Sage)。

（4）分组函数的使用

为了进一步方便用户，增强检索功能，SQL 提供了许多分组函数，也称聚集函数或者集合函数，见表 5-10。

表 5-10　常用的分组函数

函　数　名	说　　明
COUNT(DISTINCT\[ALL]*)	返回查询范围内的行数，包含空值
COUNT[DISTINCT\ALL]<列名>	返回该列为非空值的行数
AVG[DISTINCT\ALL]<列名>	返回该列值的平均值
SUM[DISTINCT\ALL]<列名>	返回该列或表达式的值的总和
MAX[DISTINCT\ALL]<列名>	返回该列的最大值
MIN[DISTINCT\ALL]<列名>	返回该列的最小值

注意分组函数中的关键字 DISTINCT 和 ALL。关键字 ALL 用来检验表中的所有行。ALL 为缺省设置，DISTINCT 的含义是在计算前去掉重复值，但在 Access 2010 中不支持该用法，SQL Server 中可以正常执行。

这几个集函数中 AVG 和 SUM 必须作用于数字类型的列，其他的几个可以作用于任何数据类型的列。除了 COUNT(*)外，所有其他集函数都忽略空值。

【例 5-45】　查询学生总人数。

```
SELECT COUNT(*)
FROM Student;
```

COUNT(*) 不忽略空值，也就是统计时把空记录也统计在里面。

【例 5-46】　查询选修了课程的学生人数。

```
SELECT COUNT(DISTINCT Sno)
FROM SC;
```

该语句在 Access 2010 中无法正常执行，在 SQL Server 中可以正常执行。另外，COUNT(列名)忽略列中的空值。

【例 5-47】　计算 002 号课程的学生平均成绩。

```
SELECT AVG(Grade)
FROM SC
WHERE Cno='002';
```

【例 5-48】　查询学习 001 号课程的学生最高分数。

```
SELECT MAX(Grade)
FROM SC
WHERE Cno='001';
```

（5）对查询结果分组

GROUP BY 子句可以将查询结果表的各行按一列或多列取值相等的原则进行分组。对查询结果分组的目的是为了细化集函数的作用对象。如果未对查询结果分组，集函数将作用于整个查询结果，即整个查询结果只有一个函数值，否则，集函数将作用于每一个组，即每一组都有一个函数值。

【例 5-49】 查询每个系的系名及学生人数。

```
SELECT Sdept, COUNT(Sno)
FROM Student
GROUP BY Sdept;
```

该 SELECT 语句对 Student 表按 Sdept 的取值进行分组，所有具有相同 Sdept 值的元组为一组，然后对每一组作用集函数 COUNT 以求得该组的学生人数。

【例 5-50】 求每门课学生的平均成绩。

```
SELECT Cno,AVG(Grade)
FROM SC
GROUP BY Cno;
```

【例 5-51】 求每个学生的总成绩。

```
SELECT Sno,SUM(Grade)
FROM SC
GROUP BY Sno;
```

需要注意的是，GROUP BY 和 SELECT 两个子句是相互影响的，如果确定有 GROUP BY 子句，其后面跟的字段是分组字段，并且能确定分组字段，则 SELECT 子句的选择列表只能是分组字段或者集函数，或者是两者的组合，而不能跟其他的字段；如果可以确定要求的结果中（SELECT 子句）包含某列，且需要分组，则分组字段中一定包含该列。一般情况下，题目环境出现"每个、每门"等字眼时一般要进行分组，而分组字段的确定一般可以根据题目要查询的结果来确定，即 SELECT 子句后的列表。

如果分组后还要求按一定的条件对这些组进行筛选，最终只输出满足指定条件的组，则可以使用 HAVING 短语指定筛选条件。

【例 5-52】 查询选修了 3 门以上课程的学生的学号。

```
SELECT Sno,COUNT(Cno)
FROM SC
GROUP BY Sno
HAVING COUNT(*)>3;
```

查选修课程超过 3 门的学生的学号，首先需要对基本表中数据按学号分组。然后求其中每个学生选修了几门课，为此需要用 GROUP BY 子句按 Sno 进行分组，再用集函数 COUNT 对每一组计数。如果某一组的元组数目大于 3，则表示此学生选修的课超过 3 门，应将他的学号选出来。HAVING 短语指定选择组的条件，只有满足条件(即元组个数>3)的组才会被选出来。

【例 5-53】 查询总成绩超过 200 分的学生的学号和总成绩。

```
SELECT Sno,SUM(Grade)
FROM SC
GROUP BY Sno
HAVING SUM(Grade)>200;
```

HAVING 短语必须依赖于 GROUP BY 子句，也就是说，存在 GROUP BY 子句时才可能出现 HAVING 短语；反过来说，如果能确定某一条件必须跟在 HAVING 后面，则一定要有 GROUP BY 子句。

对于 WHERE 子句和 HAVING 短语，他们后面都跟条件，WHERE 子句与 HAVING 短语的条件主要区别在于作用对象不同、作用的范围不同、作用的原理不同、条件的构成不同。WHERE 子句作用于基本表或视图，作用范围是整个表或视图，作用时是一条记录一条记录过滤的，所以又称行条件，条件的构成中不能包含集函数；HAVING 短语作用于分组，只能作用于每个分组，且其作用时是一个分组作用一次，所以又称组条件，该条件只能是包含集函数的条件。

从上面的讲解，了解了 SELECT 语句的几个基本的子句，如果以后遇到问题，应该按什么过程来考虑，才不会出现问题，或尽量少的出现问题呢？下面以一个例子来说明在初学 SELECT 语句时做题的步骤。

【例 5-54】　查询所有成绩为优秀的学生学号（所有成绩优秀指的是所有成绩不小于 90 分）

① 根据题目描述，确定要查询的内容，列在 SELECT 后。该题目要查询"学号"，所以在 SELECT 后面写上 Sno。

② 确定要查询的内容在哪个表中，把表名写在 FROM 子句后面。该题目要查询的内容 Sno 在 Student 和 SC 表中都有，到底应该用哪个表呢，实际上根据题目的其他描述，该题目只涉及到 Grade 列，Sno 列，在 SC 表中就可以完成该查询了，所以可以在 FROM 后写上 SC，如果确定不了，可以先不管。

③ 确定题目中涉及的查询条件，把条件表示出来，并确定条件写在 WHERE 后还是 HAVING 后。该题目条件是"所有成绩为优秀"，如果写成 Grade>=90，则该条件只能写在 WHERE 后面，这样的话，只要有一门成绩大于等于 90 就会把学号查出来，因为 WHERE 条件的特点是一条记录一条记录过滤整个表中数据，而结合本题目描述，这样是错误的。到底这个条件如何表示呢，"所有成绩为优秀"实际上只需要保证某个学生的最小成绩为优秀就可以了，因此该条件表示为 MIN(Grade)>=90，这样的话，该条件只能写在 HAVING 短语中。

④ 根据上一步的查询条件确定该条件在哪个表中，判断该表名在 FROM 后是否已经存在，如果不存在，把表名写在 FROM 后。该题目的查询条件只涉及到 Grade 列，肯定在 SC 表，如果 FROM 后没有 SC 表，则把 SC 表写在 FROM 后。

⑤ 判断该题目是否需要分组，并确定分组字段。根据第 3 步的分析，该语句包含 HAVING 短语，根据前面的讲述，如果有 HAVING 的话一定要有 GROUP BY 子句，所以该题目涉及到 GROUP BY 子句，那分组字段是什么呢，可以根据前面描述的 GROUP BY 和 SELECT 子句的关系来确定，因为该查询 SELECT 后只有 Sno，所以分组字段中肯定包含 Sno，又结合整个题目环境，应该按学号分组，判断每个分组中最小成绩是否大于等于 90，所以该题目分组字段是 Sno。

⑥ 判断是否需要对查询结果排序，需要的话，确定排序字段，写在 ORDER BY 子句后。该题目没有涉及到排序的要求，所以不需要写 ORDER BY 子句。

根据上面的分析，可以写出如下语句：

```
SELECT Sno
FROM SC
GROUP BY Sno
```

```
HAVING MIN(Grade)>=90;
```

⑦ 最后再回头考虑一下，整个题目的环境，看有没有漏掉的内容，如果有，找出来写在合适的地方。该题目的条件 MIN(Grade)>=90，而我们知道，集函数 MIN 忽略空值，那如果某个学生其他成绩都大于等于 90，而有一门没有成绩，这个学生到底符合题目条件吗，上面表示的完整语句查询的结果包含这个学生吗，查询的结果肯定包含了该学生，但实际上他是不符合题目条件的。如何解决这个问题，实际上应该在执行这些操作前，先把只要有一门成绩为空的学生排除掉。要想排除这些学生，需要用子查询来实现，这是后面要涉及到的内容。下面就是该题目的完整的答案：

```
SELECT Sno
FROM SC
WHERE Sno NOT IN(SELECT Sno FROM SC WHERE Grade IS NULL)
GROUP BY Sno
HAVING MIN(Grade)>=90;
```

5.3.3　连接查询

前面的讲解，只涉及到对一个表或者视图的查询，在实际的工作中，会更多的需要在两个或更多的表中进行数据的查询，若一个查询中涉及到两个以上表，则称之为连接查询，或多表查询。连接查询实际上是关系数据库中最主要的查询，主要包含交叉连接查询（非限制连接查询）、等值连接查询、非等值连接查询、自身连接查询、外连接查询和复合条件连接查询。连接查询跟单表查询的根本区别是涉及到多个表或者视图，而表出现在 FROM 后面，所以连接查询影响的主要子句是 FROM，如果表与表之间有连接条件，则一般在 WHERE 子句中表示。

1）等值连接

当一个查询涉及到数据库的多个表时，一般要按照一定的条件把这些表连接在一起，以便能够共同给用户提供需要的信息。用来连接两个表的条件称为连接条件或连接谓词，一般格式为：

[<表名 1>.]<列名 1><比较运算符>[<表名 2>.]<列名 2>

比较运算符主要有=、>、<、>=、<=、!=。此外，连接谓词还可以使用如下形式：

[<表名 1>.]<列名 1> BETWEEN [<表名 2>.]<列名 2> AND [<表名 2>.]
<列名 3>

当连接运算符为"="时，称为等值连接。使用其他运算符称为非等值连接。连接谓词中出现的列称为连接字段。连接条件中的各连接字段类型必须是可比的，但不必是相同的（名字不一定相同）。

【例 5-55】 查询每个学生及其选修课程的情况。

学生情况存放在 Student 表中，学生选课情况存放在 SC 表中，所以本查询实际上同时涉及 Student 与 SC 两个表中的数据。这两个表之间的联系是通过两个表都具有的属性 Sno 实现的；要查询学生及其选修课程的情况，就必须将这两个表中学号相同的元组连接起来。这是一个等值连接。完成本查询的 SQL 语句为：

```
SELECT Student.*, SC.*
FROM Student,SC
```

WHERE Student.Sno=SC.Sno;

进行多表连接查询时，SELECT 子句与 WHERE 子句中的属性名前都加上表名前缀，这是为了避免混淆。如果属性名在参加连接的各表中是唯一的，则可以省略表名前缀。

假设表中的数据如表 5-2～表 5-4 所示，执行该查询的过程是：DBMS 首先在 Student 表中找到第一个元组，确定元组的 Sno 值 '08001'，然后从头开始扫描 SC 表，查找 SC 表中所有 Sno= '08001' 的元组，共找到 4 个元组，每找到一个元组，都将 Student 表中第一个元组与其拼接起来，这样就形成了结果表的前 4 条元组。再找到 Student 表中第二个元组，其中 Sno 为 '08002'，同样的方法可以在 SC 表中找到 Sno= '08002' 的元组 2 个，拼接后形成结果集中的第五、第六个元组。循环执行该过程，最终得到查询的部分结果如表 5-8 所示。

2）非等值连接

连接查询中使用非 "=" 运算符构成连接条件的称为非等值连接查询。在【例 5-55】中如果把 "=" 换成 ">"，"<" 构成的连接查询就是非等值连接查询。

3）交叉连接

交叉连接（非限制连接）是不带连接谓词（连接条件）的连接。两个表的交叉连接即是两表中元组的交叉乘积，也即其中一表中的每一元组都要与另一表中的每一元组作拼接，因此结果表往往很大，且会产生一些没有意义的元组。但这种连接在产生测试数据等方面有时是非常有用的。

【例 5-56】 假设每个学生选修了课程表中的所有课程，现在要查询每个学生的学号和选修课程的课程号（表 5-11）。

SELECT Sno,Cno

FROM Student,Course;

表 5-11　查询每个学生及其选修课程情况部分结果

Student.sno	Sname	Ssex	Sage	Sdept	SC.sno	cno	grade
8001	张力	男	18	cs	8001	2	100
8001	张力	男	18	cs	8001	3	95
8001	张力	男	18	cs	8001	4	90
8001	张力	男	18	cs	8001	6	100
8002	李丽	女	19	is	8002	2	98
8002	李丽	女	19	is	8002	3	
...	...	...	...	...	...	...	...

4）自身连接

连接操作不仅可以在两个表之间进行，也可以是一个表与其自己进行连接，这种连接称为表的自身连接。

（1）别名的使用

进行多表连接查询时，为了避免列名混淆，SELECT 子句与 WHERE 子句中的属性名前都加上表名前缀。这样限制列名不仅费时，而且容易出错，特别是在当连接的表具有较长名称时更是如此。为了简化任务，可以用表别名代替表名。表别名写在 FROM 子句的表名后面。一旦给表赋予了别名，该别名的使用就必须贯穿整个 SELECT 命令，而不能再使用原来的名字来引用表。尤其是在自身连接时，为了能区分连接的表，必须给表起不同的别名。

【例 5-57】 示例【例 5-55】可用别名改写如下：

```
SELECT A. *, B. *
FROM Student A, SC B
WHERE A.Sno=B.Sno;
```

（2）自身连接

在自身连接中，可以给一个表赋予不同的别名，这样就可以将一个表看作两个不同的表，与等值连接一样处理。

【例 5-58】 查询每一门课的间接先修课(即先修课的先修课)。

在"课程"表即 Course 关系中，只有每门课的直接先修课信息，而没有先修课的先修课，要得到这个信息，必须先对一门课找到其先修课，再按此先修课的课程号，查找它的先修课，这相当于将 Course 表与其自身连接后，取第一个副本的课程号与第二个副本的先修课号作为目标列中的属性。连接条件是第一个副本中的先修课号与第二个副本中的课程号等值连接。写 SQL 语句时，为清楚起见，可以为 Course 表取两个别名，一个是 FIRST，另一个是 SECOND，也可以在考虑问题时就把 Course 表想成是两个完全一样的表，一个是 FIRST 表，另一个是 SECOND 表，见表 5-12、表 5-13。

表 5-12 FIRST 表

Cno	Cname	Cpno	Ccredit
001	数据库	005	4
002	高等数学		2
003	信息系统	001	4
004	操作系统	006	3
005	数据结构	007	4
006	数据处理		2
007	C 语言	006	4

表 5-13 SECOND 表

Cno	Cname	Cpno	Ccredit
001	数据库	005	4
002	高等数学		2
003	信息系统	001	4
004	操作系统	006	3
005	数据结构	007	4
006	数据处理		2
007	C 语言	006	4

完成该查询的 SQL 语句为：

```
SELECT FIRST.Cno,SECOND.Cpno
FROM Course FIRST,Course SECOND
WHERE FIRST.Cpno=SECOND.Cno;
```

【例 5-59】 查询和刘晨同在一个系学习的学生。

跟【例 5-58】相似，可以把 Student 表虚拟成 2 个表，分别为 S1，S2，在 S1 中找到"刘晨"所在的记录，然后拿该记录中的系别 Sdept 跟 S2 中的 Sdept 等值连接，即可得到题目要求的结果。完成该查询的 SQL 语句为：

```
SELECT S2.*
FROM Student S1,Student S2
WHERE S1.Sname='刘晨' AND S1.Sdept=S2.Sdept;
```

注意，这个语句的 SELECT 子句一定要写成 S2.*，如果改成 S1.*结果将出错。

在【例 5-58】中要查询每一门课的间接先修课，但是查询结果中只列出了 5 门课程的间接先修课，少了 '002' 和 '004' 课程的间接先修课，解决该问题可以用外连接解决。

5）外连接

在通常的连接操作中，只有满足连接条件的元组才能作为结果输出。如果要查找所有学生的选课情况，没有选课学生的记录就不会出现在查询结果当中。但是有时想以 Student 表为主体列出每个学生的基本情况及其选课情况，若某个学生没有选课，则只输出其基本情况信息，其选课信息为空值(NULL)即可，这时就需要 使用外连接(Outer Join)。外连接包括左外连接、右外连接和全外连接 3 种,对应的运算符通常为 LEFT OUTER JOIN、RIGHT [OUTER] JOIN、FULL [OUTER] JOIN。如果使用 LEFT JOIN 则表示左边的表是主表，即使右边表中没有相关记录，将来该表中记录也全部显示。

用外连接可以表示如下：

```
SELECT Student.*,SC.*
FROM Student LEFT JOIN SC
ON Student.Sno=SC.Sno;
```

该外连接就好像是为右边的表(即 SC 表)增加一个"万能"的行，这个行全部由空值组成，它可以和另一个表(即主表 Student)中所有不能与 SC 表其他行连接的元组进行连接。由于这个"万能"行的各列全部是空值，因此在连接结果中，Student 表中在 SC 中不存在匹配记录的行对应来自 SC 表的属性值全部是空值。结果是在表 5-8 的基础上多了一条 '08007'的学生记录，而该记录对应的 SC 表中的列全部为空。

根据外连接的描述【例 5-58】要想列出全部课程的间接先修课号，SQL 语句如下：

```
SELECT FIRST.Cno,SECOND.Cpno
FROM Course FIRST LEFT JOIN Course SECOND
ON FIRST.Cpno=SECOND.Cno
```

6）复合条件连接

上面的连接查询中,WHERE 子句只有一个连接条件,用于连接两个表的谓词。在 WHERE 子句中使用多个条件的连接查询，称为复合条件连接查询。

【例 5-60】 查询选修了 002 号课程且成绩大于 90 分的学生情况。

本查询涉及 Student 和 SC 两个表，两个表通过 Sno 进行连接，然后再加上限制条件 Cno= '002' 和 Grade>90，即可得到满足要求的元组。SQL 语句如下：

```
SELECT Student.*
FROM Student,SC
WHERE Student.Sno=SC.Sno AND SC.Cno='002' AND Grade>90;
```

上面的连接查询涉及的都是两个表间的连接，实际上好多情况下需要对 3 个或 3 个以上的表进行连接查询。3 个以上表的连接实际上也是两两连接的。

【例 5-61】 查询选修了课程的学生姓名、选修课程名和成绩。

该题目查询的结果 Sname，Cname 和 Grade 涉及 Student，Course 和 SC 三个表，所以需要对三个表进行连接查询。这三个表中 SC 表是桥梁，另外两个表都跟 SC 有关系，所以可以 Student 和 SC 先连接，再跟 Course 连接，也可以 Course 和 SC 先连接，再跟 Student 连接。SQL 语句如下：

```
SELECT Sname,Cname,Grade
FROM Student,SC,Course
WHERE Student.Sno=SC.sno AND SC.Cno=Course.Cno;
```

7）字符串连接

查询字符串连接实际上是直接把字符类型的列用字符串连接运算符"+"连接起来构成的查询。

【**例 5-62**】 查询每个学生学号、姓名并把结果显示到一个列中。

SELECT Sno+Sname

FROM Student;

连接查询是对多个表通过连接条件限制构成的查询，所以连接条件非常关键，如果查询语句中少了某个连接条件，结果集的个数可能会相差很大，所以涉及多个表时一定要注意连接条件的使用和表示。

对于连接查询，比简单查询更复杂，所以开始接触时一定要掌握做题的步骤，下面通过一个例子，来看看连接查询的做题步骤。

【**例 5-63**】 查询所有成绩为优秀的学生姓名（所有成绩优秀指的是所有成绩不小于90 分）。

① 根据题目描述，确定要查询的内容，列在 SELECT 后。该题目要查询"姓名"，所以在 SELECT 后面写上 Sname。

② 确定要查询的内容在哪个表中，把表名写在 FROM 子句后面。该题目要查询的内容 Sname 在 Student 表中有，在 FROM 后写上 Student。

③ 确定题目中涉及的查询条件，把条件表示出来，并确定条件写在 WHERE 后或是 HAVING 后。该题目条件是"所有成绩为优秀"，如果写成 Grade>=90，则该条件只能写在 WHERE 后面，这样的话，只要有一门成绩大于等于 90 就会把学号查出来，因为 WHERE 条件的特点是一条记录一条记录过滤整个表中数据，而结合本题目描述，这样是错误的。到底如何表示"所有成绩为优秀"这个条件呢？实际上只需要保证某个学生的最小成绩为优秀就可以了，因此该条件表示为 MIN(Grade)>=90，这样的话，该条件只能写在 HAVING 短语中。

④ 根据上一步的查询条件确定该条件在哪个表中，判断该表名在 FROM 后是否已经存在，如果不存在，把表名写在 FROM 后。该题目的查询条件涉及到 Grade 列，而该列在 SC 表中，所以在 FROM 后再写上 SC 表，因为已经有了 Student 表，两个表中间用","隔开。

⑤ 判断该题目是否需要分组，并确定分组字段。根据第③步的分析，该语句包含 HAVING 短语，根据前面的讲述，如果有 HAVING 的话一定要有 GROUP BY 子句，所以该题目涉及 GROUP BY 子句，那分组字段是什么呢，可以根据前面描述的 GROUP BY 和 SELECT 子句的关系来确定，因为该查询 SELECT 后只有 Sname，所以分组字段中肯定包含 Sname，又结合整个题目环境，应该按姓名分组，判断每个分组中最小成绩是否大于等于 90，所以该题目分组字段是 Sname。

⑥ 判断是否需要对查询结果排序，需要的话，确定排序字段，写在 ORDER BY 子句后。该题目没有涉及到排序的要求，所以不需要写 ORDER BY 子句。

⑦ 如果题目涉及到多个表，一定要确定这多个表的连接条件，并把条件写到 WHERE 子句后。该题目涉及到两个表，两个表有共同的列 Sno，所以通过 Sno 构成连接条件。

根据上面的分析，可以写出如下 SQL 语句：

SELECT Sname

FROM Student,SC

WHERE Student.Sno=SC.Sno

GROUP BY Sname

HAVING MIN(Grade)>=90;

⑧ 最后再回头考虑一下，整个题目的环境，看有没有漏掉的内容，如果有把它找出来，

写在合适的地方，并且注意语句中引用的列是否在多个表中都存在，如果是则应该在列名前加上表名限制。该题目的条件 MIN(Grade)>=90，而我们知道，集函数 MIN 忽略空值，如果某个学生其他成绩都大于等于 90，而有一门没有成绩，这个学生到底符不符合题目条件，上面表示的完整语句查询的结果包含这个学生吗？查询的结果肯定包含了该学生，但实际上他是不符合题目条件的。如何解决这个问题，实际上应该在执行这些操作前，先把有一门成绩为空的学生排除掉。要想排除这些学生，需要用子查询来实现，这是后面要涉及到的内容。下面就是该题目完整的答案。

```
SELECT Sname
FROM Student,SC
WHERE Student.Sno=SC.Sno AND
        Student.Sno NOT IN(SELECT Sno FROM SC WHERE Grade IS NULL)
GROUP BY Sname
HAVING MIN(Grade)>=90;
```

5.3.4　子查询

在 SQL 中，一个 SELECT—FROM—WHERE 语句称为一个查询块。将一个查询块嵌套在另一个查询块的 WHERE 子句或 HAVING 短语条件中的查询称为子查询或嵌套查询，它允许我们根据另一个查询的结果检索数据。其中外层的查询块称为外部查询（或称父查询），而内层的查询块则称为内部查询（或称子查询）。需要注意的是子查询中不能包含 ORDER BY 子句，因为 ORDER BY 只能对查询的最终结果排序，而子查询只是中间结果。另外，父查询除了是 SELECT 语句块外，还可以是 INSERT、UPDATE 或者 DELETE。

子查询的求解方法是由里向外处理。即每个子查询在其上一级查询处理前求解，子查询的结果用于建立其父查询的查询条件。使用子查询可以将复杂查询用一系列简单查询来代替，从而明显增强了 SQL 的查询能力。以层层嵌套的方法构造程序正是 SQL 中"结构化"的含义所在。但大部分数据库管理系统在内部处理子查询时，要把其转化成连接查询来处理，所以，性能方面有时不如连接查询好。子查询的优缺点如下：

优点：子查询能够将比较复杂的查询分解为几个简单的查询。更符合人们解决问题的一般思路，更好理解。

缺点：子查询的执行过程没有连接操作快。

1）子查询的分类

子查询根据子查询的查询条件是否依赖于外层父查询的某个属性值可分成两种：不相关子查询和相关子查询。如果子查询的查询条件依赖于外层父查询的某个属性值，称该子查询为相关子查询；反之，称之为不相关子查询。另外，子查询根据其返回的结果值的数目又可以分成单一行子查询和多行子查询。如果子查询返回的结果值的数目为一个值，称之为单一行子查询；如果结果集数据为多个值，则称之为多行子查询。

2）子查询的引导谓词

子查询的定义中涉及到子查询的位置，位于 WHERE 子句或 HAVING 短语条件中，该位置决定了子查询的引导谓词，见表 5-14。

表 5-14　子查询的引导谓词

子查询引导词	具体谓词	引导子查询类型			
		单一行	多行	相关	不相关
比较运算符	=, >, <, >=, <=, <>等	√		√	√
比较运算符+ ANY（ALL）	>ANY,<ANY,>=ANY,<=ANY 等 >ALL,<ALL,>=ALL,<=ALL 等	√	√	√	√
确定范围	BETWEEN AND，NOT BETWEEN AND	√		√	√
确定集合	IN，NOT IN	√	√	√	√
字符匹配	LIKE，NOT LIKE	√		√	√
存在量词	EXISTS，NOT EXISTS	√	√	√	

3）具体的子查询

（1）比较运算符引导单一行子查询。比较运算符只能实现单个值的比较，所以，只能引导单一行子查询，即要求子查询返回结果最多只能是一个值。

【例 5-64】　查询年龄大于所有学生平均年龄的学生的信息。

该题目可以首先找到所有学生的平均年龄，然后找到年龄比该平均年龄大的学生信息即可。所以，可以分步来完成此查询。

① 确定所有学生的平均年龄。

```
SELECT AVG(Sage)
FROM Student;
```

结果为：18.8

② 查询年龄比该平均年龄 18.8 大的学生信息。

```
SELECT *
FROM Student
WHERE Sage>18.8;
```

分两步完成这个查询比较麻烦，实际上根据子查的定义，可以把第一步查询块嵌入到第二步查询块的 WHERE 子句中，替换 18.8，构造第二步查询的条件。

其子查询 SQL 语句如下：

```
SELECT *
FROM Student
WHERE Sage>
  (SELECT AVG(Sage)
   FROM Student);
```

需要注意的是，子查询构成父查询的条件时一定要用小括号括起来。

DBMS 求解该查询时，即在计算机内部执行该查询，实际上也是分步去做的，类似于我们自己写的分步过程。即首先求解子查询，确定学生平均年龄，得到 18.8，然后求解父查询。用子查询构造查询语句，实际上是把分步过程留给 DBMS 了。

【例 5-65】　查询和"刘晨"同一年龄的学生信息。

本题目可以首先找到所"刘晨"的年龄，然后找到年龄跟"刘晨"年龄相同的学生信息即可。根据上面例子的分析过程，可以用子查询实现如下：

```
SELECT *
FROM Student
WHERE Sage= (SELECT Sage  FROM Student WHERE Sname='刘晨');
```
该查询可以用前面讲过的自身连接查询实现：
```
SELECT S1.*
FROM Student S1, S2
WHERE S2.Sname='刘晨'AND S1.Sage=S2.Sage;
```
可见，实现同一个查询可以有多种方法，当然不同的方法其执行效率可能会有差别，甚至差别很大。

（2）带有 IN 的子查询。用比较运算符只能引导单一行子查询，如果子查询返回结果多于一个值，再使用比较运算符引导就不行了，IN 谓词可以引导多行子查询。多行子查询可能返回一行或者多行数据，如果返回一行，可以用 "=" 替代 IN。

【例 5-66】 查询所有被学生选修过的课程的信息。
```
SELECT *
FROM Course
WHERE Cno IN (SELECT DISTINCT Cno
                 FROM SC);
```
说明：

① 利用子查询查找 SC 表中被学生选修的课程的课程号，因为一门课程可能被多个学生选修，所以课程号可能重复，因此可以用 DISTINCT 去掉重复值。该子查询可能返回多个值，所以引导时不能再用 "="，必须用 IN。但用 "=" 引导的子查询一定可以换成 IN。

② 父查询从 Course 表中查找课程号（Cno）在子查询查找出的课程号范围的课程信息。

【例 5-67】 查询所有未被学生选修的课程的信息
```
SELECT *
FROM Course
WHERE Cno NOT IN (SELECT DISTINCT Cno
                     FROM SC);
```
【例 5-68】 查询选修了课程名为 "数据库" 的课程的学生信息。

经过分析可以知道，本查询涉及学生信息和课程名信息。有关学生的信息存放在 Student 表中，有关课程名的信息存放在 Course 表中，但 Student 与 Course 两个表之间没有直接联系，必须通过 SC 表建立它们两者之间的联系（实际上从题目中 "选修了" 3 个字中也可以看出应该用到 SC 表）。所以本查询实际上涉及 3 个关系：Student、SC 和 Course。这个查询为多层嵌套子查询，完成此查询的基本思路是：

① 首先在 Course 关系中找出 '数据库' 课程的课程号 Cno。

② 然后在 SC 关系中找出 Cno 等于第一步给出的 Cno 集合中某个元素的 Sno。

③ 最后在 Student 关系中选出 Sno 等于第二步中求出 Sno 集合中某个元素的元组。
```
SELECT *
FROM Student
WHERE Sno IN
  (SELECT Sno
```

```
    FROM SC
  WHERE Cno IN
        (SELECT Cno
          FROM Course
          WHERE Cname='数据库'));
```

本查询同样可以用连接查询实现：

```
SELECT Student.*
FROM Student,SC,Course
WHERE Student.Sno=SC.Sno AND SC.Cno=Course.Cno AND Course.Cname=
'数据库';
```

从上面的例子可以看到，查询涉及多个关系时，用嵌套查询逐步求解，层次清楚、易于理解，具备结构化程序设计的优点。当然有些嵌套查询是可以用连接查询替代(有些是不能替代)的。到底采用哪种方法，用户可以根据自己的习惯以及执行效率来确定。

（3）带有 ANY 或 ALL 谓词的子查询：用比较运算符只能引导单一行子查询，如果子查询返回结果多于一个值，还需要用这些值跟某列进行比较，再使用比较运算符引导就不行了，可以在比较运算符的基础上再加上 ANY 或 ALL 谓词来解决这个问题。带 ANY、ALL 谓词的多行比较运算符见表 5-15。

表 5-15 多行比较运算符

运算符	说　　明
>any	大于子查询结果中的某个值，即大于最小值（>min()）
>all	大于子查询结果中的所有值，即大于最大值（>max()）
<any	小于子查询结果中的某个值，即小于最大值（<max()）
<all	小于子查询结果中的所有值，即小于最小值（<min()）
……	……

注：ANY 和 ALL 可以与各种比较运算符共同使用如：<>ANY、>=ANY、<=ALL、=ALL 等。

【例 5-69】 查询其他系中比 IS 系某一学生年龄小的学生名单。

```
SELECT *
FROM Student
WHERE Sage<ANY(SELECT Sage
                FROM Student
                WHERE Sdept='IS')  AND Sdept<>'IS'
ORDER BY Sage DESC;
```

说明：① DBMS 首先处理子查询，找出‘IS’系中所有学生的年龄，将这些信息构成一个集合，因为该年龄集合有多个值，所以不能直接用比较运算符引导，根据题目描述，应该用<ANY。

② 处理父查询，找所有不是‘IS’系(Sdept<> ‘IS’，且年龄小于 1)中年龄集合中某一年龄的学生信息，按年龄的降序排列，构造查询结果表。

根据表 5-15 中所描述，实际上可以用集函数 MAX（）来代替<ANY 实现该题目，SQL语句如下：

```
SELECT *
FROM Student
WHERE Sage<(SELECT MAX(Sage)
            FROM Student
            WHERE Sdept='IS')     AND Sdept<>'IS'
ORDER BY Sage DESC;
```

该例子之所以可以用比较运算符"<"来引导子查询，是因为该子查询返回的结果数即信息系学生年龄中的最大值只有一个，所以是单一行子查询。

【例 5-70】　查询其他系中比 IS 系所有学生年龄都大的学生名单。

```
SELECT Sname，Sage
FROM Student
WHERE Sage>ALL(SELECT Sage
               FROM Student
               WHERE Sdept='IS') AND Sdept<>'IS'
ORDER BY Sage DESC;
```

该题目同样可以用集函数来实现。

实际上，用集函数实现子查询通常比直接用 ANY、ALL 查询效率更高。ANY、ALL 与集函数的对应关系见表 5-16。

表 5-16　ANY，ALL 谓词与集函数及 IN 谓词的等价转换关系

	=	<>	<	>	<=	>=
ANY	IN	--	< MAX	> MIN	<= MAX	>= MIN
ALL	--	NOT IN	< MIN	> MAX	<= MIN	>= MAX

（4）BETWEEN、LIKE 引导的子查询：除了上面的谓词可以引导子查询外，BETWEEN 和 LIKE 也可以引导子查询，只不过平时用的比较少。这两个谓词只能引导单一行子查询。

【例 5-71】　查询年龄处于"刘晨"和"刘立"年龄之间的学生信息。

要想查找年龄在"刘晨"和"刘立"年龄之间的学生信息，需要首先确定"刘晨"和"刘立"的年龄，然后用 BETWEEN…AND 就可以找到处于两个学生年龄之间的学生信息。SQL 语句实现如下：

```
SELECT *
FROM Student
WHERE Sage BETWEEN   (SELECT Sage
                      FROM Student
                      WHERE Sname='刘晨')
                 AND (SELECT Sage
                      FROM Student
                      WHERE Sname='刘立')
```

说明：该例子在 Access 2010 和 SQL Server 中都可以正常执行，但在 SQL Server 中用 BETWEEN…AND 时 BETWEEN 后面只能跟下限值，AND 后面跟上限值。

【例 5-72】 查询跟'08001'学生同姓的学生信息。

```
SELECT *
FROM Student
WHERE Sname LIKE (SELECT LEFT(Sname,1)
                  FROM Student
                  WHERE Sno='08001')+ '%'
```

该例子在 Access 2010 中执行时把'%'换成'*'就可以了，在 SQL Server 中可正常执行。这里 LEFT 函数的作用是从名字最左端开始取几个字符，第二个参数 1 表示取 1 个，即取名字中的姓氏，子查询查到姓氏后连接字符%，即可实现查询跟'08001'学生同姓的学生信息。

上面的子查询的例子中，子查询都是只执行一次，其结果用于父查询，子查询的查询条件不依赖于父查询，这类子查询称为不相关子查询。不相关子查询是最简单的一类子查询。

（5）相关子查询：上面的查询都是不相关子查询，下面看一个例子。

【例 5-73】 查询比本系平均年龄大的学生信息。

要想查询比本系平均年龄大的学生信息，根据前面的分析，每查找一个学生都要判断跟其同系别学生的平均年龄，也就是每过滤一个学生，需要根据该学生系别求得一个该系学生的平均年龄，这样的话子查询就不能一次执行完，而是根据父查询的表中选择的数据来决定子查询的执行次数，这跟前边的不相关子查询是不同的。SQL 语句实现如下：

```
SELECT *
FROM Student S1
WHERE Sage>
      (SELECT AVG(Sage)
       FROM Student S2
       WHERE S1.Sdept=S2.Sdept)
```

该题目用到 Student 表，子查询条件中涉及到父查询中的列 S1.Sdept，且子查询不能一次执行完，所以，该查询是相关子查询。该查询的执行过程如下：

首先取外层查询中 S1 表的第一条记录，根据它与内层查询相关的属性值 Sdept 处理内层查询，取得的第一条记录 S1.Sdept='CS'，根据该值，子查询的执行结果为：18.8，而第一条记录的 Sage=18，不符合父查询的条件，舍去；再从 S1 表中取第二条记录，Sdept='is'，S1.Sage=19，根据条件子查询结果为：19，S1.Sage>19 显然为假，所以，第二条记录也不符合条件；继续取第三条记录，继续上面的过程，最后可以查到符合条件的记录。

【例 5-74】 查询比本人平均成绩高的学生学号和课程号。

要想查询比本人平均成绩高的学生学号和课程号，根据前面的分析，每查找一个学生一门课程成绩都要跟该学生的平均成绩比较，也就是每过滤一个学生成绩，需要根据该学生学号求得该学生的平均成绩，这样的话子查询不能一次执行完，而是根据父查询的表中选择的数据来决定子查询的执行次数。该题目用相关子查询实现。SQL 语句实现如下：

```
SELECT *
FROM SC S1
WHERE Grade> (SELECT AVG(Grade)
              FROM SC S2
              WHERE S1.Sno=S2.Sno)
```

　　除了比较运算符可以引导相关子查询外，还有专门的存在量词 EXITS 和 NOT EXISTS，也可以引导相关子查询。EXISTS 代表存在量词，使用 EXISTS 关键字引入一个子查询时，就相当于进行一次存在测试。外部查询的 WHERE 子句测试子查询返回的行是否存在。子查询实际上不产生任何数据；它只返回 TRUE 或 FALSE 值。

　　使用 EXISTS 的子查询与其他子查询略有不同：

　　① EXISTS 关键字前面没有列名、常量或其他表达式。

　　② 由 EXISTS 引入的子查询选择列表通常几乎都是由星号 "*" 组成。由于只是测试是否存在符合子查询中指定条件的行，所以不必列出列名。

　　③ 子查询条件涉及父查询的某列。

【例 5-75】　查询所有选修了 001 号课程的学生姓名。

　　查询所有选修了 001 号课程的学生姓名涉及 Student 关系和 SC 关系，可以在 Student 关系中依次取每个元组的 Sno 值，用此 Student.Sno 值去检查 SC 关系，若 SC 中存在(EXITS)这样的元组（其 SC.Sno 值等于用来检查的 Student.Sno 值），并且其 SC.Cno= '001'，则取此 Student.Sname 送入结果关系。将此想法写成 SQL 语句就是：

```
SELECT Sname
FROM Student
WHERE EXISTS (SELECT *
                FROM SC
                WHERE Sno=Student.Sno AND Cno='001');
```

【例 5-76】　查询所有未选修 001 号课程的学生姓名。

```
SELECT Sname
FROM Student
WHERE NOT EXISTS (SELECT *
                    FROM SC
                    WHERE Sno=Student.Sno AND Cno='001'));
```

　　这类查询与前面的不相关子查询有一个明显区别，即子查询的查询条件依赖于外层父查询的某个属性值（在本例中是依赖于 Student 表的 Sno 值），这类查询称为相关子查询（Correlatedsubquery）。求解相关子查询不能像求解不相关子查询那样，一次将子查询求解出来，然后求解父查询。相关子查询的内层查询由于与外层查询有关，因此必须反复求值。

　　从概念上讲，相关子查询的一般处理过程如下。首先取外层查询中 Student 表的第一个元组，根据它与内层查询相关的属性值(即 Sno 值)处理内层查询，若 WHERE 子句返回值为真（即内层查询结果非空），则取此元组放入结果表；然后再检查 Student 表的下一个元组；重复这一过程，直至 Student 表全部检查完毕为止。

　　需要注意，一些带 EXISTS 或 NOT EXISTS 谓词的子查询不能被其他形式的子查询等价替换，但所有带 IN 谓词、比较运算符、ANY 和 ALL 谓词的子查询都能用带 EXISTS 谓词的子查询等价替换。

【例 5-77】　查询选修了所有课程的学生姓名(Sname)和所在系。

　　由于在 SQL 中没有全称量词∀，但可以用命题逻辑的等价公式把带有全称量词的谓词转换为等价的带存在量词的谓词：$(\forall x)P = \neg (\exists x)(\neg P)$。于是，该题目可以理解为：查询这样的学生，没有一门课程是他不选修的。SQL 语句实现如下。

```
SELECT  Sname,Sdept
FROM  Student
WHERE  NOT EXISTS
        (SELECT  *  FROM  Course
         WHERE  NOT EXISTS
                (SELECT *
                 FROM  SC
                 WHERE  Sno=Student.Sno  AND  Cno=Course.Cno));
```

该语句涉及两层嵌套，所以，其执行过程更复杂，下面作一个简单的描述，表中数据参照 5.1.5 中表 5-2～表 5-4 中的数据。

【例 5-78】 用 AVG 集函数统计所有学生的平均年龄。

```
SELECT (SELECT SUM(Sage) FROM Student)/COUNT(*),AVG(Sage)  FROM
Student;
```

该题目中子查询(SELECT SUM(Sage) FROM Student)作为表达式的一部分来使用，求得所有学生年龄之和，然后除以学生个数，得到的结果跟直接用 AVG 得到的结果一样。本例子可能没有实际意义，只是为了说明子查询可以这样使用。

【例 5-79】 用子查询作派生表，查询所有学生的学号和姓名。

```
SELECT A.*
FROM (SELECT SNO,SNAME FROM Student) A;
```

该题目中子查询（SELECT SNO，SNAME FROM Student）作为派生表来使用，求得所有的学生学号和姓名得到结果集，给结果集起别名 A，然后在父查询中列出该结果集的所有值。本例可能没有实际意义，只是为了说明子查询可以这样使用。有时候在实现复杂查询时，可以把某个中间结果以子查询表示作为派生表，该派生表可以跟其他相关表进行连接查询，实现常规方法完成不了的操作。

从上面讲述的内容可以看到，对于一个问题，既可以用连接查询来实现，又可以用子查询实现，两者的区别和联系是什么呢？下面做一比较：

① 几乎所有用连接查询实现的 SELECT 语句都可以重新写成子查询，反之亦然。两者在大部分情况下可以互换。

② 连接查询执行时效率往往更高，但书写时容易忘掉连接条件，或者容易把关系弄错，比如自身连接；而子查询可以使某些问题的解决变得更为简单，即把问题细分成子问题，然后解决，这样更符合人们的解决问题的习惯，但执行时效率没有连接查询高，因为执行时系统要先把子查询转化成连接查询来实现。所以，遇到一个问题尽量用连接查询实现，如果连接查询实现时很复杂或者实现不了，则可以考虑使用子查询实现。

③ 当需要即时计算集函数值并把该值用于外部查询中进行比较时，必须用子查询，因为不允许在 WHERE 子句中使用集函数。

④ 如果查询中的 SELECT 列表所包含的列来自于多个表，必须使用连接查询，因为子查询只能显示来自外部表的信息。

⑤ 相关子查询实现的问题一般不能用连接查询实现。

5.4　数　据　更　新

一个数据库能否保持信息的正确、及时,在很大程度上依赖于数据库更新功能的强弱与实时。数据库的更新包括插入、删除、修改(也称为更新)3 种操作。本节将分别讲述如何使用这些操作,以便有效地更新数据库。

5.4.1　插入数据

在 Access 2010 和 SQL Server 中,可以在打开表的数据表视图和 Enterprise Manager 中查看数据库表的数据时添加数据,但这种方式不能应付数据的大量插入,需要使用 INSERT 语句来解决这个问题。SQL 的数据插入语句 INSERT 通常有两种形式。一种是一次插入一个元组,另一种是插入子查询结果,后者可以一次插入多个元组。

1)插入单个元组

插入单个元组的 INSERT 语句的格式为:

```
INSERT INTO<表名>[(<属性列1>[,<属性列2>…])]
VALUES(<常量1>[,<常量2>]…);
```

其功能是将新元组插入指定表中。其中新记录属性列 1 的值为常量 1,属性列 2 的值为常量 2,……。如果某些属性列在 INTO 子句中没有出现,则新记录在这些列上将取空值(NULL)。但必须注意的是,在表定义时说明了 NOT NULL 的属性列不能取空值,否则插入记录失败。如果 INTO 子句中没有指明任何列名,则新插入的记录必须在每个属性列上均有值,且指定的常量值顺序必须跟表中出现列的顺序保持一致,否则可能出错。

【例 5-80】　将一个新学生记录(学号:08020;姓名:李丹;性别:男;所在系:IS;年龄:18 岁)插入 Student 表

```
INSERT INTO Student
VALUES('08020', '李丹', '男', 18, 'IS');
```

【例 5-81】　插入一条选课记录('08020','001')。

```
INSERT INTO SC(Sno,Cno)
VALUES ('08020', '001');
```

新插入的记录在 Grade 列上取空值。如果想插入多条数据则需要多次使用 INSERT 语句。VALUES 数据取值要与表中对应字段数据类型保持一致。建议"INTO 表名"后的字段列表一般不要省略,省略后容易产生常量值跟表中字段不对应的错误。

2)通过子查询向表中插入多条数据

子查询不仅可以嵌套在 SELECT 语句中,用以构造父查询的条件,也可以嵌套在 INSERT 语句中,用以生成要插入的数据。插入子查询的 INSERT 语句语法如下:

```
INSERT INTO<表名>[(<属性列1>[,<属性列2>…])]
SELECT [<属性列1>[,<属性列2>…]
FROM <表名>
[WHERE 子句]
[GROUP BY 子句]
[ORDER BY 子句];
```

其功能是把从子查询中得到的多条数据一次性插入表中，实现数据批量插入的功能。

【例 5-82】 对每一个系，求学生的平均年龄，并把结果存入数据库。

对于这道题，首先要在数据库中建立一个有两个属性列的新表，其中一列存放系名，另一列存放相应系的学生平均年龄。

```
CREATE TABLE Deptage
(Sdept CHAR(15)
Avgage SMALLINT);
```

然后对数据库中的 Student 表按系分组求平均年龄，再把系名和平均年龄存入新表中。

```
INSERT INTO Deptage(Sdept，Avgage)
SELECT Sdept，AVG(Sage)
FROM Student
GROUP BY Sdept;
```

【例 5-83】 如果 Student 和 Course 表中数据已经输入，现在假设每个学生都选修了所有课程，这时要想减少输入成绩的工作量，对 SC 表如何处理？

对于这道题目，每个学生都选修了所有课程的话在 SC 表中每个学号和每个课程号都要对应一条记录，将来录入成绩时除了录入成绩外还必须录入学号和课程号，工作量很大，如果能先把学号和课程号录入，将来只录入成绩的话能大大地减少录入工作量，对于学号和课程号的录入能不能批量实现呢？根据前面学习的交叉连接，可以对 Student 和 Course 表进行交叉连接查询，取 Sno 和 Cno 两个列构成一个子查询，进行批量插入。具体实现语法如下：

```
INSERT INTO SC(Sno,Cno)
SELECT Sno,Cno
FROM Student,Course;
```

3）通过 SELECT INTO 语句创建新表并插入多条数据

SELECT INTO 语句创建一个新表，并用 SELECT 的结果集填充该表。新表的结构由选择列表中表达式的特性定义。SELECT INTO 可将几个表或视图中的数据组合成一个表。

语法结构如下：

```
SELECT <列名 1>,<列名 2>,…<表达式 1> as <别名 1>，…INTO <表名>
FROM <表名 1>,<表名 2>,…
[WHERE 条件表达式]
[GROUP BY 子句]
[ORDER BY 子句];
```

注：INTO 后的表名必须是当前数据库中不存在的表名，FROM 后的表名，必须是数据库中存在的表名。如果【例 5-83】实现时数据库中不存在 SC 表，则可以用下面语句实现创建 SC 表，并追加数据到 SC 表中。

```
SELECT Sno,Cno,0 as Grade  INTO SC
FROM Student,Course;
```

如果 SELECT 后有表达式或常量，必须给其起别名，否则语句运行将失败。

如果只想建立对应的表结构而不追加数据，则可以在上面语句 FROM 子句后加 "WHERE 1<>1"。执行后只建立 SC 表结构，而不向 SC 追加数据。

5.4.2　修改数据

修改操作又称为更新操作，其语句的一般格式为：

UPDATE<表名>

SET <列名 1>=<表达式 1>[，<列名 2>=<表达式 2>]…

[WHERE<条件>]；

其功能是修改指定表中满足 WHERE 子句条件的元组。其中 SET 子句用于指定修改方法，即用<表达式>的值取代相应的属性列值。如果省略 WHERE 子句，则表示要修改表中的所有元组。该语句在实现批量数据修改时非常有效。

1）修改某一个元组的值

【例 5-84】　将学生 08001 的年龄改为 22 岁。

```
UPDATE Student
SET Sage=22
WHERE Sno='08001';
```

2）修改多个元组的值

【例 5-85】　学生的年龄随着时间的推移要增长，现在要将所有学生的年龄加 1。

```
UPDATE Student
SET Sage=Sage+1;
```

3）带子查询的修改语句

因为 UPDATE 有 WHERE 子句，而 WHERE 子句后面可以跟子查询，所以子查询也可以嵌套在 UPDATE 语句中，用以构造执行修改操作的条件。

【例 5-86】　将计算机科学系（'CS'）全体学生的成绩置零。

```
UPDATE SC
SET Grade=0
WHERE 'CS'=(SELECT Sdept
    FROM Student
    WHERE Student. Sno=SC.Sno);
```

说明：批量更新计算机系学生的成绩，在 WHERE 条件当中使用子查询检查 SC 表中哪些学生是计算机系的。该子查询是相关子查询。

该题目也可以用不相关子查询来实现，SQL 语句实现如下：

```
UPDATE SC
SET Grade=0
WHERE Sno IN(SELECT Sno
    FROM Student
    WHERE Sdept='CS');
```

【例 5-87】　把选修了课程名为"数据库"的课程的学生的成绩改为 0。

```
    UPDATE SC
    SET Grade=0
    WHERE Cno =(SELECT CNO
            FROM COURSE
```

WHERE CNAME='数据库');

说明：因为不知道"数据库"课的课程号，采用子查询的方式查询课程号，对选修了该课程的学生成绩更新。

使用 UPDATE 语句时，关键一点就是要设定好用于进行判断的 WHERE 条件表达式。UPDATE 语句一次只能操作一个表，这会带来一些问题。例如，学号为 08002 的学生因病休学一年，复学后需要将其学号改为 09089，由于 Student 表和 SC 表都有关于 08002 的信息，因此这两个表都需要修改，这种修改只能通过两条 UPDATE 语句进行，在执行了第一条 UPDATE 语句后（要想能成功执行，需要把原表中主键、外键约束去掉），数据库中的数据已处于不一致状态，因为这时实际上已没有学号为 08002 的学生了，但 SC 表中仍然记录着关于 08002 学生的选课信息，即数据的参照完整性受到破坏。只有执行了第二条 UPDATE 语句后，数据才重新处于一致状态。但如果执行完一条语句后，机器突然出现故障，无法再继续执行第二条 UPDATE 语句，则数据库中的数据将永远处于不一致状态。因此必须保证这两条 UPDATE 语句要么都做，要么都不做。为解决这一问题，数据库系统通常都引入了事务机制。另外如果表间建立了关系，实际上 Access 2010 和 SQL Server 中可以通过级联更新实现。

在 Access 2010 中设置级联更新的步骤如下。

图 5-16 【编辑关系】窗口

① 在图 5-13 中双击 Student 和 SC 表间的连线，出现如图 5-16 所示的【编辑关系】窗口。

② 在该窗口中选中【级联更新相关字段】复选框，点击【确定】按钮，即建立了 Student 表和 SC 之间的级联更新功能。可以实现对 Student 表中主键 Sno 列值更新时 SC 中 Sno 列值自动更新。

在 SQL Server 中设置级联更新的步骤如下。

① 从【开始】|【程序】|【Microsoft SQL Server】中找到子菜单【企业管理器】，单击，出现【企业管理器】窗口，在【控制台根目录】下打开【SQL Server 组】中【（Local）】节点，找到【数据库】节点，从中找到 Student、Course 和 SC 三个表所在的数据库，单击，在右边窗格中找到 SC，单击鼠标右键，在弹出的快捷菜单中单击【设计表】按钮，弹出【设计表"SC"】窗口，如图 5-17 所示，单击工具栏上的【管理关系】按钮，弹出如图 5-18 所示的【属性】窗口。

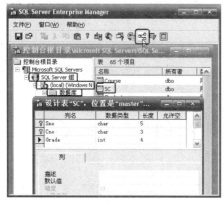

图 5-17 【设计表"SC"】窗口

图 5-18 【属性】窗口

② 在【属性】窗口中找到【级联更新相关字段】复选框，选中，然后单击【关闭】按钮，再单击工具栏上的【保存】按钮，级联更新设置完成。

5.4.3　删除数据

如果表中有多余数据，可以在打开表的时候手工删除数据，也可以用 SQL 语句删除数据。删除语句的一般格式为：

```
DELETE
FROM<表名>
[WHERE <条件>]
```

DELETE 语句的功能是从指定表当中删除满足 WHERE 子句条件的所有元组。如果省略 WHERE 子句，表示删除表中全部元组，但表的定义仍存在。也就是说，删除的是表中的数据，而不是表的定义。

1）删除某一个元组的值

【例 5-88】　删除学号为 08020 的学生记录。

```
DELETE
FROM Student
WHERE Sno='08020';
```

DELETE 操作也是一次只能操作一个表，因此同样会遇到 UPDATE 操作中提到的数据不一致问题。比如 08020 学生被删除后，有关他的选课信息也应同时删除，而这必须用一条独立的 DELETE 语句完成。在 Access 2010 和 SQL Server 中，提供了级联删除的方法，通过建立外码的形式，设置级联删除，在删除一个表中数据的时候，相关表的信息被同时删除，或设置当有级联数据时不允许删除数据。具体设置参照图 5-15 和图 5-17，选中【级联删除相关记录】复选框即可实现级联删除功能。

2）删除多个元组的值

【例 5-89】　删除所有的学生选课记录。

```
DELETE
FROM SC;
```

这条 DELETE 语句将使 SC 成为空表，它删除了 SC 的所有元组。

3）利用子查询删除数据

子查询同样也可以嵌套在 DELETE 语句中，用以构造执行删除操作的条件；

【例 5-90】　删除计算机系（'CS'）所有学生的选课记录。

```
DELETE
FROM SC
WHERE'CS'=(SELETE Sdept
          FROM Student
          WHERE Student.Sno=SC.Sno);
```

或者

```
DELETE
    FROM SC
    WHERE Sno IN(SELETE Sno
```

```
FROM Student
WHERE Sdept='CS');
```

习　题

1. SQL 的英文全称和中文翻译各是什么？
2. 简述 SQL 的主要特点。
3. 试说明基本表、导出表、视图、索引等术语的概念以及为什么要使用视图、索引。
4. 简述 DCL、DML、DDL 等的意义。
5. 简述数据库权限的作用。
6. 试说明系统特权和对象特权的概念。
7. 请说明授予和收回特权的 SQL 语法格式，并举例说明。

第6章 窗体设计及高级应用

【学习要点】
> Access 2010 中窗体的构成与作用
> 利用向导创建窗体
> 在设计视图中如何设计窗体
> 窗体中控件对象的使用
> 窗体及控件的属性设置与事件的设计方法

【学习目标】
    窗体作为人机交互的一个重要接口，是 Access 2010 数据库中功能最强的对象之一，数据的使用与维护大多都是通过窗体来完成的。本章主要介绍窗体的基本知识，包括窗体的基本概念、使用向导创建窗体、使用设计器创建窗体、弹出式窗体以及控件工具箱的使用等内容。

6.1 窗体基础知识

    窗体是 Access 2010 中的一个非常重要的对象，同时也是最复杂和灵活的对象。通过窗体用户可以方便地输入数据、编辑数据、显示统计和查询数据，是人机交互的窗口。窗体的设计最能展示设计者的能力与个性，好的窗体结构能使用户方便地进行数据库操作。此外，利用窗体可以将整个应用程序组织起来，控制程序流程，形成一个完整的应用系统。

    在 Access 2010 中，窗体具有可视化的设计风格，由于使用了数据库引擎机制，可将数据表捆绑于窗体。

6.1.1 窗体的概念与作用

    窗体是在可视化程序设计中经常提及的概念，实际上窗体就是程序运行时的 Windows 窗口，在应用系统设计时称为窗体。

    窗体的作用是提供给用户进行操作，是用户与 Access 2010 应用程序之间的主要操作接口，开发数据库应用系统，就必须制作窗体。

    对用户而言，窗体是操作应用系统的界面，靠菜单或按钮提示用户进行业务流程操作，不论数据处理系统的业务性质如何不同，必定有一个主窗体，提供系统的各种功能，用户通过选择不同操作进入下一步操作的界面，完成操作后返回主窗体。

    窗体的主要特点与作用如下。

    1）显示与编辑数据

    可以通过窗体录入、修改、删除数据表中的数据，该功能是窗体最普遍的应用。如图 6-1 所示为【学生信息处理】窗体。

    2）使用窗体查询或统计数据库中的数据

    可以通过窗体输入数据查询或统计条件，查询或统计数据库中的数据。该功能也是窗体最普遍的应用。如图 6-2 所示为【学生信息查询】窗体。

图 6-1 【学生信息处理】窗体　　　　　　图 6-2 【学生信息查询】窗体

3）显示提示信息

用于显示提示、说明、错误、警告等信息，帮助用户进行操作。

6.1.2　窗体构成

窗体通常由窗体页眉、窗体页脚、页面页眉、页面页脚和主体 5 部分组成，每一部分称为窗体的"节"，除主体节外，其他节可通过设置确定有无，但所有窗体必有主体节，其结构如图 6-3 所示。

图 6-3　窗体的结构

窗体页眉：位于窗体的顶部位置，一般用于显示窗体标题、窗体使用说明或放置窗体任务按钮等。

页面页眉：只显示在应用于打印的窗体上，用于设置窗体在打印时的页头信息，例如，标题、图像、列标题、用户要在每一打印页上方显示的内容。

主体：是窗体的主要部分，绝大多数的控件及信息都出现在主体节中，通常用来显示记录数据，是数据库系统数据处理的主要工作界面。

页面页脚：用于设置窗体在打印时的页脚信息，例如，日期、页码、用户要在每一打印页下方显示的内容。由于窗体设计主要应用于系统与用户的交互接口，通常在窗体设计时很少考虑页面页眉和页面页脚的设计。

窗体页脚：功能与窗体页眉基本相同，位于窗体底部，一般用于显示对记录的操作说明、设置命令按钮。

需要说明的是：窗体在结构上由以上 5 部分组成，在设计时主要使用标签、文本框、组合框、列表框、命令按钮、复选框、切换与选项按钮、选项卡、图像等控件对象，以设计出面向不同应用与功能的窗体。

6.1.3　窗体类型

在 Access 2010 数据处理窗体的设计中，根据数据记录的显示方式提供了 6 种类型的窗体，分别是纵栏式窗体、表格式窗体、数据表窗体、图表窗体、数据透视表窗体以及主/子窗体。纵栏式窗体、表格式窗体、数据表窗体是对相同的数据的不同显示形式，其中纵栏式窗体同时只显示一条记录，而表格式窗体和数据表窗体可同时显示多条记录。在新建窗体对话框中，可以看到这些窗体类型，如图 6-4 所示。

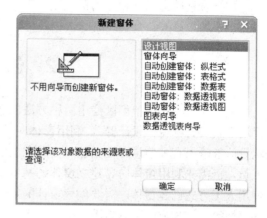

图 6-4　【新建窗体】对话框

图表窗体就是利用 Microsoft Office 提供的 Microsoft Graph 程序以图表方式显示用户的数据，这样在比较数据方面显得更直观方便。在 Access 2010 中，用户既可以单独使用图表窗体，也可以在窗体中插入图表控件。

数据透视表窗体是一种交互式的表，可以进行选定的计算，它是 Access 2010 在指定表或查询基础上产生一个导入 Excel 的分析表格，允许对表格中的数据进行一些扩展和其他的操作。

主/子窗体也称为阶层式窗体、主窗体/细节窗体或父窗体/子窗体，在显示具有一对多关系的表或查询中的数据时，子窗体特别有效。

另外，依据窗体的其他性质也可对窗体作出另类划分：

① 根据窗体是否与数据源连接可以分为绑定窗体和未绑定窗体，绑定窗体与数据源连接，未绑定窗体不与数据源连接。

② 根据窗体的功能用途，可以将窗体分为几种窗体类型，用于控制程序流程的窗体、用于与用户进行交互的窗体以及用于操作数据库的窗体（上述 6 种）。

控制程序流程的窗体最典型的例子就是切换面板，该面板对浏览数据库很有帮助。切换面板中有一些按钮，单击这些按钮可以打开相应的窗体和报表（或打开其他窗体和报表的切换面板）、退出 Access 2010 或自定义切换面板。

用于与用户交互的窗体用来向用户提供系统的信息，也接受用户输入的信息到系统中。一般用户设计的弹出式窗体就是这种用途，另外通过调用系统函数 MsgBox 和 InputBox 也可以实现信息的输入输出。

6.1.4　窗体视图

窗体视图是窗体在具有不同功能和应用范围下呈现的外观表现形式。表和查询有两种视图：设计视图和数据表视图；窗体有三种视图：设计视图、窗体视图和数据表视图。

设计视图是创建窗体或修改窗体的窗口，任何类型的窗体均可以通过设计视图来完成创建。在窗体的设计视图中，可直观地显示窗体的最终运行格式，设计者可利用控件工具箱向窗体添加各种控件，通过设置控件属性、事件代码处理，完成窗体功能设计；通过格式工具栏中的工具完成控件布局等窗体格式设计。在设计视图中创建的窗体，可在窗体视图和数据表视图中进行结果查看。

窗体视图就是窗体运行时的显示格式，用于查看在设计视图中所建立窗体的运行结果。在窗体设计过程中，需要不断在两种视图之间进行切换，以完善窗体设计。

数据表视图是以行和列的格式显示表、查询或窗体数据的窗口。在数据表视图中，可以编辑、添加、修改、查找或删除数据。

6.2 创 建 窗 体

在 Access 2010 中可以使用两种方法创建窗体，一种是系统提供的窗体向导；另一种是手动方式（又称窗体设计器）。利用窗体向导可以简单、快捷地创建窗体，Access 2010 会提示设计者输入有关信息，根据输入信息完成窗体创建。一般情况下，即使是经验丰富的设计人员，仍需先利用窗体向导建立窗体的基本轮廓，然后切换到设计视图完成进一步的设计。使用人工方式创建窗体，需要创建窗体的每一个控件，建立控件与数据源的联系，设置控件的属性等。这种方法可以为用户提供最大的灵活性，完成功能强大、格式美观的窗体，有经验的设计者均是通过设计视图来完成窗体设计的。

Access 2010 提供了 6 种创建窗体的向导，如图 6-4 所示，包括窗体向导、自动创建窗体：纵栏式、自动创建窗体：表格式、自动创建窗体：数据表、图表向导和数据透视表向导。

6.2.1 使用自动创建窗体向导

如果用户只需要创建一个简单的数据维护窗体，显示选定表或查询中所有字段及记录，可使用自动创建窗体向导。

自动创建窗体有纵栏式、表格式、数据表 3 种格式，创建过程完全相同。

使用自动创建窗体向导的具体操作步骤如下：

（1）在【数据库】窗口中，选择【窗体】对象。

（2）单击【数据库】窗口工具栏上的【新建】按钮。

（3）在【新建窗体】对话框中，选择下列向导之一。

① 【自动创建窗体：纵栏式】，每个字段都显示在一个独立的行上，并且左边带有一个标签（标题为对应字段名）。

② 【自动创建窗体：表格式】，每个记录的所有字段显示在一行上，标签显示在窗体的顶端。

③ 【自动创建窗体：数据表】，每个记录的字段以行和列的格式显示，即每个记录显示为一行，每个字段显示为一列。字段的名称显示在每一列的顶端。

（4）窗体数据源选择，在【请选择该对象数据的来源表或查询：】后的下拉列表框中选择作为窗体数据来源的表或查询。

（5）单击【确定】按钮，保存窗体，结束窗体的创建。

需要提示的是，Access 2010 应用最近用于窗体的【自动格式】。如果以前没有使用向导创建过窗体或没有使用过【格式】菜单上的【自动套用格式】命令，Access 2010 将使用

【标准】格式。

【例6-1】　在【学生管理】数据库中，以"学生"表作为数据源，使用【自动创建窗体：纵栏式】创建窗体，结果如图6-5所示。

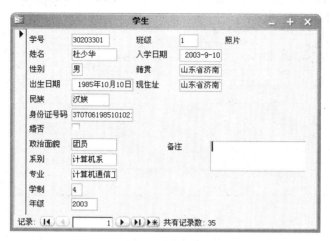

图6-5　【自动创建窗体：纵栏式】窗体

6.2.2　使用"窗体向导"

在使用自动创建窗体向导创建窗体时，作为数据源的表或查询中的字段默认方式为全部选中，窗体布局的格式也已确定，如果用户要选择数据源中的字段及窗体的布局和窗体样式，可以使用"窗体向导"来创建窗体。根据数据源的选择，一般把使用"窗体向导"创建窗体分为单数据源和多数据源两种情况。

1）使用向导创建基于一个表或查询的窗体

基本操作步骤如下。

（1）在【新建窗体】对话框中，双击【窗体向导】选项，进入【窗体向导】对话框。

（2）在【表/查询】下拉列表框中选择作为窗体数据源的表或查询的名称。

（3）在【可用字段】列表框中选择需要在新建窗体中显示的字段。使用">"按钮逐个添加或使用">>"按钮全部添加到"选定的字段"列表框。"<"与"<<"反向处理。

（4）连续单击【下一步】按钮，选择窗体布局格式及窗体样式。

（5）为窗体指定标题。

（6）单击【确定】按钮，保存窗体，结束创建。

2）创建基于多个表的窗体

在"学生管理"数据库中，学生基本信息存放在"学生"表中，选修课成绩存放在"成绩"表中。如何在一个窗体中完成：在浏览学生基本信息的同时，查看该生的选课及成绩？这就需要创建基于多表的窗体。

基于多表的窗体一般称为多表窗体，从多个表或查询中提取数据。常用的方法是建立主/子窗体，但在创建窗体之前，要确保作为主窗体的数据源与作为子窗体的数据源之间建立了"一对多"的关系。在Access 2010中，创建主/子窗体的方法有两种：一是同时创建主窗体与子窗体，二是将已有的窗体作为子窗体添加到另一个已有窗体中。子窗体既可以固定于主窗体之中，也可以是弹出式子窗体。

【例 6-2】 在"学生管理"数据库中,以"学生"表和"成绩"表作为数据源,创建如图 6-6 所示的窗体。

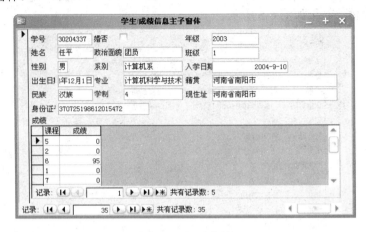

图 6-6 主/子窗体

主要操作步骤如下。

（1）在【新建窗体】对话框中单击【窗体向导】按钮,然后单击【确定】按钮,或双击【窗体向导】,进入【窗体向导】对话框之一,如图 6-7 所示。

（2）在图 6-7 所示的对话框中,打开【表/查询】下拉列表,从中选择"表:学生",在【可用字段】列表中选择要显示的字段,使用 ">" 或 ">>" 按钮添加要显示的字段。再打开【表/查询】下拉列表,从中选择"表:成绩",在"可用字段"列表中选择要显示的字段,使用 ">>" 添加要显示的字段。然后单击【下一步】按钮,进入【窗体向导】对话框之二,如图 6-8 所示。

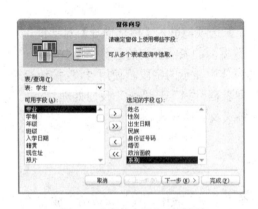

图 6-7 【窗体向导】对话框之一

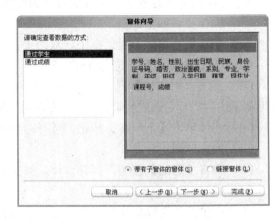

图 6-8 【窗体向导】对话框之二

（3）在图 6-8 所示的对话框中,要求确定窗体查看数据的方式,由于数据来源于两个表,有两个选项:通过"学生"表或"成绩"表查看。由于"学生"表和"成绩"表之间具有一对多关系,"学生"表位于一对多关系中的"一"方,所以应选择"学生"表。

选择【带有子窗体的窗体】单选项。然后单击【下一步】按钮,进入【窗体向导】对话框之三,如图 6-9 所示。

（4）在图 6-9 所示的对话框中，要求确定窗体所采用的布局。有两个可选项："表格"和"数据表"。选中其中一项，其布局结果在左侧显示，在此选中【数据表】，单击【下一步】按钮，进入【窗体向导】对话框之四，如图 6-10 所示。

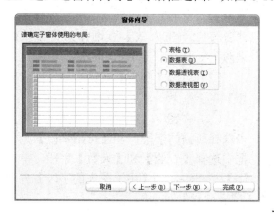

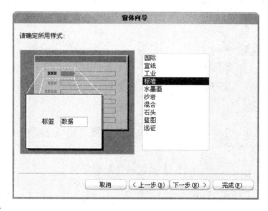

图 6-9　【窗体向导】对话框之三　　　　　图 6-10　【窗体向导】对话框之四

（5）在图 6-10 所示的对话框中，要求确定窗体所采用的样式。右边列表框中给出了若干种窗体的样式。用户可根据需要选择其中一种，其样式结果在左侧显示，在此选中【标准】，单击【下一步】按钮，进入【窗体向导】对话框之五，如图 6-11 所示。

（6）在图 6-11 所示的对话框中，要求确定主/子窗体的窗体标题，在【窗体】后的文本框中输入主窗体标题"学生/成绩信息主子窗体"。

（7）单击【完成】按钮，完成如图 6-6 所示的主/子窗体的创建。

需提示的是，如果用户在选择记录源和字段的操作中，选择的多个表之间没有任何关系，单击【下一步】按钮后，窗体向导将提示用户重新定义相应的表间关系。

6.2.3　使用"图表向导"

在实际应用中，将表或查询中的数据及其之间的关系用图表形象地加以描述，更能直观地反映数据处理结果。利用 Access 2010 提供的【图表向导】可以快速创建图表窗体，要使用图表窗体，用户需要安装 Microsoft Graph。

使用【图表向导】创建图表窗体，可以按照下例所示步骤进行。

【例 6-3】　在"学生管理"数据库中，以建立的"统计各专业学生人数"查询为数据源，使用【图表向导】创建窗体，显示如图 6-12 所示的统计结果。

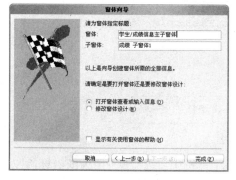

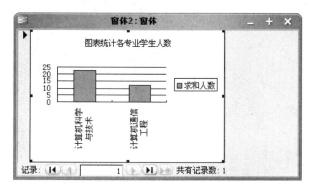

图 6-11　【窗体向导】对话框之五　　　　　图 6-12　【图表向导】统计各专业学生人数

主要操作步骤如下。

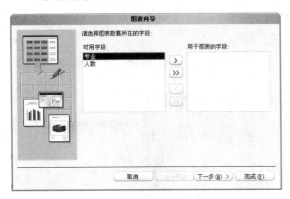

图 6-13　【图表向导】对话框之一

（1）在【新建窗体】对话框中选择【图表向导】选项，在【请选择该对象数据的来源表或查询】下拉列表框中，选择【统计各专业学生人数】查询作为窗体数据来源。

（2）单击【确定】按钮启动【图表向导】对话框之一，如图 6-13 所示。

（3）在图 6-13 所示的对话框中为图表选择所需的字段。在【可用字段】列表框中选择【专业】和【人数】字段，单击【>】按钮添加到【用于图表的字段】列表中。单击【下一步】按钮，出现如图 6-14 所示的【图表向导】对话框之二。

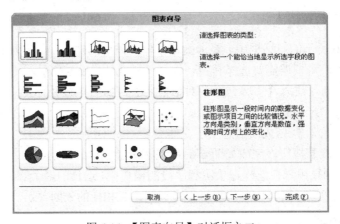

图 6-14　【图表向导】对话框之二

（4）在图 6-14 中，选择一种图表类型，如选择【三维柱形图】，单击【下一步】按钮，进入【图表向导】对话框之三，如图 6-15 所示。

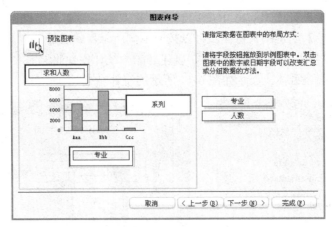

图 6-15　【图表向导】对话框之三

（5）在图 6-15 中，需设置各字段在图表中如何显示。此例中，选"专业"为横坐标，"人数"为纵坐标，单击【下一步】按钮，出现如图 6-16 所示的【图表向导】对话框之四。

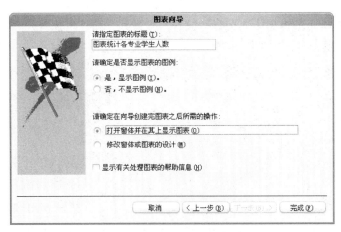

图 6-16　【图表向导】对话框之四

需提示的是：在图 6-15 中，坐标图下面为横轴框，右边为系列框，上边为纵轴框。向导已将默认字段放置在各框中，根据需要，用户可将相应字段拖离各框，或可将其他字段拖进各框。双击【纵轴框】，【向导】将打开【汇总】对话框，在此对话框中可以改变对数据的汇总方式。

（6）在图 6-16 中，为创建的图表指定标题，在【请确定是否显示图表的图例】选项组中，可以指定是否显示图表图例。单击【完成】按钮，完成如图 6-12 所示的图表的创建。

6.2.4　使用"数据透视表向导"

数据透视表窗体是一种交互式的表，可以进行选定的计算，例如求和（"数字"字段的默认值）与计数（"文本"字段的默认值），所进行的计算与数据在数据透视表窗体中的排列有关。例如，数据透视表窗体可以水平或者垂直显示字段值，然后计算每一行或列的合计。数据透视表也可以将字段值作为行号或列标，在每个行列交汇处计算出各自的数量，然后计算小计和总计。使用数据透视表窗体，需要用户安装 Microsoft Excel。

【例 6-4】　创建计算各系不同职称教师人数的数据透视表窗体。

基本思想是：将"专业"作为列标题放在数据透视表的顶端，"系别"作为行标题放在数据透视表的左列，在行列的交叉处显示计算出来的相应教师人数，结果如图 6-17 所示。

主要操作步骤如下。

（1）在【新建窗体】对话框中，单击【数据透视表向导】按钮，再单击【确定】按钮。

（2）打开【数据透视表向导】对话框之一，单击【下一步】按钮，打开【数据透视表向导】对话框之二，如图 6-18 所示，提示用户选择表或查询中的字段。

图 6-17　统计各系不同职称人数的数据透视表

图 6-18　【数据透视表向导】对话框

（3）在图 6-18 所示的窗口中，选择"编号"、"系别"和"职称"3 个字段，单击【完成】按钮，打开数据透视表窗体，如图 6-19 所示，此时窗体是空白的。

图 6-19　数据透视表窗体

（4）在图 6-19 所示的窗口中，将"系别"拖至行字段，将"职称"拖至列字段，然后将"编号"拖至汇总处，得到结果如图 6-17 所示的最终窗体。

6.3　自定义窗体

利用 6.2 节介绍的【自动创建窗体】、【窗体向导】和【图表向导】等向导工具可以创建多种窗体，但这只能满足一般的显示与功能要求。由于应用程序的复杂性和功能要求的多样性，使用向导所创建的窗体在实际应用中并不能很好地满足要求，而且有一些类型的窗体用向导无法创建。例如，在窗体中增加各种按钮，实现数据的检索，加入说明性信息，打开、关闭 Access 2010 对象等，因此，Access 2010 提供了窗体设计器，使用窗体设计器，即使是非专业人员也可以设计出功能更强大、界面更友好的窗体。

窗体设计器就是窗体的设计视图。在窗体的设计视图中，利用工具箱可以向窗体添加各种控件；利用属性窗口可以设置控件的属性、定义窗体及控件的各种事件过程、修改窗体的外观。窗体设计的核心即是控件对象设计。

本节将介绍窗体设计工具箱的使用、对象属性及设置、对象事件及应用和其常用方法。

6.3.1　窗体设计视图的组成与主要功能

窗体的设计视图主要由窗体设计区域及窗体设计工具栏、控件工具箱、弹出式菜单、格式工具栏等辅助工具组成。各种工具在窗体设计中起不同的作用，用于辅助完成窗体的设计。

1）窗体设计工具栏

窗体设计工具栏包含有各种命令按钮，这些命令按钮可以在设计窗体时使用，如图 6-20所示。

图 6-20　【窗体设计】工具栏

【窗体设计】工具栏中各个工具按钮的作用见表 6-1，表中的顺序按照图从左到右排列。

表 6-1　【窗体设计】工具栏中提供的按钮及其作用描述

按钮名称	功 能 描 述
视图	显示当前窗口的可用视图。单击按钮旁边的箭头，选择所需的视图
保存	保存当前正在设计的窗体
搜索	在选定的位置中搜索包含特定文本的文件
打印	立即打印选定的视图，而不显示"打印"对话框
打印预览	显示窗体打印时的效果，可以对页面进行缩放，以便一次显示一页或多页
剪切	移去选定的内容，并放置到剪贴板上，然后可以将其插入到其他地方。如果要还原最近的剪切动作，可选择"编辑"菜单中的"撤销剪切"命令
复制	复制选定的内容到剪贴板上，然后可以将其插入到其他地方
粘贴	将剪贴板中选定的内容插入到活动的数据库对象中。使用"复制"与"粘贴"或"剪切"与"粘贴"可以复制或移动选定的内容，如果要还原粘贴操作，单击"编辑"菜单中的"撤销粘贴"命令
格式刷	从一个控件复制格式（如，颜色、线条样式和字体属性）到另一个控件。单击"格式刷"按钮可以把格式一次复制到一个控件，双击可以把格式一次复制到多个控件。完成后按 Esc 键即可
撤销	撤销最近执行的可还原操作，撤销命令的名称取决于最近一次执行的操作（如"撤销剪切"或"撤销移动"）。如果操作不能撤销，撤销命令的名称将改为"无法撤销"
恢复	恢复最近执行的撤销操作
插入超级链接	插入或修改一个超级链接地址或统一资源定位符（URL）
字段列表	显示窗体基础记录源所包含的字段列表。从列表中拖动字段可以创建自动结合到记录源的控件
工具箱	显示或隐藏工具箱。窗体中的控件通过工具箱来创建
自动套用格式	将事先定义的格式应用于窗体
代码	在"模块"窗口中显示选定窗体所包含的代码
属性	显示选定项目的属性表，如果不选择任何项目，则显示当前活动对象的属性表
生成器	显示选定项目或属性的生成器。Access 2010 只有在选定项目或属性具有可用的生成器时，才能激活该按钮
数据库	显示"数据库"窗口，列出当前数据库中的全部对象。可以利用拖放等方法将对象从"数据库"窗口移到当前窗口
新对象	利用向导创建数据库对象
Office 助手	让"Office 助手"提供帮助主题和提示信息

2）格式工具栏

除了窗体设计工具栏外，Access 2010 还提供了【格式】工具栏。利用【格式】工具栏可设置窗体或其控件的文本格式。【格式】工具栏如图 6-21 所示。

图 6-21　【格式】工具栏

【格式】工具栏中各种工具按钮的功能与 Office 其他组件基本一致，在此不作介绍。

3）窗体快捷菜单

用户在窗体设计窗口中不同的地方右击会有不同的快捷菜单，在已放置好的控件上右击会出现控件相关的快捷菜单。在窗口的标题栏上右击会看到如图 6-22 所示的快捷菜单。

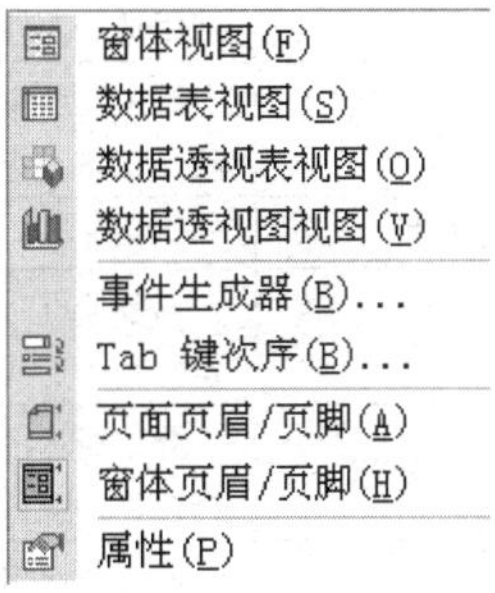

菜单中的最上面四项用于切换窗体的视图，"事件生成器"用于该窗体的事件过程代码设计，用户可以分别选择生成表达式、宏或代码。"Tab 键次序"用于调整窗体中控件的 Tab 键次序，Tab

图 6-22　窗体的快捷菜单

键次序指的是在窗体运行视图中用户通过按 Tab 键或 Shift +Tab 键切换窗体中各个控件获得焦点的次序。"页面页眉/页脚"和"窗体页眉/页脚"分别用于切换窗体是否要页面的页眉页脚和窗体的页眉页脚。"属性"命令用于打开属性窗口,从而对窗体的属性进行设置。

4)控件工具箱

控件工具箱提供了用于窗体设计的各种控件对象,利用控件工具箱可以向窗体上添加各种控件。有些控件对象的使用提供了向导使用模式,可以帮助用户加快窗体的设计过程。通过工具箱及其相应向导,初学者也可以逐渐掌握 Access 2010 窗体的应用。工具箱实际上也是工具栏的一种,与 Access 2010 其他工具栏一样也具有两种状态,即停靠状态和游离状态。工具箱中有 18 种工具按钮用来向窗体中添加控件,此外还有两个按钮分别用于选择控件对象和设置控件向导的有效性。停靠状态的工具箱如图 6-23 所示。

图 6-23 窗体设计的工具箱

(1)打开和关闭工具箱

选择【视图】菜单中的【工具箱】命令或单击窗体设计工具栏中的【工具箱】按钮,可以显示或隐藏【工具箱】。

(2)工具箱的移动与锁定

用鼠标指向工具箱的标题栏,按下鼠标左键拖动,可将工具箱移动到不同的目标位置。如果要重复使用工具箱中的某个控件对象,可以锁定该对象,该对象被锁定后,重复使用时不必每次单击该对象。要锁定控件对象,双击要锁定的控件对象即可;要解除锁定,按 Esc 键即可。

(3)使用工具箱向窗体中添加控件

利用工具箱向窗体中添加各种控件时,首先单击【工具箱】中相应的工具按钮,然后在窗体上单击或拖动,如果所添加的控件具有向导且【控件向导】按钮已按下,Access 2010 将自动启动相应的控件向导,用户可按照向导的提示进行操作以完成控件的添加,控件添加完成后,通过右击相应控件,选择快捷菜单中的【属性】命令来设置控件的属性。工具箱中的各种工具按钮的作用见表 6-2。

表 6-2 工具箱中控件及其功能描述

控件名称	功　　能
选择对象	此按钮按下时,可以选择窗体上的各种控件
控件向导	用于打开或关闭控件向导。具有向导的控件有:列表框、组合框、选项组、命令按钮、图表、子窗体。要使用这些控件的向导,必须按下【控件向导】按钮
标签	用来显示说明性文本的控件,如窗体上的标题或指示文字。在创建其他控件时 Access 2010 将自动为其添加附加标签
文本框	用来显示、输入或编辑窗体的基础记录源数据,显示计算结果,或者接受输入的数据
选项组	与复选框、选项按钮或切换按钮搭配使用,用于显示一组可选值,只选择其中一个选项。如用选项按钮指定性别为男或女
切换按钮	此按钮可用于:作为结合到"是/否"字段的独立控件,或作为接收用户在自定义对话框中输入数据的非结合控件,或者作为选项组的一部分;切换按钮只有两种可选状态
选项按钮	此按钮可用于:作为结合到"是/否"字段的独立控件,或作为接收用户在自定义对话框中输入数据的非结合控件,或者作为选项组的一部分;选项按钮只能在多种可选状态中选择一种

续表

控件名称	功　　能
复选框	与"选项按钮"作用相同
组合框	该控件结合了文本框和列表框的特性，即在组合框中直接输入文字，或在列表中选择输入项，然后将所做选择添加到所基于的字段中
列表框	显示可滚动的数值选项列表。从列表中选择时将改变所基于的字段值
命令按钮	用来完成各种操作，一般与宏或代码联接，单击时执行相应的宏或代码
图像	用来在窗体中显示静态图片。静态图片不是 OLE 对象，一旦添加到窗体中就无法对其进行编辑
未绑定对象	用来在窗体中显示 OLE 对象，不过此对象与窗体所基于的表或查询无任何联系，其内容并不随着当前记录的改变而改变
绑定对象	用来在窗体中显示 OLE 对象，如"人事管理"数据库中人员的照片可保存在一个单独的字段中，利用该控件显示人员照片，当改变当前记录时，该对象随之更新
分页符	通过插入分页符控件，在打印窗体上开始一个新页
选项卡控件	用来创建多页的选项卡对话框。选项卡控件上可以添加其他类型的控件
子窗体/报表	用来显示来自多表的数据
直线	用来向窗体中添加直线，通过添加直线可突出显示某部分内容
矩形	用于将相关的一组控件或其他对象组织到一起以突出显示
其他控件	用于向窗体中添加 AetiveX 控件

6.3.2　属性、事件与方法

1）属性

属性是对象特征的描述。每一窗体、报表、节和控件都有各自的属性设置，可以利用这些属性来更改特定项目的外观和行为。使用属性表、宏或 Visual Basic，可以查看并更改属性。关于宏与 Visual Basic 对属性的操作在以后章节介绍，在此仅介绍属性表。

在窗体设计视图中，每当使用【工具箱】向窗体添加某个控件后，可随时设置该控件的属性，设置方法有多种，常用的设置方法是：右击该控件，在弹出的快捷菜单中，选择【属性】调出该控件的属性设置对话框。例如，在窗体加入文本框后，按以上操作调出文本框控件的属性设置对话框，如图 6-24 所示。

控件属性分为格式属性、数据属性、事件属性和其他属性，各项属性的含义及主要属性的设置将在 6.3.3 节中介绍。

图 6-24　【文本框】控件数据属性设置对话框

2）事件

事件是对象行为的描述，当外来动作作用于某个对象时，用户可以确定是否通过事件响应该动作。事件是一种特定的操作，在某个对象上发生或对某个对象发生。Access 2010 可以响应多种类型的事件：鼠标单击、数据更改、窗体打开或关闭及许多其他类型的事件。事件的发生通常是用户操作的结果。例如，单击某个命令按钮，该命令按钮会响应单击事件，作出相应动作。

使用事件过程或宏，可以为在窗体或控件上发生的事件添加自定义的事件响应，这里先介绍使用事件过程，宏在以后章节介绍。

在窗体设计视图中，每当使用【工具箱】向窗体添加某个控件后，可设置该控件的事件响应，设置方法有多种，常用的设置方法是：右击该控件，在弹出的快捷菜单中选择【属性】调出该控件的属性设置对话框，选择【事件】选项卡，进入该对象的事件设置界面。例如，在窗体加入文本框后，按以上操作调出文本框控件的事件设置对话框，如图 6-25 所示。

图 6-25 【文本框】控件事件设置对话框

控件事件有多种类型，各种事件的含义及添加方法窗口将在 6.3.4 节中介绍。

3）方法

方法是 Access 2010 提供的完成某项特定功能的操作，每种方法有一个名字，用户在系统设计中可根据需要调用方法。

例如，SetFocus 方法，其功能是：让控件获得焦点，使其成为活动对象。

Access 2010 提供了多种方法，常用方法的含义及使用方法将在 6.3.5 节中介绍。

6.3.3　窗体与对象的属性及设置方法

1）窗体的主要属性

标题（Caption）：用于指定窗体的显示标题。

默认视图（DefaultView）：设置窗体的显示形式，可以选择单个窗体、连续窗体、数据表、数据透视表和数据透视图等方式。

允许的视图（ViewsAllowed）：指定是否允许用户通过选择【视图】菜单中的【窗体视图】或【数据表视图】命令，或者单击【视图】按钮旁的箭头并选择【窗体视图】或【数据表视图】，以在数据表视图和窗体视图之间进行切换。

滚动条（Scrollbars）：决定窗体显示时是否具有窗体滚动条，属性值有 4 个选项，分别为"两者均无"、"水平"、"垂直"和"水平和垂直"，可以选择其一。

记录选定器（Recordselectors）：选择"是/否"，决定窗体显示时是否有记录选定器，即窗体最左边是否有标志块。

浏览按钮（NavigationButtons）：用于指定在窗体上是否显示浏览按钮和记录编号框。

分隔线（DividingLines）：选择"是/否"，决定窗体显示时是否显示各节间的分隔线。

自动居中（AutoCenter）：选择"是/否"，决定窗体显示时是否自动居于桌面的中间。

最大最小化按钮（MinMaxButtons）：决定窗体是否使用 Windows 标准的最大化和最小化按钮。

关闭按钮（CloseButton）：决定窗体是否使用 Windows 标准的关闭按钮。

弹出方式（PopUp）：可以指定窗体是否以弹出式窗体的形式打开。

内含模块（HasModule）：指定或确定窗体或报表是否含有类模块。设置此属性为"否"能提高效率，并且减小数据库的大小。

菜单栏（MenuBar）：用于将菜单栏指定给窗体。

工具栏（Toolbar）：用于指定窗体使用的工具栏。

节（Section）：可区分窗体或报表的节，并可以对该节的属性进行访问。同样可以通过控件所在窗体或报表的节来区分不同的控件。

允许移动（Moveable）：在"是"或"否"两个选项中选取，决定在窗体运行时是否允许移动窗体。

记录源（RecordSource）：可以为窗体或者报表指定数据源，并显示来自表、查询或者 SQL 语句的数据。

排序依据（OrderBy）：为一个字符串表达式，由字段名或字段名表达式组成，指定排序的规则。

允许编辑（AllowEdits）：在"是"或"否"两个选项中选取，决定在窗体运行时是否允许对数据进行编辑修改。

允许添加（AllowAdditions）：在"是"或"否"两个选项中选取，决定在窗体运行时是否允许添加记录。

允许删除（AllowDeletions）：在"是"或"否"两个选项中选取，决定在窗体运行时是否允许删除记录。

数据入口（DataEntry）：在"是"或"否"两个选项中选取，如果选择"是"，则在窗体打开时，只显示一条空记录，否则显示已有记录。

2）控件属性

（1）标签（label）控件

标题（Caption）：该属性值将成为控件中显示的文字信息。

名称（Name）：该属性值将成为控件对象引用时的标识名字，在 VBA 代码中设置控件的属性或引用控件的值时使用。

其他常用的格式属性有高度（Height）、宽度（Width）、背景样式（BackStyle）、背景颜色（BackColor）、显示文本字体（FontBold）、字体大小（FontSize）、字体颜色（ForeColor）、是否可见（Visible）等。

（2）文本框（text）控件

常用的格式属性同"标签"控件。

常用的数据属性有以下几种。

控件来源（ControlSource）：设置控件如何检索或保存在窗体中要显示的数据。如果控件来源中包含一个字段名，那么在控件中显示的就是数据表中该字段的值。在窗体运行中，对数据所进行的任何修改都将被写入字段中；如果设置该属性值为空，除非通过程序语句，否则在窗体控件中显示的数据将不会被写入到数据表的字段中；如果该属性设置为一个计算表达式，则该控件会显示计算的结果。

输入掩码（InputMask）：用于设置控件的数据输入格式，仅对文本型和日期型数据有效。

默认值（DefaultValue）：用于设定一个计算型控件或非结合型控件的初始值，可以使用表达式生成器向导来确定默认值。

有效性规则（ValidationRule）：用于设定在控件中输入数据的合法性检查表达式，可以使用表达式生成器向导来建立合法性检查表达式。若设置了"有效性规则"属性，在窗体运行期间，当在该控件中输入数据时将进行有效性规则检查。

有效性文本（ValidationText）：用于指定当控件输入的数据违背有效性规则时，显示给用户的提示信息。

    是否有效（Enabled）：用于决定能否操作该控件。如果设置该属性为"否"，该控件将以灰色显示在"窗体"视图中，但不能用鼠标、键盘或 Tab 键单击或选中它。

    是否锁定（Locked）：用于指定在窗体运行中，该控件的显示数据是否允许编辑等操作。默认值为 False，表示可编辑，当设置为 True 时，文本控件相当于标签的作用。

    （3）组合框（combo）控件（与文本框相同的不再说明）

    行来源类型（RowSourceType）：该属性值可设置为：表/查询、值列表或字段列表，与"行来源"属性配合使用，用于确定可列表选择内容的来源。选择"表/查询"，"行来源"属性可设置为表或查询，也可以是一条 Select 语句，列表内容显示为表、查询或 Select 语句的第一个字段内容；若选择"值列表"，"行来源"属性可设置为固定值用于列表选择；若选择"字段列表"，"行来源"属性可设置为表，列表内容将为选定表的字段名。

    行来源（RowSource）：与行来源类型（RowSourceType）属性配合使用。

    （4）列表框（list）控件

    列表框与组合框在属性设置及使用上基本相同，区别是列表框控件只能选择输入数据而不能直接输入数据。

    （5）命令按钮（command）控件

    名字（Name）：可引用的命令按钮对象名。

    标题（Caption）：命令按钮的显示文字。

    标题的字体（FontName）：命令按钮的显示文字的字体。

    标题的字体大小（FontSize）：命令按钮的显示文字的字号。

    前景颜色（ForeColor）：命令按钮的显示文字的颜色。

    是否有效（Enabled）：选择"是/否"，用于决定能否操作该控件。如果设置该属性为"否"，该控件将以灰色显示在"窗体"视图中，但不能用鼠标、键盘或 Tab 键单击或选中它。

    是否可见（Visible）：选择"是/否"，用于决定在窗体运行时该控件是否可见，如果设置该属性为"否"，该控件在"窗体"视图中将不可见。

    图片（Picture ）：用于设置命令按钮的显示标题为图片方式。

    （6）其他控件

    选项按钮（Option）控件、选项组（Frame）控件、复选框（Check）控件、切换按钮（Toggle）控件、选项卡控件、页控件的主要属性基本与上述控件相一致，有个别不同的将在控件设计时说明，在此不详细介绍。

    3）设置窗体属性

    在 Access 2010 中，使用【属性表】和 VBE 可以查看并修改属性。用【属性表】设置属性，操作直观，但只能在设计视图状态下进行。在 VBE 中，通过命令语句可在系统运行中动态设置属性，但大部分属性可以在设计视图状态下利用【属性表】设置。

    用【属性表】设置窗体属性的步骤如下。

    （1）在窗体设计视图中，单击窗体左上角的【窗体选定器】来选择一个窗体。

    （2）右击然后在弹出的快捷菜单中选择【属性】命令，或单击【工具栏】上的【属性】按钮，显示【属性表】。

    （3）单击需要设置其值的属性，然后执行以下操作之一：

    ① 在【属性】框中，键入适当的设置或表达式。

    ② 如果【属性】框包含箭头，单击该箭头，打开下拉列表，然后单击列表中的值。

③ 如果【生成器】按钮█显示在属性框的右边，单击该按钮以显示【生成器】或显示能够选择生成器的对话框。例如，可以使用【代码生成器】、【宏生成器】或【查询生成器】设置某些属性。

【例 6-5】　设置窗体的背景图案。

背景图案可以是 Windows 环境下的各种图形格式的文件，如位图文件、图元文件和图标文件等。

在窗体【格式】属性中做如下设置。

（1）【图片】属性：直接输入用作背景图案的图形文件的完整路径及文件名，或者单击【生成器】按钮█，打开【插入图片】对话框，利用该对话框选择用作背景图案的图形文件。

（2）【图片类型】属性有以下 2 种选择。

① **链接**。图形文件必须与数据库同时保存，并可以单独打开图形文件进行编辑修改。

② **嵌入**。图形直接嵌入到窗体中，此方式增加数据库文件长度，嵌入后可以删除原图形文件。

（3）【图片缩放模式】属性有以下 3 种选择。

① **剪裁**。图形按照其实际大小直接用作窗体背景，如果图形大于窗体背景，依据窗体进行剪裁，多余部分被裁掉。此选项为默认选项。

② **拉伸**。拉伸图形以适应窗体的大小，此方式将改变图形的宽高比，除非图形的宽高比与窗体宽高比相同。

③ **缩放**。改变图形大小以适应窗体背景，同时保持图形的宽高比。

（4）【图片对齐方式】属性有以下 5 种选择。

① 中心（在窗体中上下左右居中）。

② 左上（窗体的左上角）。

③ 左下（窗体的左下角）。

④ 右上（窗体的右上角）。

⑤ 右下（窗体的右下角）。

（5）【图片平铺】属性：是/否。根据【图片对齐方式】的设置将图形布满窗体。

【例 6-6】　设置窗体的格式属性。

默认的窗体【格式】属性设置与窗体视图如图 6-26 所示。

图 6-26　窗体默认【格式】属性设置与窗体视图

在本例中，设置窗体以下属性。

标题（Caption）："学生信息"；

滚动条()："两者均无"；

记录选定器()："否"；

导航按钮()："否"；

分隔线()："否"。

修改以上属性后，窗体【格式】属性设置与窗体视图如图 6-27 所示。

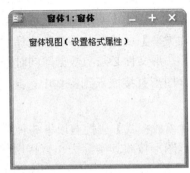

图 6-27　设置窗体【格式】属性与窗体视图

4）在窗体中添加当前日期和时间

Access 2010 提供了将系统时钟日期和时间显示在窗体上的方法，添加日期和时间后，在窗体视图中，系统时钟日期和时间将显示在窗体上。

【例 6-7】　使用菜单命令为窗体添加当前日期和时间。

操作方法如下。

（1）进入窗体【设计】视图。

（2）选择【插入】菜单中的【日期和时间】命令，打开【日期和时间】对话框。

（3）在【日期和时间】对话框中，选中【包含日期】复选框，然后选择日期格式；选中【包含时间】复选框，然后选择时间格式。

（4）单击工具栏上的【保存】按钮。

完成上述操作后，Access 2010 将在窗体上添加 2 个文本框，其"控件来源"属性分别设置为表达式"= Date()"和"=Time()"，如果有窗体页眉，文本框将添加到窗体页眉节，否则添加到主体节中。

通过以上 3 个例子，除数据属性外，对于窗体的其他属性设置，可用相同的方法进行设置并查看结果。

5）使用属性表设置控件属性

设置控件属性，方法同窗体属性设置，具体属性值要根据控件的具体用途来确定。

【例 6-8】　建立【学生信息处理】窗体，给出各控件的具体使用及属性设置，结果如图 6-28 所示。

图 6-28　【学生信息处理】窗体视图

主要操作步骤如下。

（1）设置窗体“数据源”属性为“学生”数据表。

（2）完成字段对应控件的添加。

字段与控件的对应，亦即用户要根据表字段的类型，选择何种控件来显示、编辑字段数据。由于篇幅所限，仅就个别情况给以说明。

添加一个“标签”控件：“标题”属性设置为“学生基本信息处理”，字体、字号作相应设置。

添加一个“文本框”控件，用于显示“学号”字段数据，系统将自动在其前添加一个“标签”控件。设置“标签” 控件的“标题”属性为“学号”；设置“文本框”控件的“名称”属性为“Txh”、“控件来源”选择“学号”字段名。

添加一个“选项组”控件，在“选项组”框中加入 2 个“选项按钮”控件，用于显示学生婚否。需要说明的是：由于“学生”数据表中“婚否”字段用布尔型，所以选用“选项按钮”控件，用户也可尝试用单“选项按钮”控件来显示“婚否”字段，查看结果有何不同。设置“选项组” 控件的 “控件来源”属性为“婚否”字段名；2 个“选项按钮”控件的“标题”属性分别设为“已婚”和“未婚”，“选项值”属性分别设为“–1”和“0” 。在这里应提示：布尔型数据只有两个值，分别为 True 和 False，布尔型数据转换为其他类型数据时，True 转换为–1，False 转换为 0。

添加一个“组合框”控件，显示学生所在系，由于系别名称为标准内容，选用“组合框”控件，用户在录入信息时，可以选择录入。设置控件“名称”属性为“Cxb”；　“控件来源”选择“系别”字段名；设置“行来源类型”属性为“表或查询”、“行来源”属性为“Select　代码名称 From dmb where 类别=“2”。这里需要说明的是： 系别名称放在名为“Dmb”的代码表中，“类别”字段值为 2 时，“代码名称”字段存放内容为系别名称，代码表（Dmb）数据表视图如图 6-29 所示。

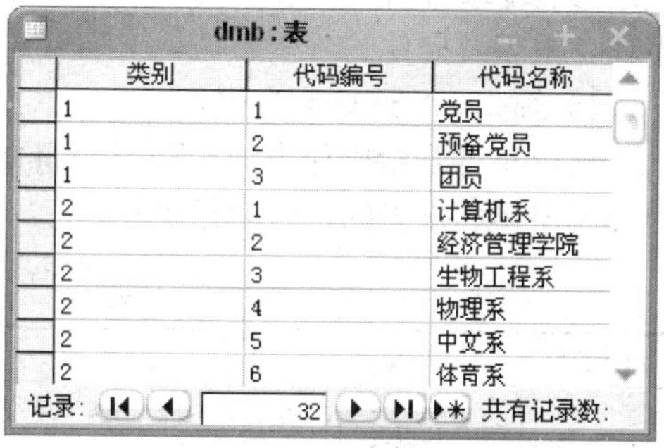
dmb：表

类别	代码编号	代码名称
1	1	党员
1	2	预备党员
1	3	团员
2	1	计算机系
2	2	经济管理学院
2	3	生物工程系
2	4	物理系
2	5	中文系
2	6	体育系

记录：32　共有记录数：

图 6-29　代码表数据表视图

使用向导方式添加命令按钮控件，可依此建立“首记录”、“上一条”、“下一条”、“末记录”4 个记录导航按钮；“删除记录”、“打印记录”和“添加记录”3 个记录操作按钮；“关闭窗体”操作按钮。

关于对应“学生”数据表其他字段的控件的建立，用户可参照以上过程自己完成。

6）在 VBA 中设置窗体和控件属性

窗体（Form）和控件（Control）对象都是 VBA 对象，可以在 VBA 子过程（Sub）、函数过程（Function）或事件过程中设置这些对象的属性。在此仅给出示例，详细的语法说明在后续章节中介绍。

（1）设置窗体属性

在 VBA 代码中，可以通过引用 Forms 集合中单个窗体，其后跟随着属性的名称来设置窗体属性。

例如，若要将上例建立的“学生信息处理”窗体的 Visible 属性设置为 True (-1)，可在 VBA 代码中使用以下代码行：

```
Forms! 学生信息处理.Visible = True
```
或　　`Forms! 学生信息处理.Visible = -1`（可以是除 0 以外的任何值）

提示：若在"学生信息处理"窗体某个控件的事件代码中引用上述语句，可使用对象的 Me 属性，使用 Me 属性的代码比使用完整对象名称的代码执行得更快。上面语句可改写为：

```
Me.Visible = True
```
或　　`Me.Visible = -1`

（2）设置控件属性

引用 Forms 对象的 Controls 集合中的控件。既可以隐式引用也可以显式引用 Controls 集合。

例如，若要将上例建立的"学生信息处理"窗体的"删除记录"命令按钮设为"变灰"，不可选用，其 Enabled 属性需设置为 False（-1），"删除记录"命令按钮的名字为 Comdel，可在 VBA 代码中使用以下代码行：

```
Me!Comdel.Enabled = false
```
（当前窗体事件代码中用）

或　　`Forms!学生信息处理!Comdel.Enabled = false`

6.3.4　窗体与对象的事件

在 Access 2010 中，对象能响应多种类型的事件，每种类型的事件又由若干种具体事件组成，通过编写相应的事件代码，用户可定制响应事件的操作。以下将分类给出 Access 2010 窗体、报表及控件的一些事件。

1）窗口（Windows）事件

窗口事件是指操作窗口时引发的事件，见表 6-3，正确理解此类事件发生的先后顺序，对控制窗体和报表的行为非常重要。

表 6-3　窗口（Windows）事件

事件属性	事件对象	事件发生情况
OnOpen	窗体和报表	窗体被打开，但第一条记录还未显示出来时发生该事件。或虽然报表被打开，但在打印报表之前发生
OnLoad	窗体	窗体被打开，且显示了记录时发生该事件。发生在 Open 事件后
OnResize	窗体	窗体的大小变化时发生。此事件也发生在窗体第一次显示时
OnUnload	窗体	窗体对象从内存撤销之前发生。发生在 Close 事件前
OnClose	窗体和报表	窗体对象被关闭但还未清屏时发生

2）数据（Data）事件

数据（Data）事件指与操作数据有关的事件，又称操作事件，见表 6-4。当窗体或控件的数据被输入、修改或删除时将发生数据（Data）事件。

表 6-4　数据（Data）事件

事件属性	事件对象	事件发生情况
AfterDelConfirm	窗体	确认删除记录且记录实际上已经删除或取消删除之后发生的事件
AfterInsert	窗体	插入新记录保存到数据库时发生的事件
AfterUpdate	窗体和控件	更新控件或记录数据之后发生的事件；此事件在控件或记录失去焦点时，或单击菜单中的【保存记录】时发生
BeforeDelConfirm	窗体	在删除记录后，但在 Access 2010 显示对话框提示确认或取消之前发生的事件。此事件在 Delete 事件后发生

续表

事件属性	事件对象	事件发生情况
BeforeInsert	窗体	在新记录中输入第一个字符，但还未将记录添加到数据库之前发生的事件
BeforeUpdate	窗体和报表	更新控件或记录数据之前发生的事件；此事件在控件或记录失去焦点时，或单击菜单中的【保存记录】时发生
Change	控件	当文本框或组合框的部分内容更改时发生的事件
Current	窗体	当焦点移动到一条记录，使它成为当前记录，或当重新查询窗体数据源时发生的事件
Delete	窗体	删除记录，但在确认删除和实际执行删除之前发生该事件
NoInList	控件	当输入一个不在组合框列表中的值时发生的事件

3）焦点（Focus）事件

"焦点"即鼠标或键盘操作的当前状态，当窗体、控件失去或获得焦点时，或窗体、报表成为激活或失去激活状态时，将发生焦点（Focus）事件，见表6-5。

表6-5 焦点（Focus）事件

事件属性	事件对象	事件发生情况
OnActivate	窗体和报表	在窗体或报表成为激活状态时发生的事件
OnDeactivate	窗体和报表	在窗体或报表由活动状态转为非活动状态之前发生
OnEnter	控件	在控件实际接收焦点之前发生，此事件发生在 GotFocus 事件之前
OnExit	控件	当焦点从一个控件移动到同一窗体的另一个控件之前发生的事件，此事件发生在 LostFocus 事件之前
OnGot Focus	窗体和控件	当窗体或控件对象获得焦点时发生的事件。当"获得焦点"事件或"失去焦点"事件发生后，窗体只能在窗体上所有可见控件都失效，或窗体上没有控件时，才能重新获得焦点
OnLost Focus	窗体和控件	当窗体或控件对象失去焦点时发生的事件

4）键盘（Ksyboard）事件

键盘（Keyboard）事件是操作键盘引发的事件，见表6-6。

表6-6 键盘（Ksyboard）事件

事件属性	事件对象	事件发生情况
OnKeyDown	窗体和控件	在控件或窗体具有焦点时，键盘有键按下时发生该事件
OnKeyUp	窗体和控件	在控件或窗体具有焦点时，释放一个按下的键时发生该事件
OnKeyPress	窗体和控件	在控件或窗体具有焦点时，当按下并释放一个键或组合键时发生该事件

5）鼠标（Mouse）事件

鼠标（Mouse）事件是用户操作鼠标引发的事件，见表6-7。鼠标事件应用较多，特别是"单击"事件，命令按钮的功能处理大多用鼠标（Mouse）事件来完成。

表6-7 鼠标（Mouse）事件

事件属性	事件对象	事件发生情况
OnClick	窗体和控件	当鼠标在控件上单击时发生的事件
OnDblClick	窗体和控件	当鼠标在控件上双击时发生的事件，对窗体，双击窗体空白区域或窗体上的记录选定器时发生
OnMouseDown	窗体和控件	当鼠标在窗体或控件上，按下左键时发生的事件
OnMousMove	窗体和控件	当鼠标在窗体、窗体选择内容或控件上移动时发生的事件
OnMouseUp	窗体和控件	当鼠标位于窗体或控件时，释放一个按下的鼠标键时发生的事件

6）打印（Print）事件

在打印报表或设置打印格式时发生打印（Print）事件，见表6-8。

表 6-8　打印（Print）事件

事件属性	事件对象	事件发生情况
OnNoData	报表	设置没有数据的报表打印格式后，在打印报表之前发生该事件。用该事件可取消空白报表的打印
OnPage	报表	在设置页面的打印格式后，在打印页面之前发生该事件
OnPrint	报表	该页在打印或打印预览之前发生

7）Timer 和 Error 事件

Timer 事件：在 VB 中提供的 Timer 时间控件可以实现计时功能，但在 VBA 中并没有直接提供 Timer 时间控件，而是通过窗体的"计时器间隔（TimerInterval）"属性和"计时器触发（OnTimer）"事件来完成"计时"功能，"计时器间隔（TimerInterval）"属性值以"毫秒"为单位。

处理过程为："计时器触发（OnTimer） "事件每隔 TimerInterval 时间间隔就被激发一次，运行 OnTimer 事件过程，这样重复不断，可实现"计时"功能。

Error 事件：Error 事件在窗体或报表拥有焦点，同时在 Access 2010 中产生了一个运行时错误时发生。这包括 Microsoft Jet 数据库引擎错误，但不包括 Visual Basic 中的运行时错误或来自 ADO 的错误。如果要在此事件发生时执行一个宏或事件过程，请将 OnError 属性设置为宏的名称或事件过程。在 Error 事件发生时，通过执行事件过程或宏，可以截取 Access 错误消息而显示自定义消息，这样可以根据应用程序传递更为具体的信息。

6.3.5　常用方法

1）AddMenu 方法

功能：执行 AddMenu 操作，用于自定义（快捷）菜单栏或全局（快捷）菜单栏。

语法：**DoCmd.AddMenu** menuname, menumacroname, statusbartext

参数说明如下。

Menuname：字符串表达式，代表要添加到自定义菜单栏或全局菜单栏中的下拉菜单名称。若要创建快捷访问键以使用键盘选择菜单，在作为访问键的字母之前键入"And"符（&），在菜单栏上的菜单名中，该字母将带有下划线。

Menumacroname：字符串表达式，代表宏组名字。该宏组中包含菜单命令的宏。该参数是必选参数。

Statusbartext：字符串表达式，表示选择菜单时显示在状态栏中的文本。

说明：用于自定义菜单栏或全局菜单栏里的 AddMenu 方法，必须包含 menuname 和 menumacroname 参数。menuname 参数不是必选参数，对于自定义快捷菜单和全局快捷菜单，忽略该参数。statusbartext 参数是可选参数，对于自定义快捷菜单和全局快捷菜单，忽略该参数。

2）Beep 方法

功能：使计算机的扬声器发出"嘟嘟"声。

语法：DoCmd.Beep

说明：该方法没有参数。

3）CancelEvent 方法

功能：取消事件。

语法：DoCmd.CancelEvent。

说明：该方法没有参数，CancelEvent 方法仅在作为事件的结果运行时才有效。

4）Close 方法

功能：关闭打开的对象。

语法：**DoCmd.Close** [objecttype, objectname], [save]

参数说明如下。

Objecttype：acDataAccess 2010Page、acDefault（默认值）、acDiagram、acForm、acMacro、acModule、acQuery、acReport、acServerView 、acStoredProcedure、 acTable 。

Objectname：字符串表达式，代表有效的对象名称，该对象的类型由 objecttype 参数指定。

Save：acSaveNo、acSavePrompt （默认值）、acSaveYes。如果该参数空缺，将假设为默认常量（acSavePrompt）。

说明：如果将 objecttype 和 objectname 参数保留为空白（默认常量 acDefault 用作 objecttype 值），则 Access 2010 将关闭活动窗口。如果指定 save 参数并将 objecttype 和 objectname 参数留为空白，则必须包含 objecttype 和 objectname 参数的逗号。

5）CodeDb 方法

功能：在代码模块中使用 CodeDb 方法可以确定 Database 对象的名称，此对象引用当前正在执行代码的数据库。

例如，可以在程序数据库的一个模块中使用 CodeDb 方法来创建引用程序数据库的 Database 对象，然后就可以打开基于程序数据库中表的记录集。

语法：Set database = **CodeDb**

参数说明如下。

database，Database 对象变量。

说明：CodeDb 方法返回一个 Database 对象，该对象的 Name 属性为从其中调用该方法的数据库的完整路径和名称。

6）OpenForm 方法

功能：打开窗体

语法：**DoCmd.OpenForm** formname[, view][, filtername][, wherecondition][, datamode][, windowmode][, openargs]

参数说明如下。

Formname：字符串表达式，代表当前数据库中的窗体的有效名称。

View：acDesign、acFormDS、acNormal（默认值）、acPreview，acNormal 代表在"窗体"视图中打开窗体。

Filtername：字符串表达式，代表当前数据库中查询的有效名称。

Wherecondition：字符串表达式，不包含 WHERE 关键字的有效 SQL WHERE 子句。

Datamode：acFormAdd、acFormEdit、acFormPropertySettings、acFormReadOnly。

Openargs：字符串表达式。用来设置窗体的 OpenArgs 属性。该设置可以在窗体模块的代码中使用。例如 Open 事件过程。在宏和表达式中可以引用 OpenArgs 属性。该参数仅在

Visual Basic 中使用。

说明：语法中的可选参数可以空缺，但必须包含参数的逗号。如果有一个或多个位于末端的参数空缺，则在指定的最后一个参数后面不需使用逗号。

7）OpenModule 方法

功能：打开 Visual Basic 模块。

语法：**DoCmd.OpenModule** [modulename][, procedurename]

参数说明如下。

Modulename：字符串表达式，代表要打开的 Visual Basic 模块的有效名称。如果不设置该参数，Access 2010 将在数据库的标准模块中搜索全部由 procedurename 参数指定的过程，并且打开包含这些过程的模块。

Procedurename：字符串表达式，代表用于打开模块的过程的有效名称。如果不设置该参数，将打开模块的声明节。

说明：OpenModule 操作的两个参数必须至少设置一个。如果同时设置两个参数，则 Access 2010 将在指定过程中打开指定的模块。如果 procedurename 参数空缺，在 modulename 参数后面不需使用逗号。

8）OpenQuery 方法

功能：打开数据库中的查询。

语法：**DoCmd.OpenQuery** queryname[, view][, datamode]

参数说明如下。

Queryname：字符串表达式，代表当前数据库中的查询的有效名称。

View：acViewDesign、acViewNormal（默认值）、acViewPreview。

Datamode：acAdd、acEdit（默认值）、acReadOnly。

说明：此方法仅在 Access 2010 环境（.mdb）中才可用。如果指定 datamode 参数，但空缺 view 参数，那么必须包含 view 参数的逗号。如果空缺位于末端的参数，则在指定的最后一个参数后面不需使用逗号。

9）OpenReport 方法

功能：打开当前数据库中的报表。

语法：**DoCmd.OpenReport** reportname[, view][, filtername][, wherecondition]

参数说明如下。

Reportname：字符串表达式，代表当前数据库中的报表的有效名称。

View：acViewDesign、acViewNormal（默认值）、acViewPreview。

Filtername：字符串表达式，代表当前数据库中查询的有效名称。

Wherecondition：字符串表达式，不包含 WHERE 关键字的有效 SQL WHERE 子句。

说明：语法中的可选参数允许空缺，但是必须包含参数的逗号。如果有一个或多个位于末端的参数空缺，在指定的最后一个参数后面不需使用逗号。

10）OpenTable 方法

功能：打开当前数据库中的表。

语法：**DoCmd.OpenTable** tablename[, view][, datamode]

参数说明如下。

Tablename：字符串表达式，代表当前数据库中的表的有效名称。

View：acViewDesign、acViewNormal（默认值）、acViewPreview。　AcViewNormal 表示将在"数据表"视图中打开表。

Datamode：acAdd、acEdit（默认值）、acReadOnly。

说明：如果指定了 datamode 参数而空缺了 view 参数，view 参数的逗号不能省略。如果位于末端的参数空缺，在指定的最后一个参数后面不需使用逗号。

11）OpenView 方法

功能：打开当前数据库中的视图。

语法：**DoCmd.OpenView** viewname [, viewmode] [, datamode]

参数说明如下。

Viewname：字符串表达式，代表当前数据库中视图的名称。

Viewmode：acView、Normal（默认值）、acViewDesign、acPreview。

Datamode：acEdit（默认值）、acAdd、acReadOnly。

12）Quit 方法（Application 对象）

功能：退出 Microsoft Access 2010。在退出前，可以从几个选项中选择一项来保存数据库对象。

语法：Application.**Quit** [option]

参数说明如下。

Option：固有常量，指定退出 Access 2010 时怎样处理未保存的对象。此常量可以为下列常量中的任何一个。

acSaveYes（默认值）表示保存所有对象，不显示对话框。

AcPrompt 表示显示对话框，询问是否保存已更改但还未存盘的任何数据库对象。

acExit 表示退出 Access 2010，不保存任何对象。

说明：使 Quit 方法和单击【文件】菜单中的【退出】命令效果相同。可以创建自定义菜单命令或在窗体上创建一个命令按钮，此命令按钮的过程中包括了 Quit 方法。例如，可以将一个 Quit 按钮放置在窗体上，并在按钮的 Click 事件中包含一个使用 Quit 方法的过程，此方法的 option 参数设置为 acSaveYes。

13）Quit 方法

功能：DoCmd 对象的 Quit 方法执行 Visual Basic 中的 Quit 操作。

语法：**DoCmd.Quit** [options]

参数说明如下。

Options：acQuitPrompt　acQuitSaveAll（默认值）acQuitSaveNone。

说明：增加 DoCmd 对象的 Quit 方法是为了提供在 Microsoft Access 2010 for Windows 95 的 Visual Basic 代码中执行 Quit 操作的兼容性。建议使用 Application 对象的 Quit 方法来代替。

14）Refresh 方法

功能：刷新窗体对象，Refresh 方法用于立即刷新指定窗体或数据表中基础数据来源中的记录，以反映您或多用户环境下的其他用户对数据的更改。

语法：Form.**Refresh**

参数说明如下。

Form，Form 对象，代表要刷新的窗体。

说明：使用 Refresh 方法和单击【记录】菜单中的【刷新】命令等效。Refresh 方法只显示对当前集中的记录所作的更改。

15）Run 方法

功能：使用 Run 方法可以执行一个特定的 Access 2010 或用户定义的 Function 或 Sub。例如，可以从 ActiveX 组件中使用 Run 方法来执行一个在某个 Access 2010 数据库中定义过的子程序。

语法：application.**Run** procedure [, arg1, arg2, ..., arg30]

参数说明如下。

Application：Application 对象。

Procedure：要运行的 Function 或 Sub 过程的名称。

Arg1, arg2, ...：可选。指定的 Function 或 Sub 过程的参数。最多可以有 30 个参数。

16）RunCommand 方法

功能：使用 RunCommand 方法执行内置菜单或工具栏命令。

语法：[object.]**RunCommand** command

参数说明如下。

Object：可选参数，Application 对象或 DoCmd 对象。

Command：固有常量。指定要执行的内置菜单或工具栏命令。

说明：Access 2010 中的每个菜单和工具栏命令都有一个相关的常量，在 Visual Basic 中，可以用 RunCommand 方法执行该常量对应的那条命令。

17）RunMacro 方法

功能：运行 Visual Basic 中的宏操作。

语法：**DoCmd.RunMacro** macroname[, repeatcount][, repeatexpression]

参数说明如下。

Macroname：字符串表达式，代表当前数据库中的宏的有效名称。

Repeatcount：数值表达式，是一个整型值，代表宏将运行的次数。

Repeatexpression：数值表达式，在每一次运行宏时进行计算。当结果为 False (0) 时，停止运行宏。

说明：如果指定 repeatexpression 参数，但 repeatcount 参数空缺，则必须包含 repeatcount 参数的逗号。如果位于末端的参数空缺，在指定的最后一个参数后面不需使用逗号。

18）RunSQL 方法

功能：在 Visual Basic 操作查询中使用 RunSQL 方法执行 SQL 操作。此方法只在 Access 2010 数据库(.mdb) 中可用。

语法：**DoCmd.RunSQL** sqlstatement[, usetransaction]

参数说明如下。

Sqlstatement：字符串表达式，代表操作查询或数据定义查询的 SQL 语句。

Usetransaction：该参数为 True (–1)时，将在事务处理中包含该查询。如果不想使用事务处理，可将该参数设置为 False (0)。如果该参数空缺，将假设为默认值（True）。

说明：如果 usetransaction 参数空缺，在 sqlstatement 参数后面不要使用逗号。

19）Save 方法

功能：保存对象

语法：**DoCmd.Save** [objecttype, objectname]

参数说明如下。

Objecttype：acDataAccess 2010PageacDefault(默认值)、acDiagram、acForm、acMacro、acModule、acQuery、acReport、acServerView、acStoredProcedure、acTable。

Objectname：字符串表达式，代表由 objecttype 参数所选择的类型的对象名称。

说明：如果 objecttype 和 objectname 参数空缺(对于 objecttype 参数，空缺时将假设为默认常量 acDefault)，Access 2010 将保存活动的对象。如果 objecttype 参数空缺，但在 objectname 参数中输入了名称，则 Access 2010 使用指定的名称保存活动的对象。如果在 objecttype 参数中输入了对象类型，就必须在 objectname 参数中输入一个已有的对象名称。如果 objecttype 参数空缺，而在 objectname 参数中输入名称，则必须包含 objecttype 参数的逗号。

20）SetFocus 方法

功能：使用 SetFocus 方法将焦点移动到指定的窗体或活动窗体的指定控件上，或者活动数据表的指定字段上。

语法：Object.**SetFocus**

参数说明如下。

Object 为 From 对象(代表窗体)或 Control 对象(代表激活窗体或数据表上的控件)。

说明：要让指定字段或控件具有焦点，以便所有的用户输入都针对这个对象时，可以使用 SetFocus 方法。

要读取一个控件的一些属性，此控件必须具有焦点。例如，在能读取文本框的 Text 属性之前，此文本框必须具有焦点。

某些属性只有在控件没有焦点时才能设置。例如，当控件具有焦点时，不能将此控件的 Visible 或 Enabled 属性设置为"False(0)"，只能将焦点移动到可见的控件或窗体上。如果控件的 Enabled 属性设置为"False"，就不能将焦点移动到这个控件上。

如果窗体包含了 Enabled 属性设置为"True"的控件，就不能将焦点移动到窗体本身，而只能将焦点移动到窗体上的控件上。在这种情况下，如果使用 SetFocus 将焦点移动到窗体，焦点将移动到窗体中上次接收焦点的控件上。

21）Undo 方法

功能：当一个控件或窗体的值已经被改变时，可以使用 Undo 方法进行重置。例如，可以使用 Undo 方法来清除对某个包含无效输入项的记录的一个改变。

语法：Object.Undo

参数说明如下。

Object 为 Form 对象或 Control 对象。

说明：如果 Undo 方法应用于窗体，那么将失去对当前记录的所有修改。如果 Undo 方法应用于控件，仅影响控件本身。

这个方法必须在更新窗体或控件前应用。可以在窗体的 BeforeUpdate 事件或控件的 Change 事件中包含这个方法。

6.3.6 常用控件的创建方法

控件是窗体设计的主要对象，其功能主要用于显示数据和执行操作。根据应用的类型，控件可划分为结合型、非结合型与计算型。结合型控件有数据源，主要用来显示、输入及更新数据表中的字段，例如文本框、组合框、列表框等控件可作为结合型控件使用；非结合型控件没有数据源，主要用来显示提示信息、线条、矩形及图像，例如标签、线条、矩形及图像等控件；计算型控件以表达式作为数据源，表达式可以使用窗体或报表所引用的表或查询中的字段数据，也可以是窗体或报表上其他控件的值，例如，文本框亦可用来作计算控件使用，如显示"合计"值等。

在以上几节中主要介绍了窗体及控件的属性和事件及 Access 2010 的一些常用方法。本节将继续通过"学生基本信息录入"窗体，说明窗体及控件的使用及功能按钮的设计方法。

1）命令按钮

命令按钮是用于接受用户操作指令、控制程序流程的主要控件之一，用户可以通过命令按钮指示 Access 2010 进行特定的操作。命令按钮响应用户的特定动作，这个动作触发一个事件操作，该事件操作可以是一段程序或对应一些宏，用于完成特定的任务。

在 Access 2010 中，可以利用向导创建命令按钮，也可以手工创建命令按钮。

（1）利用向导

使用向导可方便地创建数据编辑、处理等常用功能的命令按钮，用户不必自写处理代码，但处理功能较弱。

【例 6-9】 通过向导创建【学生基本信息录入】窗体的命令按钮。

主要操作步骤如下。

① 打开【学生基本信息录入】窗体的【设计】视图，确保工具箱中的【控件向导】按钮已经按下。

② 单击工具箱中的【命令按钮】按钮。在窗体需要放置命令按钮的位置单击一下，打开【命令按钮向导】对话框之一，如图 6-30 所示。

③ 在此窗口中、Access 2010 提供了 30 多种操作，本例中，"类别"选择"记录导航"，"操作"选择"转至第一项记录"，单击【下一步】按钮，打开【命令按钮向导】对话框之二，如图 6-31 所示。

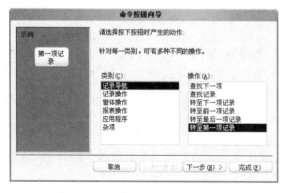
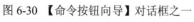

图 6-30 【命令按钮向导】对话框之一

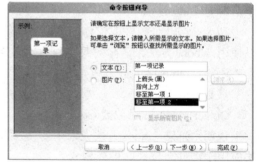

图 6-31 【命令按钮向导】对话框之二

④ 在此对话框中，可以设置按钮上的显示内容(等同于设置按钮的"标题"属性)，可选

择"文本"或"图片"。选"文本",在文本框中输入要在按钮上显示的内容;选"图片",可单击【浏览】按钮查找所需显示的图片。单击【下一步】按钮,打开【命令按钮向导】对话框之三,如图6-32所示。

⑤ 在该对话框中,可以为创建的命令按钮命名一个名字(等同于设置按钮的"名字"属性),以便以后引用。

⑥ 单击【完成】按钮,完成该命令按钮的创建。

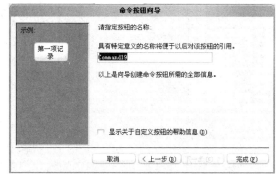

其他功能的命令按钮,如"转至前一项记录"、"转至下一项记录"、"转至最后一项记录"、"添加记录"、"保存记录"、"删除记录""打印记录"等,创建方法与此相同。

(2)手工创建命令按钮

手工创建命令按钮,通过事件代码处理,可使命令按钮具有更强的功能、更多的灵活性。其方法是:首先将命令按钮放置在窗体中,然后通过命令按钮的属性设置及事件代码编写,来达到用户特定的目的。

图6-32 【命令按钮向导】对话框之三

创建步骤如下。

① 打开【学生信息处理】窗体的【设计】视图,确保工具箱中的【控件向导】按钮已经弹起。

② 单击工具箱中的【命令按钮】按钮,在窗体中单击要放置命令按钮的位置。

③ 设置属性:在该命令按钮上右击,在弹出的快捷菜单中选择【属性】,打开【属性】对话框,设置该命令按钮相应的属性,例如"标题"和"名字"属性。

④ 事件过程设计:有两种方法进入事件过程设计。

一是在该命令按钮上右击,在弹出的快捷菜单中选择【事件生成器】,进入如图6-33所示对话框,选择"代码生成器",进入VBA代码处理窗口,如图6-34所示。关于代码设计将在第10章介绍。

图6-33 【事件生成器】对话框　　　　　图6-34 VBA【代码生成器】窗口

二是在该命令按钮上右击,在弹出的快捷菜单中选择【属性】,打开【属性】对话框,选择【事件】选项卡,如图6-35所示,所列项目即是命令按钮可响应的事件。

每个事件选择项可以使用下拉箭头"˅"选择"宏"或"事件过程"选项，亦可单击【表达式生成器】⋯按钮。若建有宏，可以直接选择"宏"，按钮的单击事件将执行选择的宏操作；若选择【事件过程】，然后单击【表达式生成器】按钮，可直接进入 VBA 代码生成器窗口；若直接单击【表达式生成器】按钮，则进入【选择生成器】对话框。

图 6-35　命令按钮事件属性设置对话框

2）列表框和组合框

列表框是由数据行组成的列表，每行可以包含一个或多个字段，就是说列表框可以包含多列数据，用户可以从列表框中选择某行数据。组合框是一个文本框与一个列表框的组合，在组合框中，用户既可以从列表中选择数据，也可以在文本框中输入数据。

列表框和组合框都可分为绑定的与非绑定的。绑定的列表框和组合框将选定的数据(组合框还包括输入的数据)与数据源绑定，用户选择某一行数据或输入某一数据后，该数据被保存到数据源中。

列表框和组合框有使用向导和不使用向导两种创建方法。

（1）使用向导创建组合框

【例 6-10】　以"学生管理"数据库为例，在【学生信息录入】窗体中，利用向导创建处理"系别"字段的组合框。

主要操作步骤如下。

① 在【学生信息录入】窗体【设计】视图下，确保【工具箱】窗口中的【控件向导】按钮已经按下，单击【组合框】按钮，然后在窗体中相应的位置单击，打开【组合框向导】对话框之一，如图 6-36 所示。

② 在此对话框中有 3 个选项，执行下列操作之一。

a. 如果想显示固定值，则选择【自行键入所需的值】。

b. 如果想显示记录源中的当前数据，则选择【使用列表框查阅表或查询中的值】或【在基于组合框中选定的值而创建的窗体上查找记录】，他们的区别在于是否对记录进行筛选。

本例中选择【自行键入所需的值】后单击【下一步】按钮，进入【组合框向导】对话框之二，如图 6-37 所示。

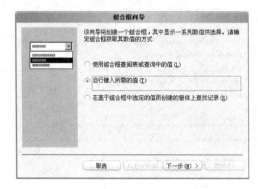

图 6-36　【组合框向导】对话框之一

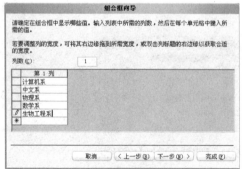

图 6-37　【组合框向导】对话框之二

③ 在图 6-37 所示的对话框中，依次输入系别名称，然后单击【下一步】按钮，打开【组合框向导】对话框之三，如图 6-38 所示。

④ 在图 6-38 所示的对话框中，确定组合框中选择数值后 Access 的动作，如果选择【记忆该数据供以后使用】，则创建一个非绑定的组合框，其数据由程序自由使用；如果选择【将该数据值保存在这个字段中】，则创建一个绑定的组合框，组合框的数据会自动保存到用户选择的字段中。本例中选择【将该数据值保存在这个字段中】并选择保存在字段"系别"中，完成后单击【下一步】按钮，打开【组合框向导】对话框之四，如图 6-39 所示。

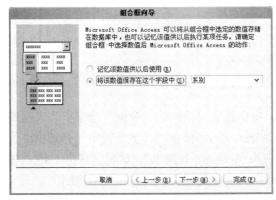

图 6-38　【组合框向导】对话框之三

图 6-39　【组合框向导】对话框之四

⑤ 用户在本对话框中指定组合框的标签显示文本，本例中输入"系别："，单击【完成】按钮，组合框创建成功。用户还可以手工调整该组合框的属性。

（2）不使用向导创建组合框

【例 6-11】 以"学生管理"数据库为例，在【学生信息录入】窗体中，不使用向导创建处理"系别"字段的组合框。

主要操作步骤如下。

① 首先将【工具箱】窗口中的【控件向导】按钮弹起。单击【工具箱】中的【组合框】按钮，在窗体要放置组合框的位置单击，放入组合框。

② 右击组合框并在弹出的快捷菜单中选择【属性】，打开【属性】对话框并选择其中的【其他】选项卡，将"名称"属性改为"Cxb"，以后可以通过"名称"属性对该控件进行引用，如图 6-40 所示。

③ 选择【数据】选项卡，在"控件来源"中输入"系别"或选择"系别"字段，这是数据目的地，组合框选中的数据或输入的数据将保存在"系别"字段中，提示：若"控件来源"没有选择项出现，说明窗体未设置"记录源"属性；在"行来源类型"中选择"表/查询"，"行来源"中输入"Select 代码编号，代码名称 From dmb where 类别="2""，这两个属性决定了组合框中的列表数据的来源；在"绑定列"文本框中输入 2，确定哪个列的数据被保存起来，这

图 6-40　组合框【属性】对话框的【其他】选项卡

里"2"代表第 2 列:"代码名称",如图 6-41 所示。

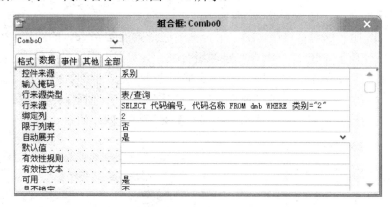

图 6-41   组合框【属性】对话框的【数据】选项卡

④ 选择【格式】选项卡,"列数"属性可以指定设置对话框的"数据"选项卡列表框或组合框的列表部分所显示的列数,在其中输入 2,表示显示两列数据,但是其中一列数据("代码编号"列)隐藏,为此需要在属性"列宽"中输入"0 厘米;6 厘米",这表示将第 1 列("代码编号")数据列隐藏,第 2 列("代码名称")数据列宽度是 6 厘米,如图 6-42 所示。

⑤ 最后还要将与该组合框相连的标签的文本内容改为"系别:",完成以上操作后,组合框的属性设置完成。用户还可以根据需要调整其他的属性。

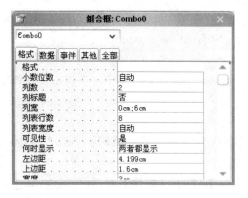

图 6-42   组合框【属性】对话框的【格式】选项卡

列表框的创建与组合框的创建操作相同,在此不再给出详细操作说明。

3)创建选项卡控件

当窗体中的内容较多无法在一页中全部显示时,可以使用选项卡控件来进行分页显示,用户只需要单击选项卡上的标签,就可以进行页面的切换。

【例 6-12】 创建【学生信息浏览】窗体,在窗体中使用选项卡控件,一个页面显示"学生基本信息",另一个页面显示"学生选课成绩"信息。

在窗体中使用"选项卡"控件,在选项卡中使用"列表框"控件显示学生信息。

先使用向导建立选项卡控件,主要操作步骤如下。

(1)进入窗体【设计】视图。

(2)单击工具箱中的【选项卡控件】按钮,在窗体中选择要放置"选项卡"的位置单击,调整其大小。系统默认"选项卡"为 2 个页,用户可根据需要右击插入新页。

(3)打开"属性"对话框,分别设置页 1 和页 2 的"标题"格式属性为"学生基本信息"和"学生选课成绩",如图 6-43 所示。

(4)确保【工具箱】中的【控件向导】工具按钮已按下,在"学生基本信息"页面上添加一个【列表框】控件,用来显示学生基本信息的记录内容,操作步骤如下:

① 选中"学生基本信息"页面,单击工具箱中的【列表框】按钮,在"学生基本信息"选项卡的合适位置单击放入,系统显示【列表框向导】对话框之一,如图 6-44 所示。在此选

择【使用列表框查阅表或查询中的值】。

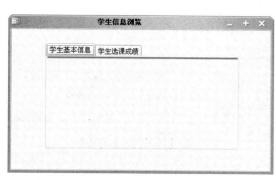

图 6-43　使用【选项卡控件】的窗体视图

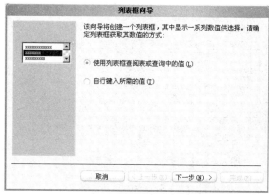

图 6-44　【列表框向导】对话框之一

② 单击【下一步】按钮，进入【列表框向导】对话框之二，如图 6-45 所示。选择为列表框提供数值的表或查询，在此选择"学生"表。

③ 单击【下一步】按钮，进入【列表框向导】对话框之三，如图 6-46 所示。选择列表框要显示的表或查询中的字段。

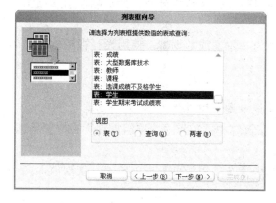

图 6-45　【列表框向导】对话框之二

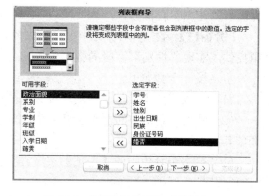

图 6-46　【列表框向导】对话框之三

④ 单击【下一步】按钮，进入【列表框向导】对话框之四，如图 6-47 所示。在列表框中显示出所有选择的表或查询中字段的列表，拖动各列右边框可以调整列的显示宽度。

⑤ 单击【完成】按钮，删除列表框的标签，适当调整列表框的大小。

⑥ 设置列表框的列标题属性，用于在列表框中显示列标题。单击列表框属性的【格式】选项卡，在"列标题"属性行中选择"是"。

用同样的方法，可在【学生选课成绩】选项卡中建立列表框，用来显示学生成绩信息。

由于建立选项卡控件主要是列表框控件的创建，使用设计视图建立选项卡控件的方法与组合框控件的建立方法基本相同，在此不做详细介绍。

4）创建图像控件

图像控件主要用于美化窗体，可以放置开发单位的图标等。图像控件的创建比较简单，单击工具箱中的【图像】按钮，在窗体的合适位置上单击，系统提示【插入图片】窗口，如图 6-48 所示，选择要插入的图片文件即可。

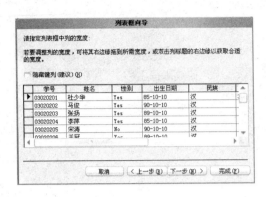

图 6-47 【列表框向导】对话框之四

图 6-48 【插入图片】对话框

5）创建选项组控件

选项组控件可以为用户提供必要的选择选项，用户只需进行简单的选取即可完成数据的录入，在操作上更直观、方便。"选项组"中可以包含复选框、切换按钮或选项按钮等控件。选项组控件的创建有使用向导和设计视图两种方法。

需要说明的是：使用选项组控件实现数据表字段的数据录入，要根据字段的类型来确定设计方法，例如"性别"字段，其类型可以是布尔型(True/False)、数据型(值为 1 和 2)和字符型(男/女)。若是布尔型或数据型，可以使用选项组控件；若是字符型，则不能使用选项组控件，可以使用组合框控件。

【例 6-13】 设"学生"表中的"性别"字段为布尔型或数据型，使用设计视图创建选项组控件，实现"性别"字段的数据录入。

主要设计步骤如下。

（1）进入窗体【设计】视图，设置窗体的【记录源】属性为"学生"表。

（2）单击工具箱中的【选项组控件】按钮，在窗体中要放置"选项组控件"的位置单击，调整其大小。

（3）单击工具箱中的【选项】按钮，在窗体中【选项组控件】框内单击，依次放入两个"选项按钮"，结果如图 6-49 所示。

（4）设置"选项组"的标签【标题】属性为"性别"，【控件来源】属性为"性别"字段。

（5）【选项按钮】属性的设置，首先分别在格式属性中设置 2 个"选项按钮"的"标题"为"男"和"女"；然后要根据"性别"字段的类型设置"选项按钮"数据属性中"选项值"。

若"性别"字段的类型为布尔型(True/False)，即"True"对应"男"，"False"对应"女"，则标题为"男"的"选项按钮"的"选项值"设为-1、为"女"的"选项按钮"的"选项值"设为 0。

若"性别"字段的类型为数据型(值为 1 和 2)，即"1"代表"男"，"2"代表"女"，则标题为"男"的"选项按钮"的"选项值"设为 1、为"女"的"选项按钮"的"选项值"设为 2，设置窗口如图 6-50 所示。

（6）保存设置，完成"选项组"控件的创建。

6）添加 ActiveX 控件

Access 2010 提供了功能强大的 ActiveX 控件，可直接在窗体中使用 ActiveX 控件添加并显示一些具有某一功能的组件，例如日历控件等。

添加 ActiveX 控件的方法如下。

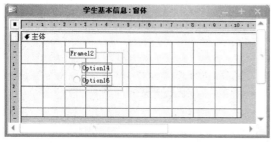

图 6-49　【选项组】控件设计窗口

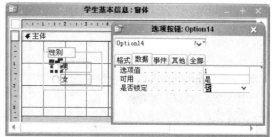

图 6-50　【选项按钮】控件【选项值】设置窗口

（1）在窗体【设计】视图中，单击工具箱中的【其他控件】按钮，系统显示 ActiveX 控件列表。

（2）从中选取需要的 ActiveX 控件，例如"日历控件"。

（3）在窗体上要放置"日历控件"的位置单击，调整其大小，结果如图 6-51 所示。

7）删除控件

窗体中添加的每个控件都被看作独立的对象，在设计视图中，可以用鼠标选中并操作控件。例如使用选中控件后四周出现的控制句柄，可以改变控件大小、移动控件位置等。若要删除控件，可以选择要删除的控件，按 Del 键，或选择【编辑】菜单下的【删除】命令，或右击，在弹出的快捷菜单中选择【剪切】命令，该控件将被删除。

如果要删除控件附加的标签，可以只单击控件前的标签，然后删除。

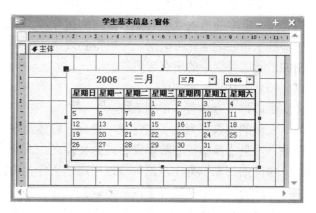

图 6-51　添加【日历控件】设计窗口

6.4　窗体与控件的其他应用设计

6.4.1　创建计算控件

1）表达式生成器

在窗体"设计"视图中，打开属性设置对话框，单击【表达式生成器】按钮"⬚"，打开【选择生成器】对话框，如图 6-52 所示。

在【选择生成器】对话框中，选中"表达式生成器"项，单击【确定】按钮，系统进入【表达式生成器】对话框，如图 6-53 所示。

"表达式生成器"由三部分组成，从上至下为：

（1）表达式文本框

生成器的上方是一个表达式文本框，可在其中创建表达式。使用生成器的其他部分可以创建表达式的元素，然后将这些元素粘贴到表达式文本框中以形成表达式。也可以直接在表达式文本框中键入表达式的组分部分。

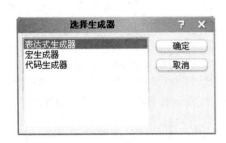

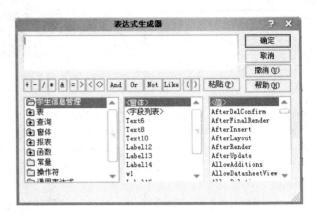

图 6-52 【选择生成器】对话框　　　　图 6-53 【表达式生成器】对话框

（2）运算符按钮

常用运算符的按钮位于生成器的中部。单击某个运算符按钮，【表达式生成器】将在表达式文本框中的插入点位置插入相应的运算符。单击左下角列表框中的【操作符】文件夹和中部框中相应的运算符类别，可以得到表达式中所能使用的运算符的完整列表。右侧的框列出的是所选类别中的所有运算符。

（3）表达式元素

生成器下方含有 3 个列表框。

左侧的列表框列出了包含表、查询、窗体及报表等数据库对象，以及内置和用户定义的函数、常量、操作符和常用表达式的文件夹。

中间的列表框列出左侧列表框中选定文件夹内特定的元素或特定的元素类别。例如，如果在左边的列表框中选择【内置函数】，中间的列表框便列出 Microsoft Access 函数的类别。

右侧的列表框列出了在左侧和中间列表框中选定元素的值。例如，如果在左侧的列表框中选择【函数】，并在中间列表框中选定了一种函数类别，则右侧的列表框将列出选定类别中所有的函数。

提示：将标识符复制到表达式中时，"表达式生成器"只能复制在当前环境中必需的标识符部分。例如，如果从"学生信息管理"窗体的属性设置对话框中打开"表达式生成器"，然后在表达式文本框中复制窗体的 Visible 属性的标识符，则"表达式生成器"只复制属性名称: Visible。如果在窗体的环境以外使用这个表达式，则必须包含完整的标识符: Forms![学生信息管理].Visible。

2）创建计算控件

在窗体设计中，经常需要添加一些控件，例如【文本框】控件，其显示内容不是从数据表的字段中直接取出的，而是需要通过多个字段计算其值。例如工资管理窗体中的应发工资、扣发工资和实发工资等项目，这些项目一般不作为字段设计到工资数据表中，在窗体中要显示这些项目的数据，只有通过计算得出。

例如在【学生信息管理】窗体设计中，不显示学生的出生年月，要显示年龄，可以通过添加计算控件实现，操作方法如下。

（1）进入【学生信息管理】窗体【设计】视图，添加一个【文本框】控件，命名其标签标题为"年龄"。

（2）打开【文本框】控件的属性设置对话框，设置其【控件来源】属性。

可以使用【表达式生成器】来创建表达式，也可以自己组合表达式元素来创建表达式。

① 使用表达式生成器。在【学生信息管理】窗体中，右击【年龄】文本框，打开属性设置对话框，单击【控件来源】文本框右侧的【表达式生成器】按钮，进入【表达式生成器】对话框。

使用"函数"和"表"文件夹选项，选择生成表达式元素，结果如图 6-54 所示。

然后单击【确定】按钮，即完成"年龄"计算控件的创建。

② 使用手动方式创建。假如对函数及表达式的语法比较熟悉，可以使用手动方法创建计算表达式。在【学生信息管理】窗体中，右击【年龄】文本框，打开属性设置对话框，在其"控件来源"文本框中直接输入表达式：=Year(date())-Year([出生日期])。

图 6-54　生成计算表达式窗口

完成上述设计后，在【学生信息管理】【窗体】视图中，【年龄】文本框将显示经过计算的学生年龄。需要提示的是：由于【年龄】文本框是非绑定型控件，输入或改变其值并不能保存到"出生日期"字段中。

6.4.2　查找记录

在数据表中可以查找数据。同样，在窗体中也可以使用"查找"命令来执行查找功能，具体操作方法如下（以"学生信息处理"窗体为例）。

（1）在【学生管理】数据库窗口中，单击【窗体】对象。

（2）打开【学生信息处理】【窗体】视图。

（3）单击窗体中的【姓名】后的文本框，用于定位要查找的字段范围。

（4）选择【编辑】菜单中的【查找】命令，打开【查找和替换】对话框。

（5）在【查找内容】对话框内输入要查找学生的姓名，然后单击【查找下一个】按钮。如果找到，窗体上将显示该条记录的内容；否则，提示未找到信息。

（6）单击【关闭】按钮，将对话框关闭。

6.4.3　显示提示信息

"控件提示文本"(ControlTipText)属性用于设置提示文本，当鼠标指针指向控件时，将显示设置的控件提示文本。

关于该属性的说明如下。

① ControlTipText 属性的设置文本不能多于 255 个字符。

② 可以使用控件的属性表、宏或 Visual Basic 来设置 ControlTipText 属性。

③ 对于窗体上的控件，可以使用默认控件样式或 Visual Basic 的 DefaultControl 方法来设置此属性的默认值。

④ 可以在任何视图中设置 ControlTipText 属性。

ControlTipText 属性提供了一种简捷的方法来显示窗体上控件的帮助信息。

对于窗体或窗体上的控件，还有一些其他方法来提供帮助信息。StatusBarText 属性用于将控件的有关信息显示在状态栏上。如果要对窗体或控件提供更广泛的帮助，可以使用 HelpFile 和 HelpContextId 属性。

6.4.4 创建与使用主/子窗体

子窗体是窗体中的窗体，在显示具有一对多关系的表或查询中的数据时，子窗体特别有效。例如，可以创建一个带有子窗体的主窗体，用于显示"学生"表和"成绩"表中的数据。

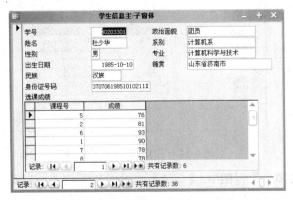

图 6-55 学生信息主/子窗体

主/子窗体的数据源必须建立一对多关系，"学生"表中的数据是一对多关系中的"一"端，而"成绩"表中的数据则是此关系中的"多"端，每个同学都可以有多门选修课，如图 6-55 所示。

在这类窗体中，主窗体和子窗体彼此链接，使子窗体仅显示与主窗体当前记录相关的记录。

如果用带有子窗体的主窗体来输入新记录，则在子窗体中输入数据时，Access 2010 就会保存主窗体的当前记录，这就可以保证在"多"端的表中每一记录都可与"一"端表中的记录建立联系。在子窗体中添加记录时，Access 2010 也会自动保存每一记录。

主窗体可以包含多个子窗体，还可以嵌套子窗体，最多可以嵌套 7 级子窗体。也就是说，可以在主窗体内包含子窗体，子窗体内可以再有子窗体等。例如，可以用一个主窗体来显示学生基本信息数据，用子窗体来显示选课成绩，再用另一个子窗体来显示图书借阅信息。

要创建子窗体，可以同时创建主窗体和子窗体，也可以创建子窗体并将其添加到已有的窗体中。关于使用窗体向导创建基于多表的主/子窗体，在【例 6-2】中已详细介绍。以下仅介绍将子窗体添加到已有窗体中的方法。

在添加子窗体之前，要确保已正确设置了表之间的关系。

（1）在窗体【设计】视图中打开要向其中添加子窗体的窗体，确保已按下了工具箱中的【控件向导】按钮。

（2）在工具箱中单击【子窗体/子报表】按钮。

（3）在窗体中要放置子窗体的位置单击。

（4）以下操作按照向导对话框的提示进行。

（5）最后，单击【完成】按钮后，Access 2010 将在已有的主窗体中添加一个子窗体控件，并为子窗体创建一个单独的窗体。

6.4.5 打印与预览窗体

可以在窗体的各个视图中打印窗体或预览窗体。

1）在"设计"、"窗体"或"数据表"视图中打印窗体

（1）在【文件】菜单中，选择【打印】命令。

（2）在【打印】对话框中，选择需要的打印选项，单击【确定】按钮。

Access 2010 如何打印窗体，取决于要打印的视图类型见表 6-9。

表 6-9 窗体的视图类型

视 图 类 型	窗体打印类型	视 图 类 型	窗体打印类型
【设计】视图	【窗体】视图	【数据表】视图	数据表
【窗体】视图	【窗体】视图		

如果不想指定【打印】对话框中的选项而直接打印窗体,可单击工具栏上的【打印】按钮。

2)在"数据库"窗口中打印窗体

(1)在【窗体】对象中,选择要打印的窗体。

(2)在【文件】菜单中,选择【打印】命令。

(3)在【打印】对话框中,选择需要的打印选项,单击【确定】按钮。

Access 2010 将在窗体的默认视图中打印窗体。

3)在"设计"、"窗体"或"数据表"视图中预览窗体

(1)单击工具栏上的【打印预览】按钮。

(2)单击工具栏上的【视图】按钮以返回到【设计】视图、【窗体】视图或【数据表】视图中。

4)在"数据库"窗口中预览窗体

(1)在【窗体】对象中,选择要预览的窗体。

(2)单击工具栏上的【打印预览】按钮。

Access 2010 在【打印预览】中如何显示窗体,取决于进行预览的视图类型,具体见表6-10。

表 6-10 打印预览时的窗体显示类型

视 图 类 型	窗体显示类型	视 图 类 型	窗体显示类型
【设计】视图	【设计】视图	【数据表】视图	数据表
【窗体】视图	【窗体】视图	【数据库】窗口	窗体默认视图

6.4.6 设计菜单

在 Access 2010 数据库窗口中,会看到含有【文件】、【编辑】、【视图】、【窗口】等菜单项的主菜单栏。如果某个菜单项可以展开,包含有其他的菜单项称为子菜单,如果它不再包含其他的菜单项称为命令。用户可在主菜单上添加自己定义的子菜单、命令;也可以在已有的子菜单里面添加子菜单、命令;也可以定义自己的菜单栏,然后向里面添加子菜单或命令。

1)定义自己的菜单栏

(1)选择【视图】菜单下的【工具栏】子菜单,然后选择【自定义】命令。显示【自定义】对话框的【工具栏】选项卡,如图 6-56 所示。

(2)单击【新建】按钮,打开【新建工具栏】对话框,如图 6-57 所示。

(3)输入工具栏名称,单击【确定】按钮,然后在【工具栏】选项卡中,选中该工具栏,单击【属性】对话框打开【工具栏属性】对话框,如图 6-58 所示。

(4)选择"类型"为"菜单栏",其他选项视具体情况而定,关闭【工具栏属性】对话框,拖动新建的菜单栏停靠在标题栏下面。

2)向菜单栏或工具栏添加自定义菜单

(1)选择【视图】菜单下的【工具栏】子菜单,然后选择【自定义】命令,打开【自定义】对话框。

图 6-56 【自定义】对话框的【工具栏】选项卡   图 6-57 【新建工具栏】对话框

（2）切换到【命令】选项卡，在"类别"列表框中，单击"新菜单"，系统提示如图 6-59 所示。

（3）将"新菜单"从"命令"列表框拖动到显示的菜单栏或工具栏上，右击菜单栏或工具栏上的新菜单，在弹出的快捷菜单的"命名"文本框中输入新菜单名称，按 Enter 键确定。

图 6-58 【工具栏属性】对话框   图 6-59 【自定义】对话框中的【命令】选项卡

3）向菜单中添加命令

（1）选择【视图】菜单中的【工具栏】子菜单，然后选择【自定义】命令打开【自定义】对话框。

（2）切换到【命令】选项卡。

（3）在【类别】列表框中，可选择的项目，见表 6-11，从中选择一个。

表 6-11   菜单命令类别

可以添加的项目	对应的单击操作
自定义命令	"文件"菜单中选"自定义"命令
内置命令	相应的菜单或视图类别
浏览 HTML 页的按钮	"Web"
操作 SourceSafe 的按钮	"源代码控制"
创建自定义控件的命令	ActiveX 控件
按照其默认视图显示窗体、报表或其他数据库对象的命令	下列之一："所有表"、"所有查询"、"所有窗体"、"所有报表"、"所有 Web 页"
运行宏的命令	所有宏

将需要的命令从"命令"列表框拖到菜单栏、快捷菜单工具栏或其他工具栏上。当菜单显示菜单命令的列表(新菜单是空白框)时，将鼠标指向菜单上要显示命令的地方，然后释放鼠标。

对于自定义命令要设置它的执行动作，自定义菜单也可以设置相应的动作，但一般不推荐这样做。

要设置自定义命令的动作，可按以下方法操作。

① 选择【视图】菜单下的【工具栏】子菜单，然后选择【自定义】命令。

② 显示自定义命令所在的工具栏。

③ 保持【自定义】对话框处于打开状态，在工具栏的按钮上右击，在弹出的快捷菜单中选择【属性】命令，打开如图 6-60 所示的对话框(以自定义工具栏的新菜单为例)。

在"所在操作"列表框中，输入或选择要执行的动作。　图 6-60　自定义命令属性设置对话框
如果是已定义的宏，直接选择即可，如果要执行 VBA 函数，则输入所要执行的函数的名称，格式为 =functionname()。例如，对于名为 SetCaption() 的自定义函数，输入=SetCaption()。对于内置函数，则输入函数的名称和其他所需的参数，如 =MsgBox(IIf(Instr(Time(), "PM"), "Good Afternoon", "Good Morning"))。

6.5　窗体外观格式设计

在窗体的【设计】视图中，有工具箱、窗体设计和格式(窗体/报表)工具栏。用户在进行设计时，需要充分利用这些工具以及窗体的快捷菜单。

例如，可使用直线或矩形适当分隔和组织控件，对一些特殊控件使用特殊效果，对显示的文字使用颜色和各种各样的字体，均可以美化窗体。

6.5.1　加线条

利用工具箱中的【直线】和【矩形】按钮可以为窗体添加直线和矩形，然后修改其属性，将其他控件加以分隔和组织，从而大大增强窗体的可读性。

例如，要向窗体添加直线，主要操作步骤如下。

（1）单击工具箱中的【直线】按钮。

（2）单击窗体的任意处可以添加默认大小的直线，如果要添加任意大小的直线，则可以拖动鼠标。

（3）单击刚添加的直线，通过拖动直线的移动手柄以调整直线的位置，选择或移动控件时按下 Shift 键，可保持该控件在水平或垂直方向上与其他控件对齐。可以只水平或垂直移动控件，这取决于首先移动的方向。如果需要细微地调整控件的位置，更简单的方法是按下 Ctrl 键和相应的方向键。以这种方式在窗体中移动控件时，即使"对齐网格"功能为打开状态，Access 2010 也不会将控件对齐网格。拖动直线的大小手柄，以调整直线的长度和角度，如果想要细微地调整窗体中控件的大小，更简单的方法便是按下 Shift 键，并使用相应的方向键。要修改直线的属性，首先右击直线，在弹出的快捷菜单中选择【属性】命令，然后激活【格式】选项卡进行设置。

6.5.2 加矩形

为窗体添加矩形，其操作方法与添加直线相同，而且矩形与直线的同名属性具有相似的作用。Access 2010 为控件提供了 6 种特殊效果，即平面、凸起、凹陷、阴影、蚀刻和凿痕。其他控件如果有"特殊效果"(SpecialEffect)，属性也与此类似。

"特殊效果"属性设置影响相关的"边框样式"(BorderStyle)、"边框颜色"(BorderColor)和"边框宽度"(BorderWidth)属性设置。例如，如果特殊效果属性设为"凸起"，则忽略"边框样式"、"边框颜色"和"边框宽度"设置。另外，更改或设置"边框样式"、"边框颜色"和"边框宽度"属性会使 Access 2010 将"特殊效果"属性设置更改为"平面"。

当设置文本框的"特殊效果"属性为"阴影"时，文本在垂直方向上显示的面积会减少。可以调整文本框的"高度"(Height)属性来增加文本框的显示面积。

6.5.3 设置控件格式属性

除了如前所述的可以设置控件的特殊效果、控件上的文本颜色外，还可以通过调整控件的大小、位置等来改变窗体的布局。

1）选择控件

选择控件包括选择一个控件和选择多个控件。要选择多个控件，首先按下 Shift 键，然后依次单击所要选择的控件。在选择多个控件时，如果已经选择了某控件后又想取消选择此控件，只要在按住 Shift 键的同时再次单击该控件即可。

通过拖动鼠标包含控件的方法选择相邻控件时，需要圈选框完全包含整个控件。如果要求圈选框部分包含时即可选择相应控件，需作进一步的设置。选择【工具】菜单中的【选项】命令，在【选项】对话框中激活【窗体/报表】选项卡，然后将"选中方式"设置成"部分包含"。通过上述设置后，当选择控件时，只要矩形接触到控件就可以选择控件，而不需要完全包含控件。

2）移动控件

要移动控件，首先选择控件，然后移动鼠标指向控件的边框，当鼠标指针变为手掌形时，即可拖动鼠标将控件拖到目标位置。

当单击组合控件两部分中的任一部分时，Access 2010 将显示两个控件的移动控制句柄，以及所单击的控件的调整大小控制句柄。如果要分别移动控件及其标签，应将鼠标指针放在控件或标签左上角处的移动控制句柄上，当指针变成向上指的手掌图标时，拖动控件或标签可以移动控件或标签。如果指针移动到控件或其标签的边框(不是移动控制句柄)上，指针变成手掌图标时，可以同时移动两个控件。

对于复合控件，即使分别移动各个部分，组合控件的各部分仍将相关。如果要将附属标签移动到另一个节而不想移动控件，必须使用"剪切"及"粘贴"命令。如果将标签移动到另一个节，该标签将不再与控件相关。

在选择或移动控件时按下 Shift 键，保持该控件在水平或垂直方向上与其他控件对齐，可以水平或垂直移动控件，这取决于首先移动的方向。如果需要细微地调整控件的位置，更简单的方法是按下 Ctrl 键和相应的方向键。

3）调整控件大小

单击要调整大小的一个控件或多个控件，拖动调整大小控制句柄，直到控件变为所需的大小；也可以通过属性设置来改变控件的大小，右击所选择的控件，在弹出的快捷菜单中选择【属性】命令，在相应控件的属性设置对话框中选择【格式】选项卡，分别在"宽度"和"高度"文本框中输入控件的宽度和高度；按下 Shift 键，并使用相应的方向键可以细微地调整控件的大小；要调整控件的大小正好容纳其内容，则选择要调整大小的一个控件或多个控件，然后在【格式】菜单中，选择【大小】子菜单中的【正好容纳】命令，Access 2010 将根据控件内容确定其宽度和高度。

4）对齐控件

在设计窗体时应该正确排列窗体的各控件。对齐控件包括使控件相互对齐和使用网格对齐控件两种情况。

（1）使用网格对齐控件

首先选择要调整的控件，然后选择【格式】菜单中【对齐】子菜单中的【对齐网格】命令。

如果网格上点与点之间的距离需要调整，在设置窗体属性的对话框中选择【格式】选项卡，如果要更改水平点，为"网格线 X 坐标"属性输入一个新值。如果要更改垂直点，则为"网格线 Y 坐标"属性输入一个新值。数值越大表明点间的距离越短。网格的默认设置为水平方向每英寸 24 点，垂直方向每英寸 24 点。如果用厘米作为测量单位，则网格设置为10×10。这些设置可以更改为 1~64 的任何整型值。如果选择了每英寸多于 24 点或每厘米多于 9 点的设置，则网格上的点将不可见。

（2）使控件互相对齐

首先选择要调整的控件，这些控件应在同一行或同一列，然后选择【格式】菜单中的【对齐】子菜单，再选择下列其中一项命令。

① 靠左：把控件的左缘对齐最左边控件的左缘；

② 靠右：把控件的右缘对齐最右边控件的右缘；

③ 靠上：把控件的上缘对齐最上面控件的上缘；

④ 靠下：把控件的下缘对齐最下面控件的下缘。

如果选定的控件在对齐之后可能重叠， Access 2010 会将这些控件的边相邻排列。

5）修改控件间隔

（1）平均间隔控件

选择要调整的控件（至少 3 个），对于有附属标签的控件，应选择控件，而不要选择其标签。选择【格式】菜单中的【水平间距】或【垂直间距】子菜单，然后再选择【相同】命令，Access 2010 将这些控件等间隔排列。实际上只有位于中间的控件才会调整，而顶层与底层的控件位置不变。

（2）增加或减少控件之间的间距

选择要调整的控件，选择【格式】菜单中的【水平间距】或【垂直间距】子菜单，然后再选择【增加】或【减少】命令。 在控件之间的间距增加或减少时，最左侧(水平间距)及最顶端(垂直间距)的控件位置不变。

6.5.4　使用 Tab 键设置控件次序

在设计窗体时，特别是数据录入窗体，需要窗体中的控件按一定的次序响应键盘，便于用户操作，在【设计】视图中，Tab 键次序通常是控件的创建次序。可以使用【视图】菜单中的【Tab 键次序】命令重新设置窗体控件次序。

在【设计】视图中，打开窗体或数据访问页，执行下列操作之一。

（1）更改窗体中的 Tab 键次序

打开窗体的"设计"视图，选择"视图"菜单中的【Tab 键次序】命令，打开【Tab 键次序】对话框，如图 6-61 所示。

如果希望 Access 2010 创建从左到右，从上到下的 Tab 键次序，单击【自动排序】按钮。

如果希望创建自定义 Tab 键次序，在"自定义顺序"列表中，单击选定要移动的控件(单击并进行拖动可以一次选择多个控件)，然后再次单击拖动控件到列表中所需的地方。

（2）更改数据访问页中的 Tab 键次序

打开数据访问页"设计"视图，选择要按照 Tab 键次序移动的控件，打开控件的属性设置对话框，在 TabIndex 文本框中，键入新的 Tab 键次序，如图 6-62 所示。

图 6-61 【Tab 键次序】对话框

图 6-62 设置控件的 Tab 键次序

（3）从 Tab 键次序中移除控件

在窗体或数据访问页【设计】视图中，选择要从 Tab 键次序中移除的控件，然后打开控件的属性设置对话框，执行下列操作之一。

① 如果控件在窗体中，则在"TabStop"(制表位)属性框中，单击【否】按钮。只要控件的"可用"属性设为"是"，就仍可以通过单击该控件选定它。

② 如果控件位于数据访问页中，则将 TabIndex 属性设为–1。只要控件的 Disabled 属性设为 False，就仍可以通过单击该控件选定它。

（4）更改窗体中最后一个字段的 Tab 键行为

如图 6-63 所示的【窗体】属性设置对话框，在【循环】属性框中，选择下列设置：

① 所有记录。表示在最后一个字段中按 Tab 键，焦点将移动到下一记录中的第一个字段。

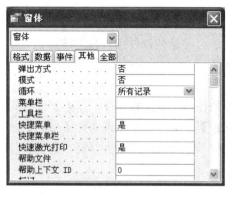

图 6-63 【窗体】属性设置对话框

② 当前记录。表示在最后一个字段中按 Tab 键，焦点将移回到当前记录中的第一个字段。

③ 当前页。表示在窗体页面的最后一个字段中按 Tab 键，焦点将移回到当前页面中的第一个字段。

提示：只能在窗体中更改最后一个字段的 Tab 键行为。

6.6 上 机 实 训

实 训 一

一、实验目的

- 熟练创建窗体的方法。
- 窗体中控件对象的使用
- 窗体及控件的属性设置与事件的设计方法

二、实验过程

创建一个名为"学生信息"的窗体对象（如图 6-64 所示），具体要求如下。

（1）以数据库中的学生表为数据源，建立一个用于显示和输入学生信息的窗体。

（2）对其中的专业字段，构造一个选项组控件，专业字段提供 3 个选项，分别是：计算机信息管理、国际贸易、电子商务。默认值选为"计算机信息管理"。

（3）选项组的标题设定为"专业"。

操作步骤如下。

（1）按 F11 键切换到【数据库】窗口。

（2）在【数据库】窗口中，单击【对象】栏下的【窗体】，然后双击【在设计视图中创建窗体】快捷方式，出现【窗体】设计窗口。

（3）调整窗体大小。

（4）右击窗体（不要单击网格），在弹出的快捷菜单中选择【属性】命令；打开【窗体属性】对话框。

（5）在【属性】窗口中单击【数据】选项

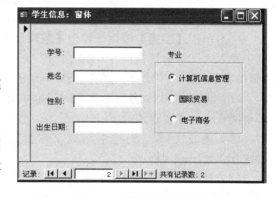

图 6-64　"学生信息"窗体

卡，在"记录源"下拉表中选择"学生表"，关闭"窗体属性"对话框。

（6）根据图示将学号、姓名、性别、出生日期字段拖动到设计网格的指定位置。

（7）创建"专业"选项组控件如下。

① 单击【选项组】按钮，然后在窗体上单击，出现【选项组向导】对话框，在对话框之一的"标签名称"中输入所需的选项，分别是"计算机信息管理"、"国际贸易"和"电子商务"。

② 单击【下一步】按钮，在第 2 个对话框中，选择"是，默认选项是"再选择"计算机信息管理"。

③ 单击【下一步】按钮，再单击下一步，在第 4 个对话框中，选择【在此字段中保存该值】，在其后面选择"专业"。

④ 单击【下一步】按钮，在第 5 个对话框中指定按钮类型，选择【选项按钮】。

⑤ 单击【下一步】按钮，在第 6 个对话框中的请为选项组指定标题处输入"专业"。

⑥ 单击【完成】按钮，创建完毕。

（8）切换到"窗体视图"查看效果。

（9）单击工具栏上的【保存】按钮，为新建的窗体命名并保存。

实　训　二

一、实验目的
- 掌握创建窗体的方法。
- 掌握通过创建切换面板将多页窗体联系起来。

二、实验过程
（1）分别创建 "读者信息"、"图书类型/图书" 主/子窗体和 "管理员/图书" 多页窗体。

（2）3 个窗体通过创建切换面板联系起来，形成一个界面统一的数据库系统。

实验步骤如下。

（1）打开的 "图书管理" 数据库窗口，在【工具】菜单中选择【数据库实用工具】，执行【切换面板管理器】命令，如果数据库中不存在切换面板，会出现系统询问是否要创建新的切换面板对话框，单击【是】按钮。弹出【切换面板管理器】窗口。

（2）单击【新建】按钮，在弹出的对话框的 "切换面板页名" 文本框中输入 "图书管理系统"。

（3）单击【确定】按钮，在 "切换面板管理器" 窗口中添加了 "图书管理系统" 项。

（4）选择【图书管理系统】，单击【编辑】按钮，弹出【编辑切换面板页】对话框。

（5）单击【新建】按钮，弹出【编辑切换面板项目】对话框。在对话框的【文本】文本框中输入 "读者信息查询"，在 "命令" 下拉列表中选择 "在'编辑'模式下打开窗体"，在 "窗体" 下拉列表中选择 "读者信息"，单击【确定】按钮，回到【切换面板页】对话框。

（6）此时，在 "切换面板页" 对话框中就创建了一个项目，重复（4）、（5）步，新建 "读者借阅查询" 和 "管理员/图书信息"。

（7）重复（4）、（5）步，在【文本】文本框中输入 "退出系统"，在 "命令" 下拉列表中选择 "退出应用程序"。

（8）此时在 "编辑切换面板页" 对话框中已经创建 4 个项目。单击【关闭】按钮。回到 "切换面板管理器" 窗口。

（9）在 "切换面板管理器" 窗口选择 "图书管理系统"，单击【创建默认】按钮，使新创建的切换面板加入到窗体对象中，单击【关闭】按钮。

习　题

一、选择题

1．不属于 Access 窗体的视图是_____。
　（A）设计视图　　（B）窗体视图　　（C）版面试图　　（D）数据表视图

2．用于创建窗体或修改窗体的是_____。
　（A）设计视图　　（B）窗体视图　　（C）数据表视图　　（D）透视表视图

3．"特殊效果" 属性值用于设定控件的显示特效，下列属于 "特殊效果" 属性值的是_____。
①"平面"、②"颜色"、③"凸起"、④"蚀刻"、⑤"透明"、⑥"阴影"、⑦"凹陷"、⑧"凿痕"、⑨"倾斜"
　（A）①②③④⑤⑥　　　　　　（B）①③④⑤⑥⑦
　（C）①④⑥⑦⑧⑨　　　　　　（D）①③④⑥⑦⑧

4．窗口事件是指操作窗口时所引发的事件，下列不属于窗口事件的是_____。

（A）加载　　　　（B）打开　　　　　（C）关闭　　　　　（D）确定

5．窗体是 Access 数据库中的一个对象，通过窗体用户可以完成下列哪些功能？_____。

①输入数据　②编辑数据　③存储数据　④以行、列形式显示数据

⑤显示和查询表中的数据　⑥ 导出数据

　（A）①②③　　　（B）①②④　　　（C）①②⑤　　　（D）①②⑥

二、填空题

1．窗体中的数据主要来源于_____和_____。

2．创建窗体可以使用_____和使用_____两种方式。

3．窗体中的窗体称为_____，其中可以创建为_____式或数据表窗体。

4．窗体由多个部分组成，每个部分称为一个_____，大部分的窗体只有_____。

5．对象的_____描述了对象的状态和特性。

6．在创建主/子窗体之前，必须设置_____之间的关系。

三、思考题

1．什么是窗体？窗体的主要作用是什么？

2．窗体有哪几种类型？各具有什么特点？

3．窗体的主要创建方法有哪些？

4．子窗体有何用处？如何建立主/子窗体？

5．窗体的设计视图有何组成？各有什么用途？

6．工具箱有哪些常用的控件对象？各有何用处？

7．举例说明组合框的设计方法。

8．举例说明列表框的设计方法。

9．举例说明选项组的设计方法。

10．常用的窗体格式属性有哪些？

11．文本框控件的主要常用属性有哪些？各具有什么作用？

12．如果要对命令按钮的"单击"事件编程，应该如何操作？

13．在窗体数据源中可以使用多少个表或查询？为什么？

第7章 报表设计

【学习要点】
> 掌握利用 Access 创建自动报表
> 掌握利用 Access 向导创建报表
> 掌握利用 Access 设计器创建报表

【学习目标】
　　通过对本章内容的学习，对 Access 2010 数据库中数据报表的使用，将数据库中的数据信息和文档信息以多种形式打印或通过屏幕显示出来。用户可以利用报表，有效地将数据输出，从中检索有用信息。了解和掌握报表创建的 3 种基本形式。

7.1　创建自动报表

　　创建自动报表数据库中的表、查询和窗体都有打印的功能，可以打印比较简单的信息，但这都不是打印数据库中数据的最好方式，最好的方式是使用报表。报表是数据库中数据信息和文档信息输出的一种形式，Access 2010 报表的功能非常强大，也极易掌握，能制作出精致、美观的专业性报表。报表的数据来源可以是数据表或查询，报表可对数据进行分组、计算、汇总处理。

　　利用创建自动报表向导可以创建纵栏式自动报表和表格式自动报表。创建自动报表向导基于单个表或查询，生成包含来自该数据的所有字段和记录。

7.1.1　创建纵栏式报表

　　Access 2010 "自动报表" 方式是创建报表最快捷的方法，可以快速根据表或查询创建出以列的形式显示记录数据的纵栏式报表。

　　【例 7-1】　通过 "自动报表" 方式，根据 "学生优秀成绩" 表创建 "学生优秀成绩" 纵栏式报表对象。操作步骤如下。

　　（1）打开 "教学信息管理" 数据库。在数据库窗口 "对象" 栏选中 "表" 对象中的 "学生优秀成绩" 表。

　　（2）在主窗口工具栏中单击【自动报表】按钮，如图 7-1 所示。

　　（3）生成报表对象，如图 7-2 所示。

　　（4）在主窗口菜单栏中，执行【文件】|【保存】命令，保存报表对象为 "学生优秀成绩-纵栏式"。

　　纵栏式报表将数据表的记录以垂直方式排列，然后在排列好的字段内显示数据。

　　提示：使用纵栏式报表可以创建一个或两个垂直的列，各个字段的名称都显示在该字段的左侧。纵栏式报表的主要特点是：一次只显示一条记录的多个字段，字段标题信息不是在页面页眉中，而是在主体节中。

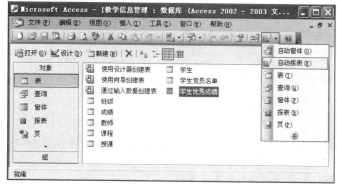

图 7-1　生成自动报表

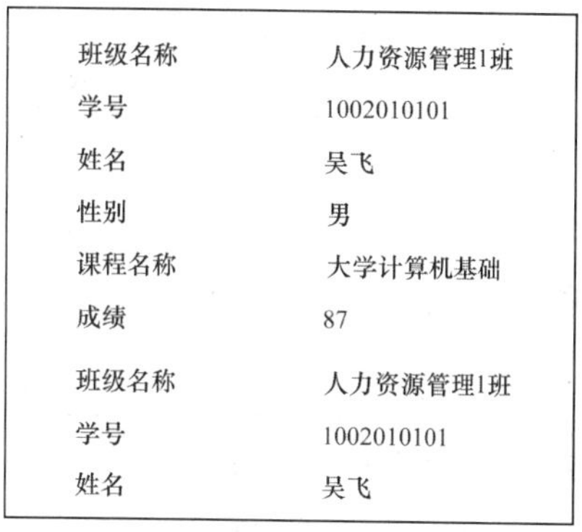

图 7-2　纵栏式报表

7.1.2　创建表格式报表

Access 2010 "自动报表" 方式是创建报表最快捷的方法。可以快速根据表或查询创建出以行的形式显示记录数据的表格式报表。

【例 7-2】　通过 "自动报表" 方式，根据 "学生优秀成绩" 表创建 "学生优秀成绩" 表格式报表对象。操作步骤如下。

（1）打开 "教学信息管理" 数据库窗口，在 "对象" 栏选中的 "报表" 对象，单击数据库窗口工具栏中的【新建】按钮，弹出【新建报表】对话框，选择【自动创建报表：表格式】选项，在【请选择该对象数据的来源或查询】文本框中，选择 "学生优秀成绩" 表，如图 7-3 所示，单击【确定】按钮。

（2）生成表格式报表，如图 7-4 所示。

（3）保存报表为 "学生优秀成绩-表格式" 报表。

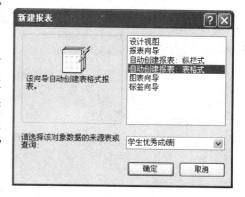

图 7-3　选择创建方式

表格式报表以行、列的形式显示数据记录，一行显示一条记录，一页显示多条记录，记录数据的字段标题信息放在页面页眉中。

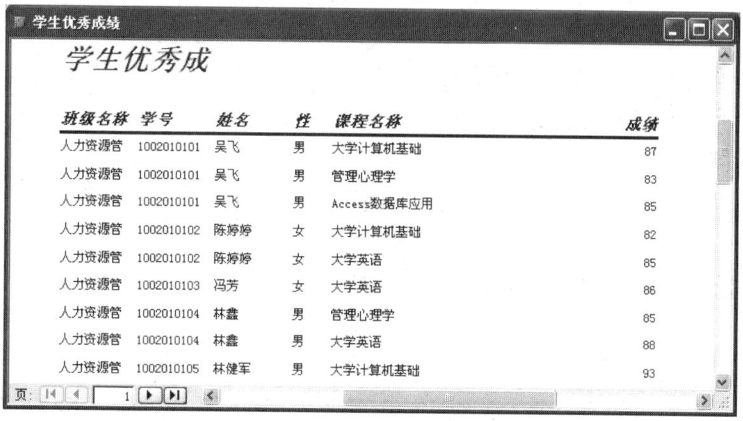

图 7-4　表格式报表

7.2 通过向导创建报表

用向导创建报表是快速生成报表的方式之一。

7.2.1 创建多对象报表

自动报表虽然快捷，但数据来源只能是一个表或查询，如果数据来源于多个表或查询时，可以使用报表向导较方便快捷生成用户所需的报表。

【例7-3】 通过向导创建"学生成绩"报表，数据源为"学生"、"成绩"、"课程"3个表，显示"学号"、"姓名"、"课程名称"、"成绩"。操作步骤如下。

（1）打开"教学信息管理"数据库窗口。选择"报表"对象，双击【使用向导创建报表】，弹出【报表向导】对话框，选择"学生"表中的"学号"、"姓名"，"课程"表中的"课程名称"，"成绩"表中的"成绩"，如图7-5所示，单击【下一步】按钮。

（2）弹出【请确定查看数据的方式】对话框，选择【通过学生】，如图7-6所示，单击【下一步】按钮。

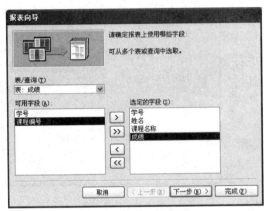

| 图7-5 选择报表数据源 | 图7-6 确定查看数据的方式 |

（3）弹出【请确定是否添加分组级别】对话框，不选择分组，单击【下一步】按钮。

（4）弹出【请确定明细信息使用的排序次序和汇总信息】对话框，选择按"成绩"升序排列。如图7-7所示，单击【下一步】按钮。

（5）弹出"请确定报表的布局方式"对话框，选择布局"分级显示1"，方向"纵向"，如图7-8所示，单击【下一步】按钮。

（6）弹出【请确定所用样式】对话框，选择"正式"，如图7-9所示，单击【下一步】按钮。

（7）弹出【请为报表指定标题】对话框，输入"学生成绩"，如图7-10所示，单击【完成】按钮。

（8）生成报表对象，如图7-11所示，保存该报表对象为"学生成绩"。

【例7-4】 通过向导创建"学生成绩汇总"报表，数据源为"学生"、"成绩"、"课程"3个表，以"学号"分类，汇总成绩平均分，报表显示"学号"、"姓名"、"课程名称"、"成绩"。操作步骤如下。

（1）与【例 7-3】基本一致，在弹出【请确定明细信息使用的排序次序和汇总信息】对话框中，选择按【成绩】升序排列。单击【汇总选项】，弹出【汇总选项】对话框，选择成绩的"平均"汇总，如图 7-12 所示，单击【确定】按钮，返回上一层对话框，单击【下一步】按钮。

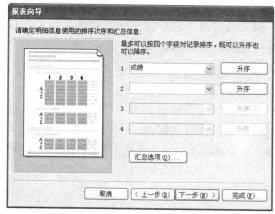

图 7-7　确定明细信息使用的排序次序和汇总信息

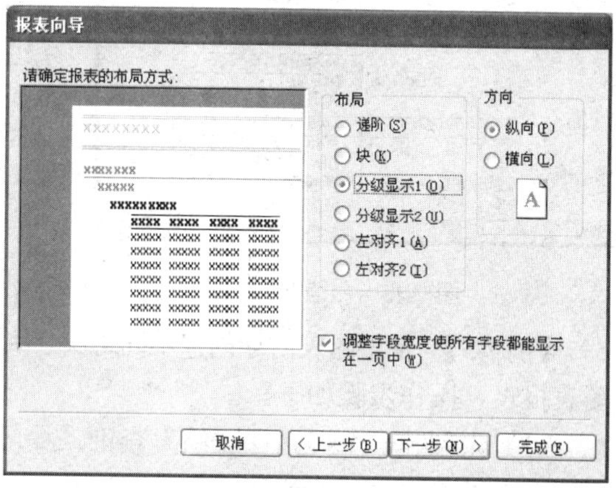

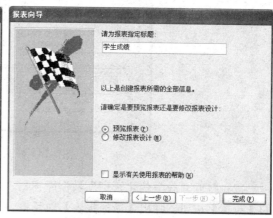

图 7-8　确定报表使用的布局方式

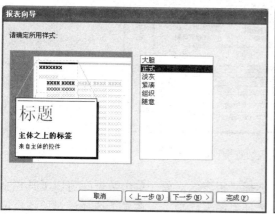

图 7-9　确定使用样式

图 7-10　指定报表标题

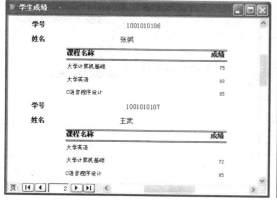

图 7-11　生成报表

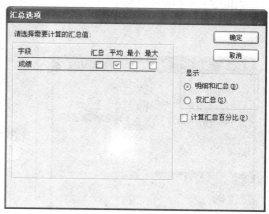

图 7-12　"汇总选项"对话框

（2）确定布局方式为块，标题为"学生成绩平均分"，报表结果如图 7-13 所示。

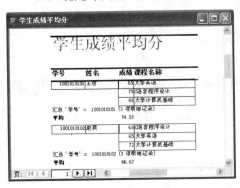

图 7-13　报表视图

提示：（1）数据源来于多个对象时，一定要先建立它们之间的关系。

（2）进行汇总计算时，提示分组，在确定查看方式时为第 1 次分组，是否添加分组级别是第 2 次分组，如果只需要一次分组，就不需要添加分组级别，否则出现两次汇总结果。

7.2.2　创建图表报表

图表具有直观的特点，可以使用图表向导生成以图表形式显示数据的报表。

【例 7-5】　使用图表向导创建不同班级"大学计算机基础"、"大学英语"两门课的平均分图表报表。操作步骤如下。

（1）先创建一个"两课成绩"查询，如图 7-14 所示。

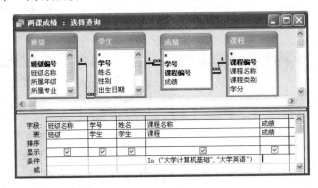

图 7-14　两课成绩查询设计

（2）打开"教学信息管理"数据库窗口，选择"报表"对象，单击数据库窗口工具栏上的【新建】按钮，弹出【新建报表】对话框，选择"图表向导"，在【请选择该对象数据的来源表或查询】下拉列表中选择"两课成绩"查询，单击【确定】按钮，如图 7-15 所示。

（3）弹出【图表向导】对话框，选择图表字段，如图 7-16 所示，单击【下一步】按钮。

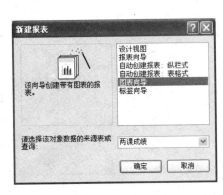

图 7-15　选择图表向导

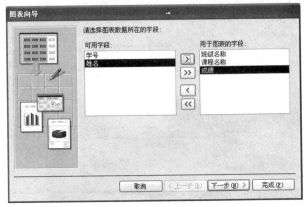

图 7-16　选择图表字段

（4）弹出选择图表类型，选择"柱形图"，如图 7-17 所示，单击【下一步】按钮。

（5）弹出【预览图表】对话框，双击"求和成绩"，选择"平均值"，如图 7-18 所示，单击【确定】按钮，返回"图表向导"，单击【下一步】按钮。

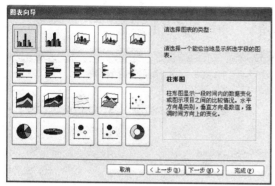
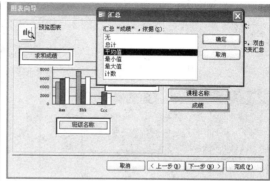

图 7-17　选择图表类型　　　　　　　　　　图 7-18　修改汇总方式

（6）弹出【请指定图表的标题】对话框，输入"两课成绩平均分"，如图 7-19 所示，单击【完成】按钮。

（7）生成报表如图 7-20 所示，保存"两课平均分图表"报表。

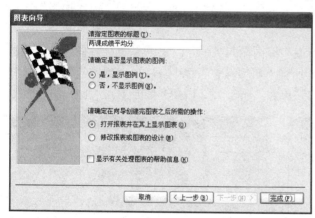

图 7-19　指定图表标题　　　　　　　　　　图 7-20　预览图表报表

提示：（1）图表的数据源只能来源于单表或查询。

（2）图表字段可以选择两个分类字段和一个数字字段，分类字段一个作为分类轴，一个作为类的成员；数字字段用于计算。

（3）在设计视图中，选中图表，执行"编辑"|"图表对象"|"编辑"命令，可对对图表进一步编辑。

7.2.3　创建标签报表

标签在现代商务工作中经常使用，如学生标签、物品标签等。Access 2010 在报表设计中加入了对标签的设计和对打印的支持。用户可以手工设计标签，也可以利用标签向导快速生成所需的标签。

【例 7-6】 通过向导创建"学生标签"报表，数据源为"学生"表。操作步骤如下。

（1）打开"教学信息管理"数据库窗口，选择"报表"对象，单击数据库窗口工具栏上的【新建】按钮，弹出【新建报表】对话框，选择"标签向导"，在【请选择该对象数据的来源表或查询】下拉列表中选择"学生"表，如图 7-21 所示，单击【确定】按钮。

（2）弹出确定标签大小对话框，如图 7-22 所示，单击【下一步】按钮。

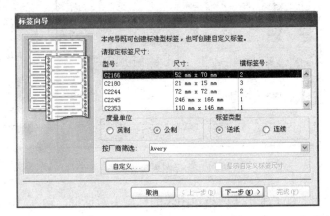

图 7-21 【新建报表】对话框   图 7-22 确定标签大小对话框

（3）弹出标签文字格式对话框，设置"字号"为"16"，"字体粗细"为"加粗"，如图 7-23 所示，单击【下一步】按钮。

（4）确定标签内容，首先在"原型标签"框内输入"学号："，再从"标签向导"对话框的"可用字段"栏中选择"学号"字段添加到"原型标签"栏中。在"原型标签"栏第 1 行末按 Enter 键转到第 2 行，同理输入标签显示内容，如图 7-24 所示，单击【下一步】按钮。

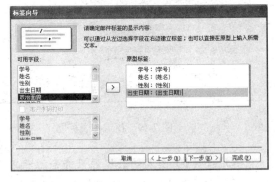

图 7-23 确定标签文字格式   图 7-24 确定标签内容

（5）确定标签排序依据，在【标签向导】对话框"可用字段"栏中选择"学号"字段添加到"排序依据"栏中，如图 7-25 所示，单击【下一步】按钮。

（6）确定标签报表对象的名称，输入"学生标签"，选择"查看标签的打印预览"选项，如图 7-26 所示，单击【完成】按钮。

（7）自动创建报表，向导自动创建学生标签报表如图 7-27 所示。

提示：（1）通过向导创建的标签报表数据源只能来源于单表或查询。

（2）可以设计标签大小及一行显示的个数。

（3）标签上的文字如果是固定的，可以在确定标签内容时直接输入。

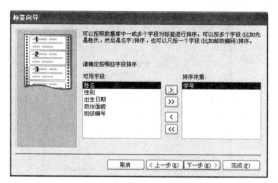

图 7-25 确定标签排序依据   图 7-26 确定标签报表对象的名称

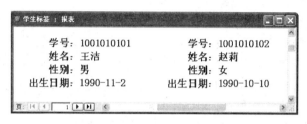

图 7-27 标签报表预览

7.3 通过设计器创建报表

使用前面介绍的各种创建方法建立的报表，由于格式简单、数据处理的功能较弱，总会或多或少存在与实际应用不符的地方。使用 Access 2010 提供的报表设计器，既可以设计出格式与功能更完善的报表，又能对前面所讲的各种创建方法所建立的报表进行修改，以满足用户的实际需要。

7.3.1 创建简单报表

通过设计器可以从无到有创建报表，以及建立报表与数据之间的联系，是设计报表的主要方法。

【例 7-7】 通过设计视图创建"学生成绩信息查询"报表。以行的形式显示"学号"、"姓名"、"课程名称"、"成绩"等数据。操作步骤如下。

（1）打开"教学信息管理"数据库，选择"报表"对象，双击【在设计视图中创建报表】，打开一个空白的报表，如图 7-28 所示，默认情况下，空白报表包含页面页眉、主体和页面页脚 3 部分。

（2）单击工具栏上的【保存】按钮，将空白报表存为"学生成绩信息查询"报表。

（3）为报表指定数据源，双击工具栏上的【属性】按钮，打开【报表】属性对话框。从下拉列表中选择"报表"，选择"数据"选项卡，在"记录源"属性下拉列表中选择查询对象"学生成绩查询"，如图 7-29 所示。提示：指定的数据记录源只能来自一个表或查询，如果要从多个表或查询中选择数据，要先创建一个包含多个表字段的查询。

图 7-28　空白报表

图 7-29　"报表"属性对话框

（4）执行【视图】|【报表页眉/页脚】命令，添加报表页眉/页脚节。单击工具箱中的【标签】按钮，在"报表页眉"节中显示标题的位置上单击插入标签，输入文字"学生成绩查询"，并通过其属性对话框设置字体为"黑体"、大小为"18"，设置结果如图 7-30 所示。

（5）从字段列表框中拖动需要的字段到报表主体，会自动出现绑定型文本框以及附加的标签控件。如果字段列表没有显示，单击工具栏上的【字段列表】按钮。

剪切字段的附加标签，复制到页面页眉中，附加标签与绑定文本框一定要垂直对齐，前3 个左对齐，"成绩"右对齐。

调整各节的大小空间，因为页面页脚与报表页脚节中不显示任何内容，可以将页面页脚与报表页脚标题栏向上移动，使该节没有任何内容或只有少量空间。设计报表如图 7-31 所示。

图 7-30　设置报表标题

图 7-31　设计报表控件

（6）单击【视图】按钮，可切换到版面预览视图。创建的报表对象如图 7-32 所示。

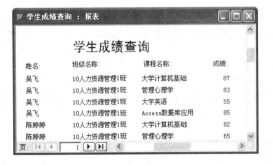

图 7-32　预览报表

报表由如下几部分组成。

（1）报表页眉。报表页眉是整个报表的页眉，用来显示整个报表的标题、说明性文字、图形、制作单位等，每个报表只有一个报表页眉。在报表页眉中，一般以大字体将报表的标题放在报表顶端的一个标签控件中，也可以在报表页眉中输入任意内容。一般来说，报表页眉主要用于封面。

（2）页面页眉。页面页眉用于显示报表每列的列标题，主要是字段名称或记录的分组名称。如果把报表的标题放在页面页眉中，则该标题在每一页上都会显示或打印。

（3）主体。报表的主体部分，用于打印表或查询中的记录数据。该节对每个记录而言都是重复的，数据源中的每一条记录都放置在主体节中。根据主体节内字段数据的显示位置，报表可以划分为多种类型，这将在下一节中详细介绍。

（4）页面页脚。页面页脚打印在报表每页的底部，可以用它显示控制项的合计内容、页码等项目，数据显示安排在文本框和其他一些类型的控件中。

（5）报表页脚。报表页脚打印在整个报表的结束处，可以用它显示诸如报表总计等项目。报表页脚的数据是在所有的主体和组页脚被输出完成后才会打印在报表的最后面。

（6）组页眉。在分组报表中，要增加组页眉和组页脚两个专用节，组页眉显示在新记录组开始的地方，可以利用组页眉来显示整个组的内容。例如，分组字段名称。

（7）组页脚。组页脚节内主要安排文本框或其他类型的控件，用来显示分组统计等数据。

7.3.2 报表的排序、分组和计算

排序与分组功能可以在创建报表时，对报表数据分类汇总。例如，按班级制作学生信息报表，并统计每班男女生人数。

【例7-8】将报表"学生成绩查询"另存为"学生成绩不及格统计"。以"班级名称"和"课程名称"升序排序，并在报表中添加一个"及格否"数据，当成绩小于60时不及格。操作步骤如下。

（1）打开"学生成绩查询"的报表设计视图，另存为"学生成绩不及格统计"。

（2）单击工具栏中的【排序与分组】按钮，弹出【排序与分组】对话框，在"字段/表达式"列下第一个单元格内，选择"班级名称"字段，在"排序次序"列下第一个单元格中选择"升序"，同理设置"课程名称"为"升序"，如图7-33所示。

（3）在"页面页眉"中添加一个标签，输入"及格否"，选中"页面页眉"节中所有标签，执行【格式】|【大小】|【正好容纳】；【格式】|【对齐】|【靠上】命令。

在主体的"成绩"后面增加一个文本框，输入"=IIf([成绩]<60,"不及格")"，如图7-34所示。

图7-33 设置排序

图7-34 设计视图

（4）预览效果如图7-35所示。

【例7-9】 在报表"学生成绩查询"中，按班级分组，统计每门功课的平均成绩，另存为"学生班级课程分组成绩"。操作步骤如下。

（1）打开"学生成绩查询"的报表设计视图，另存为"学生班级课程分组成绩"。

（2）单击工具栏中的【排序与分组】按钮，弹出【排序与分组】对话框，在【字段/表达式】列下第一个单元格内，选择"班级名称"字段，在"排序次序"列下第一个单元格

中选择"升序"，在"组属性"区中设置"组页眉"与"组页脚"属性为"是"，同理设置"课程名称"的"组页眉"与"组页脚"也为"是"，如图 7-36 所示。

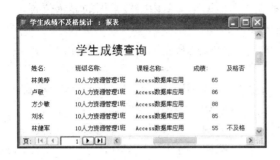

图 7-35　设计效果　　　　　　　　图 7-36　"排序与分组"对话框

（3）返回设计视图，报表中添加了"班级名称页眉"节，"课程名称页眉"与"课程名称页脚"节。

在"班级名称页眉"组中添加"班级名称"字段。同时删除"页面页眉"中"班级名称"标签，及"主体"中的"班级名称"文本框。

在"班级名称页脚"组中添加两个文本框。在一个文本框内输入计算公式"=Count([成绩])"，附加标签文字输入"考试人数"，另一个文本框内输入计算公式"=Avg([成绩])"，并设置格式为"固定"，小数位为"1"，附加标签文字为"课程平均成绩"。

在"课程名称页眉"组中添加"课程名称"字段。同时删除"页面页眉"中"课程名称"标签，及"主体"中的"课程名称"文本框。

在"课程名称页脚"组中添加两个文本框。在一个文本框内输入计算公式"=Count([成绩])"，附加标签文字输入"考试人数"，另一个文本框内输入计算公式"=Avg([成绩])"，并设置格式为"固定"，小数位为"1"，附加标签文字为"课程平均成绩"。

在"页面页脚"节中，插入"页码"。选中"页面页脚"，执行【插入】|【页码】命令，弹出【页码】对话框，选中格式、位置、对齐等内容，如图 7-37 所示，单击【确定】按钮。

在"报表页脚"节中插入日期时间。在"报表页脚"中插入一个文本框，输入"=Date()"，时间居中显示，并删除附加标签。

调整各节控件位置及大小，同时在"页面页眉"节中添加一条直线，边宽宽度为"2"，在"课程名称页眉"中添加两条直线，边宽宽度为"1"。

最后设计效果如图 7-38 所示。

图 7-37　"页码"对话框

（4）预览分组报表，效果如图 7-39 所示。

提示：不同节中统计函数，其统计的范围不同，在"课程名称页脚"节中使用"=Avg([成绩])"，Avg 计算函数作用于一个组；而在"班级页脚"节中使用"=Avg([成绩])"，Avg 计算函数作用于整个班级数据。

7.3.3　创建主/子报表

与子窗体的概念类似，子报表是插在其他报表中的报表。在合并报表时，两个报表中必须有一个作为主报表，主报表可以是绑定的，也可以是未绑定的，也就是说，报表可以基于表、查询或 SQL 语句，也可以不基于其他数据对象。

图 7-38 分组报表设计

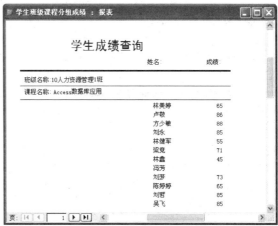

图 7-39 预览效果

【例 7-10】 创建学生信息主报表，根据学生信息查询学生成绩的子报表。操作步骤如下。

（1）创建学生信息主报表，学生信息主报表设计视图如图 7-40 所示。

（2）单击【控件向导】按钮，启动向导，单击工具箱中的【子窗体/报表】按钮，在主报表上放置子报表的位置上单击，将启动子报表向导，弹出【子报表向导】对话框，选择"使用现有的表和查询"，如图 7-41 所示，单击【下一步】按钮。

图 7-40 设计学生信息主报表

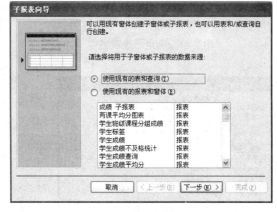

图 7-41 选择子报表的数据来源

（3）从表或查询中确定子报表包含的字段，选择"课程"表的字段"课程名称"，"成绩"表中的字段"学号"、"成绩"，如图 7-42 所示，单击【下一步】按钮。

（4）确定主报表与子报表链接字段。如图 7-43 所示，选择"从列表中选择"选项，选择列表框中"对 学生 中的每一个记录用 学号 显示成绩"，单击【下一步】按钮。

（5）确定子报表名称，输入"成绩 子报表"，如图 7-44 所示，单击【完成】按钮。

（6）在设计视图中插入了子报表，用户可根据需要修改字段的显示位置与文本框的大小，设计效果如图 7-45 所示。

（7）单击【视图】按钮，预览主/子报表，效果如图 7-46 所示。

提示：（1）插入子报表的报表为主报表，插入到其他报表中的报表为子报表。

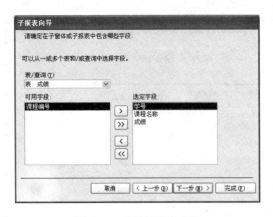

图 7-42　选择子报表字段

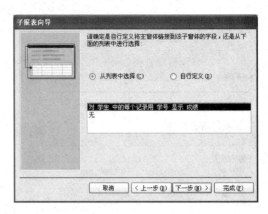

图 7-43　确定主报表与子报表链接字段

图 7-44　确定子报表名称

图 7-45　报表设计视图

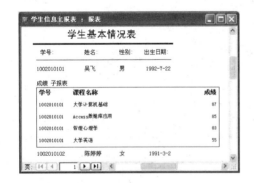

图 7-46　预览效果

（2）创建主/子报表是先建立主报表，再插入子报表，插入子报表有两种方法，一是在主报表上直接创建子报表，二是把现存的子报表拖到主报表相应节中，但子报表要与主报表建立关系。

（3）可以在设计器中对创建的报表进行修改。

在本章中，首先详细介绍了报表的功能、类型以及在 Access 2010 中创建报表的各种方法，并进一步说明了如何对报表进行修改。然后对各种报表的不同用途做了分类叙述，用户在工作中可以根据实际需要使用不同的报表。

习　题

一、选择题

1. 报表与窗体的主要区别在于_____。

（A）窗体和报表中都可以输入数据

（B）窗体可以输入数据，而报表中不能输入数据

（C）窗体和报表中都不可以输入数据

（D）窗体不可以输入数据，而报表中能输入数据

2．以下叙述正确的是＿＿＿＿＿＿＿。
（A）报表只能输入数据
（B）报表只能输出数据
（C）报表可以输入输出数据
（D）报表不能输入和输出数据
3．在关于报表数据源设置的叙述中，以下正确的是＿＿＿＿＿＿＿。
（A）可以是任意对象
（B）只能是表对象
（C）只能是查询对象
（D）可以是表对象或查询对象
4．要在报表的最后一页底部输出信息，应通过＿＿＿＿＿＿＿设置。
（A）组页脚
（B）报表页脚
（C）报表页眉
（D）页面页眉
5．＿＿＿＿＿＿＿的内容在报表每页头部打印输出。
（A）报表页眉
（B）页面页眉
（C）页面页脚
（D）组页脚
6．创建子报表要使用＿＿＿＿＿＿＿。
（A）报表向导
（B）自动报表向导
（C）图表向导
（D）报表设计视图
7．＿＿＿＿＿＿＿是数据库中数据通过显示器或打印机输出的特有形式。
（A）报表
（B）窗体
（C）宏
（D）对象
8．要显示格式为"页码/总页数"的页码，应当设置文本框的控件来源属性值为＿＿＿＿＿＿＿。
（A）[Page]/[Pages]
（B）=[Page]/[Pages]
（C）[Page]& "/" &[Pages]
（D）=[Page]& "/" &[Pages]
9．在 Access 数据库中，专用于打印的是＿＿＿＿＿＿＿。
（A）表
（B）查询
（C）报表
（D）页
10．创建图表报表时必须使用＿＿＿＿＿＿＿报表向导。
（A）表格式
（B）行表式
（C）纵栏式
（D）图表式

二、简答题
1．什么是报表？简述报表的主要功能。
2．报表通常由哪些部分组成，各部分出现在报表的什么位置？
3．报表有哪些类型？
4．创建报表有哪些方法？各有何特点？
5．窗体与报表有什么不同？

三、上机实操题
1．以"图书管理系统"数据库中的"读者信息"查询为数据源，利用"自动创建报表：表格式"创建名为"读者信息自动报表"的报表。
2．在"图书管理系统"数据库中，使用图表向导创建图表式报表，具体要求如下：
（1）报表数据源为"读者信息"查询。
（2）选取"读者单位"、"读者身份"、"读者姓名"3 个字段。
（3）图表类型选"三维柱形图"。
（4）横坐标为"单位名称"，纵坐标为"读者姓名"，数据系列为"读者身份"。
（5）报表的标题是"各部门读者数量"，报表的名称是"各部门读者数量"。

第 8 章　宏

【学习要点】
　　➤ 宏的概念
　　➤ 宏的创建方法
　　➤ 宏的执行与调试
【学习目标】

　　本章主要学习宏对象的基本概念和基本操作，重点学习宏的创建、修改、编辑和运行。需要理解掌握的知识、技能如下：宏对象是 Access 2010 中的一个基本对象。利用宏可以将大量重复性的操作自动完成，从而使管理和维护 Access 2010 更加简单。宏有 3 种类型：单个宏、宏组和条件宏；宏的创建、修改都是在宏的设计视图中进行的；宏的创建就是确定宏名、宏条件和设置宏的操作参数等；在运行宏之前，要经过调试宏，通过调试宏，发现宏中的错误及时修改；运行宏的方法很多，一般是通过窗体或报表中的控件与宏结合起来，通过控件来运行宏。

8.1　宏　的　功　能

　　宏是一种功能强大的工具，可用来在 Access 2010 中自动执行许多操作。通过宏的自动执行重复任务的功能，可以保证工作的一致性，还可以避免由于忘记某一操作步骤而引起的错误。宏节省了执行任务的时间，提高了工作效率。

　　宏的具体功能如下：

● 显示和隐藏工具栏；

● 打开和关闭表、查询、窗体和报表；

● 执行报表的预览和打印操作以及报表中数据的发送；

● 设置窗体或报表中控件的值；

● 设置 Access 工作区中任意窗口的大小，并执行窗口移动、缩小、放大和保存等操作；

● 执行查询操作，以及数据的过滤、查找；

● 为数据库设置一系列的操作简化工作。

8.2　常用宏操作

　　单击数据库窗口的【宏】选项卡中的【新建】按钮，即可打开宏的定义窗口和宏的设计工具栏。

　　1）宏设计的基础知识

　　【宏设计】工具栏如图 8-1 所示：

图 8-1 宏设计工具栏

宏定义窗口如图 8-2 所示。

在操作列中，提供了 50 多种操作命令，用户可以从这些操作命令中做选择，创建自己的宏。而对于这些操作，用户可以通过查看帮助，从中了解每个操作的含义和功能。

（1）在宏中添加操作

主要操作命令说明如下。

① AddMenu　将菜单添加到窗体或报表的自定义菜单栏，菜单栏中每个菜单都需要一个独立的 AddMenu 操作。此外，也可以为窗体、窗体控件或报表添加自定义快捷菜单，或为所有的窗口添加全局菜单栏或全局快捷菜单。

② ApplyFilter　对表、窗体或报表应用筛选、查询或 SQL WHERE 子句，以便对表的记录、窗体、报表的基础表或基础查询中的记录进行相应的操作。对于报表，只能在其"打开"事件属性所指定的宏中使用该操作。

③ Beep　可以通过计算机的扬声器发出嘟嘟声，一般用于警告。

④ CancelEvent　取消一个事件，该事件导致 Access 执行包含宏的操作。

图 8-2　宏定义窗口

⑤ Close　关闭指定的 Access 窗口。如果没有指定窗口，则关闭活动窗口。

⑥ CopyObject　将指定的数据库对象复制到另外一个 Access 数据库（.mdb.中。或以新的名称复制到同一数据库或 Access 项目（.adp.中。

⑦ CopyDatabaseFile　为当前的与 Access 项目连接的 SQL Server 7.0 或更高版本的数据库作副本。

⑧ DeleteObject　删除指定的数据库对象。

⑨ Echo　指定是否打开回响。例如，可以使用该操作在宏运行时隐藏或显示运行结果。

⑩ FindNext　查找下一个符合前一个 FindRecord 操作或【在字段中查找】对话框中指定条件的记录。

⑪ FindRecord　查找符合 FindRecord 参数指定条件的数据的第一个实例。该数据可能在当前的记录中，在之前或之后的记录中，也可以在第一个记录中，还可以在活动的数据表、查询数据表、窗体数据表或窗体中查询记录。

（2）设置操作参数

选定操作后，在【操作参数】区域会出现相应的操作参数。可以在各操作参数对应的文本框中输入数值，以设定操作参数的属性。也可以使用表达式生成器生成的表达式设置操作参数。

（3）创建宏组

如果有多个宏，可将相关的宏设置成宏组，以便于用户管理数据库，如图 8-3 所示。使用宏组可以避免单独管理这些宏的麻烦。

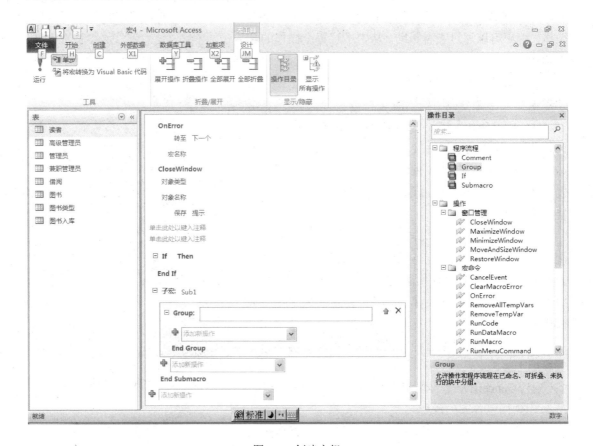

图 8-3　创建宏组

在数据库窗口中的宏名称列表中将显示宏组名称。如果要指定宏组中的某个宏，应使用如下结构：【宏组名.宏名】。

（4）宏中的条件操作

有时用户可能希望仅仅在某些条件成立的情况下才在宏中执行某个或某些操作。宏中的条件可以达到这个目的。

2）创建 AutoKeys 宏

AutoKeys 宏通过按下指定给宏的一个键或一个键序触发。为 AutoKeys 宏设置的键击顺序称为宏的名字。例如：名为 F5 的宏将在按 F5 键时运行。

创建 AutoKeys 宏时，必须定义宏将执行的操作，如打开一个对象，最大化一个窗口或显示一条消息。另外还需要提供操作参数，宏在运行时需要这种参数，如要打开的数据库对象、要最大化的窗口或要在对话框中显示的消息的名称。

举例说明如下。

（1）新建宏（图 8-4），显示宏名列，在宏名列中输入宏名"^1"，在操作列中选择操作。

（2）选择操作 OpenForm，设置相应的参数（图 8-5）。

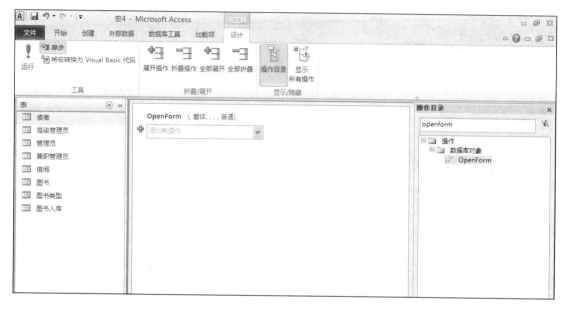

图 8-4　创建 AutoKeys 宏 1

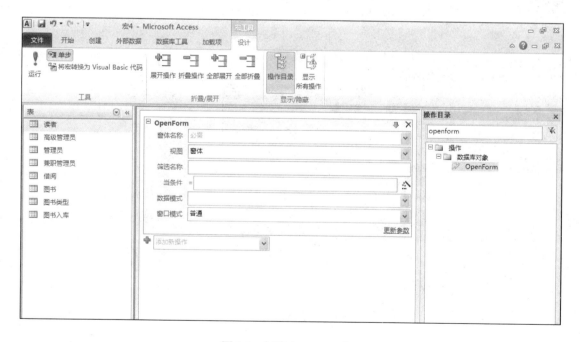

图 8-5　创建 AutoKeys 宏 2

（3）用同样的方法建立其他 3 个宏（图 8-6）。

（4）以 AutoKeys 为宏保存宏组（图 8-7）。

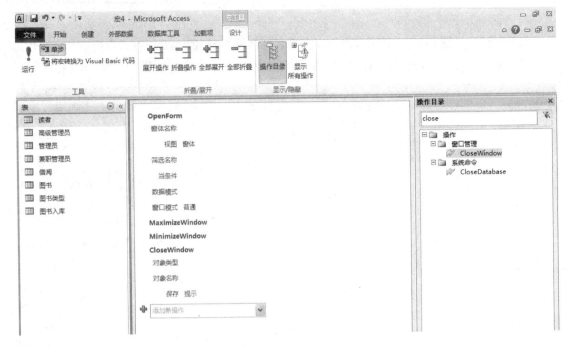

图 8-6　创建 AutoKeys 宏 3

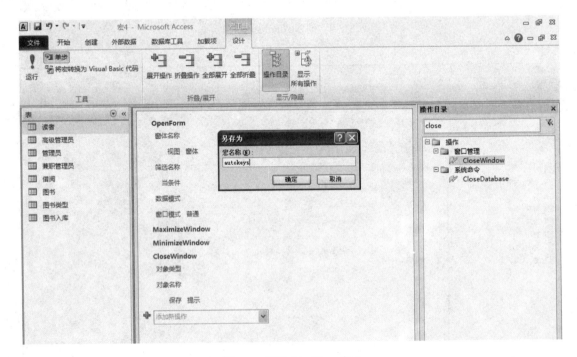

图 8-7　创建 AutoKeys 宏 4

这时只需按 Ctrl+1 键就会打开窗体，按 Ctrl+2 键最大化该窗体，按 Ctrl+3 键最小化该窗体，按 Ctrl+4 键关闭该窗体。

3）创建条件宏

条件宏是满足一定条件后才运行宏。利用条件宏可以显示一些信息，如雇员输入了订单却忘记了输入雇员号，则可利用宏来提醒雇员输入遗漏的信息。或者进行数据的有效性检查。

要创建条件宏，需要向【宏】窗口添加条件列，单击【宏设计】工具栏上的按钮，并输入使条件起作用的宏的规则即可。如果设置的条件为真，宏就运行。如果设置的条件为假，就转到下一个操作。

4）创建事件宏

事件是在数据库中执行的操作，如单击鼠标、打开窗体或打印报表。可以创建只要某一事件发生就运行宏。例如在使用窗体时，可能需要在窗体中反复地查找记录，打印记录，然后前进到下一条记录。可以创建一个宏来自动地执行这些操作。

Access 2010 可识别大量的事件，但可用的事件并非一成不变，这取决于事件将要触发的对象类型。常用的可指定给宏的事件见表 8-1。

表 8-1　常用宏事件说明表

事　　件	说　　明
OnOpen	当一个对象被打开且第 1 条记录显示之前执行
OnCurrent	当对象的当前记录被选中时执行
OnClick	当用户单击一个具体的对象时执行
OnClose	当对象被关闭并从屏幕上清除时执行
OnDblClick	当用户双击一个具体对象时执行
OnActivable	当一个对象被激活时执行
OnDeactivate	当一个对象不再活动时执行
BeforeUpdate	在用更改后的数据更新记录之前执行
AfterUpdate	在用更改后的数据更新记录之后执行

8.3　运　行　宏

创建完一个宏后，就可以运行宏执行各个操作。当运行宏时，Access2010 会运行宏中的所有操作，直到宏结束。

可以直接运行宏，或者从其宏或事件过程中运行宏，也可以作为窗体、报表或控件中出现的事件响应运行宏。也可以创建自定义菜单命令或工具栏按钮来运行宏，将某个宏设定为组合键，或者在打开数据库时自动运行宏。

1）直接运行宏

如果希望直接运行宏，通过双击宏名、通过单击工具栏上的 ! 按钮等操作，可以直接运行宏。

2）在宏组中运行宏

要把宏作为窗体或报表中的事件属性设置，或作为 RunMacro（运行宏.操作中的 Macro Name（宏名.说明，可以用如下格式指定宏：

[宏组名.宏名]

3）从其他宏或 VB 程序中运行宏

如果要从其他的宏或 VB 过程中运行宏，请将 RunMacro 操作添加到相应的宏或过程中。如果要将 RunMacro 操作添加到宏中，在宏的设计视图中，请在空白操作行选择 RunMacro

选项，并且将 MacroName 参数设置为相应的宏名即可。

如果要将 RunMacro 操作添加到 VB 过程中，请在过程中添加 DoCmd 对象的 RunMacro 方法，然后指定要运行的宏名即可。如语句：DoCmd.RunMacro "My Macro"。

下面看一下 RunMacro 操作。在下列 3 种情况下使用这个操作。

● 从另一个宏运行宏。

● 执行基于某个条件的宏。

● 将宏附加到一个自定义的菜单命令上。

RunMacro 操作的参数如表 8-2。

表 8-2　RunMacro 操作的参数表

操作参数	描　　述
宏名	执行的宏的名称
重复次数	宏执行的最大次数。空白为一次
重复表达式	表达式结果为 True(−1) 或 False(0)。如果为假，则宏停止运行。

如果用户在【宏名】参数中设置宏组名，则会运行组中第一个宏。

4）从控件中运行宏

如果希望从窗体、报表或控件中运行宏，只需单击设计视图中的相应控件，在相应的属性对话框中选择【事件】选项卡的对应事件，然后在下拉列表框中选择当前数据库中的相应宏。这样在事件发生时，就会自动执行所设定的宏。

例如建立一个宏，执行操作 "Quit"，将某一窗体中的命令按钮的单击事件设置为执行这个宏，则当在窗体中单击该按钮时，将退出 Access。

5）将一个或一组操作设定成快捷键

可以将一个操作或一组操作设置成特定的键或组合键。可以通过如下步骤来完成。

① 在数据库窗口中单击【对象】栏下的【宏】按钮。

② 单击工具栏中的【新建】按钮。

③ 单击工具栏上的【宏名】按钮。

④ 在【宏名】列中为一个操作或一组操作设定快捷键。

⑤ 添加希望快捷键执行的操作或操作组。

⑥ 保存宏。

保存宏后，以后每次打开数据库时，设定的快捷键都将有效。

此外还可以创建一个在第一次打开数据库时运行的特殊的宏：AutoExec 宏。它可以执行诸如这样的操作：打开数据输入窗体、显示消息框提示用户输入、发出表示欢迎的声音等。一个数据库只能有一个名为 AutoExec 的宏。

8.4　上　机　实　训

实　训　一

一、实验目的

● 掌握宏的创建方法。

● 在"图书管理"数据库中创建一个宏。

二、实验过程

1. 在"图书管理"数据库中，选择"宏"对象，单击【新建】按钮。

2. 打开【创建宏】的对话框，在对话框的"操作"下拉菜单中选择 OpenForm，在"窗体名称"下拉菜单中选择【读者信息】窗体。

3. 单击【保存】按钮，在【另存为】对话框中输入宏的名称：打开【读者信息】窗体，单击【确定】按钮，即完成宏的创建。

4. 此时在宏面板上可以看到创建好的宏:打开【读者信息】窗体。

5. 双击打开 "读者信息"窗体 宏，即可打开【读者信息】窗体。

实 训 二

一、实验目的

● 掌握宏组的创建方法。

● 在"图书管理"数据库中创建一个宏组。

二、实验过程

1. 新建一个宏，然后打开"窗体"面板，将"管理员信息（表格式."窗体拖动到新建宏的第一行、第二行、第三行和第四行，并在操作列分别设置操作为 OpenForm、Maximize、Minimize 和 Restore。

2. 单击工具栏上的"宏名"按钮，分别为以上 4 个宏命名为："打开管理员信息查询"、"最大化当前窗体"、"最小化当前窗体"和"恢复当前窗体"，操作参数无需设置。

3. 单击【保存】按钮，打开【另存为】对话框，输入宏组名为：改变窗口大小。单击【确定】按钮，完成宏组的创建。

实 训 三

一、实验目的

● 掌握宏的运行方法。

● 在"图书管理"数据库中使用方法运行宏。

二、实验过程

1. 打开"管理员信息（纵栏式."窗体，在窗体的右下部创建两个命令按钮控件，分别是 "最大化窗体"和"恢复窗体"。

2. 为【窗体最大化】按钮和【恢复窗体】按钮指定宏。在【窗体最大化】按钮上右击，选择【属性】。

3. 在"事件"选项卡中单击【单击】后面的[事件过程]的下拉菜单，选择"改变窗体大小最大化当前窗体"。

4. 用同样的方法为【恢复窗体大小】按钮指定宏。所不同的是，在【事件过程】下拉菜单中选择"改变窗体大小.恢复当前窗体"。运行"管理员信息（纵栏式."窗体，单击【窗体最大化】按钮，"管理员信息（纵栏式)"窗体被最大化，单击【恢复窗体大小】按钮，窗体又恢复刚刚打开时的大小。

习 题

一、选择题

1. 要限制宏命令的操作范围，可以在创建宏时定义_____。

　　（A）宏操作对象　　　　　　　　　（B）宏条件表达式

　　（C）宏操作目标　　　　　　　　　（D）窗体或报表的控件属性

2．OpenForm 基本操作的功能是打开_____。

　　（A）表　　　　　（B）窗体　　　　（C）报表　　　　　（D）查询

3．在条件宏设计时，对于连续重复的条件，想要替代重复条件式，可以使用下面的符号_____。

　　（A）…　　　　　（B）=　　　　　（C）.　　　　　　（D）：

4．在宏的表达式中药引用报表 test 上控件 txtName 的值，可以使用的引用是_____。

　　（A）txtName　　　　　　　　　　（B）test！txtName

　　（C）Reports！test！txtName　　　（D）Reports！txtName

5．VBA 的自动运行宏，应当命名为_____。

　　（A）Auto　　　（B）AutoExe　　　（C）AutoKeys　　　（D）AutoExec.bat

6．为窗体或报表上的控件设置属性值的宏命令是_____。

　　（A）Echo　　　（B）MsgBox　　　（C）Beep　　　　　（D）SetValue

7．有关宏操作的叙述中，错误的是_____。

　　（A）宏的条件表达式中不能引用窗体或报表的控件值

　　（B）所有宏操作都可以转化为相应的模块代码

　　（C）便用宏可以启动其他应用程序

　　（D）可以利用宏组来管理相关的一系列宏

8．有关条件宏的叙述中，错误的是_____。

　　（A）条件为真时，执行该行中对应的宏操作

　　（B）宏在遇到条件内有省略号时.终止操作

　　（C）如果条件为假，将跳过该行中对应的宏操作

　　（D）宏的条件内为省略号表示该行的操作条件与其上一行的条件相同

9．创建宏时至少要定义一个宏操作，并要设置对应的_____。

　　（A）条件　　　（B）命令按钮　　（C）宏操作参数　（D）注释信息

10．在创建条件宏时，如果要引用窗体上的控件值，正确的表达式引用是_____。

　　（A）[窗体名]![控件名]　　　　　（B）[窗体名].[控件名]

　　（C）[Form]![窗体名]![控件名]　　（D）[Forms]![窗体名]![控件名]

11．在宏的设计窗口中，可以隐藏的列是_____。

　　（A）宏名和参数　　　　　　　　　（B）条件

　　（C）宏名和条件　　　　　　　　　（D）注释

12．有关宏的叙述中，错误的是_____。

　　（A）宏是一种操作代码的组合

　　（B）宏具有控制转移功能

　　（C）建立宏通常需要添加宏操作并设置宏参数

　　（D）宏操作没有返回值

13．如果不指定对象，Close 基本操作关闭的是_____。

　　（A）正在使用的表　　　　　　　　（B）当前正在使用的数据库

　　（C）当前窗体　　　　　　　　　　（D）当前对象（窗体、查询、宏）.

14．运行宏，不能修改的是_____。

（A）窗体　　（B）宏本身　　（C）表　　　　（D）数据库

15．发生在控件接收焦点之前的事件是_____。

（A）Enter　　（B）Exit　　（C）GotFocus　　（D）LostFocus

二、填空题

1．宏是一个或多个_____的集合。

2．在上图工具栏中，工具按钮 1 表示_____，工具按钮 2 表示_____，工具按钮 3 表示_____，工具按钮 4 表示_____。

3．如果要引用宏组中的宏，采用的语法是_____。

4．如果要建立一个宏，希望执行该宏后，首先打开一个表，然后打开一个窗体，那么在该宏中应该使用_____和_____两个操作命令。

5．在宏的表达式中还可能引用到窗体或报表上控件的值。引用窗体控件的值，可以用式子_____；引用报表控件的值，可以用式子_____。

6．实际上，所有宏操作都可以转换为相应的模块代码。它可以通过_____来完成。

7．有多个操作构成的宏，执行时是按_____依次执行的。

8．定义_____有利于数据库中宏对象的管理。

9．在条件宏设计时，对于连续重复的条件,可以用_____符号来代替重复条件式。

10．VBA 的自动运行宏，必须命名为_____。

第9章 VBA 与模块

【学习要点】
> VBA 语言基础
> VBA 的各种语句
> 过程与模块
> 面向对象程序设计主要概念
> VBA 数据库编程
【学习目标】
　从概念上掌握模块、模块的事件过程、调用和参数传递、VBA 程序的设计基础；学会为某个系统创建类模块，并将系统中的宏转化为模块，能为系统中的窗体和报表设计常用事件并编写含有各种流程结构的模块。

9.1　VBA 简介

　　虽然宏有很多功能，但是其运行速度比较慢，也不能直接运行 Windows 程序，不能自定义函数，如果要对数据进行特殊的分析或操作时，宏的能力就有限了。因此，Microsoft 公司创建了一种新的语言——VBA（Visual Basic for Application），用 VBA 可以创建"模块"，在其中包含执行相关操作的语句，它可以使 Access 自动化,可以创建自定义的解决方案。

　　VBA 是 VB 的子集，VB 是 Microsoft 公司推出的可视化 Basic 语言，用它来编程非常简单。它简单，而且功能强大，所以 Microsoft 公司将它的一部分代码结合到 Office 中，形成今天所说的 VBA。它的很多语法继承了"VB"，所以可以像编写 VB 语言那样来编写 VBA 程序，以实现某个功能。当这段程序编译通过以后，将这段程序保存在 Access 中的一个模块里，并通过类似在窗体中激发宏的操作那样来启动这个"模块"，从而实现相应的功能。不单单是 Access，其他的 Office 应用程序，如 Excel，PowerPoint 等都可以通过 VBA 来辅助设计各种功能。

　　VBA 是事件驱动的，简单来说，它等待能激活它的事件发生，比如说当鼠标被单击，一个键被按下或者一个表单被打开，等等。当事件发生时，VBA 调用 Windows 操作系统的功能去实现"模块"中设定好的语句。这样看来，"模块"和"宏"的使用是差不多的。其实 Access 中的"宏"也可以存成"模块"，这样运行起来的速度还会更快。"宏"的每个基本操作在 VBA 中都有相应的等效语句，使用这些语句就可以实现所有单独"宏"命令。模块是书写和存放 VBA 代码的地方。它是一个代码容器，可以将一段具备特殊功能的代码放入模块中，当指定的事件激活模块时，其中包含的代码对应的操作就会被执行。模块有以下两种形态。

　　1）标准模块

　　标准模块简称"模块"，或称为"一般模块"。大多数模块都是标准模块，其中包含的代码和特定的数据库对象并无关联，当数据库中对象被移动时，模块还在原数据库中不动。

标准模块包含与任何其他对象都无关的常规过程，以及可以从数据库任何位置运行的经常使用的过程。标准模块和与某个特定对象无关的类模块的主要区别在于其范围和生命周期。在没有相关对象的类模块中，声明或存在的任何变量、常量的值都仅在该代码运行时、仅在该对象中是可用的。

2）类模块

可以包含新对象定义的模块。一个类的每个实例都新建一个对象。在模块中定义的过程成为该对象的属性和方法。类模块可以单独存在，也可以与窗体和报表一起存在。和窗体、报表相关联的分别称为窗口（form）模块和报表（report）模块，这种模块中的代码和特定的报表或窗口相关联。当对应的窗口或报表被移动到另一个数据库时，模块和其中代码通常也会跟着被移动。

窗体模块（该模块中包含在指定的窗体或其控件上事件发生时触发的所有事件过程的代码。）和报表模块（该模块中包含在指定报表或其控件上事件触发时的所有事件过程的代码。）都是类模块，它们各自与某一特定窗体或报表相关联。窗体模块和报表模块通常都含有事件过程（自动执行的过程，以响应用户或程序代码启动的事件或系统触发的事件），过程的运行用于响应窗体或报表上的事件。可以使用事件过程来控制窗体或报表的行为，以及对它们操作的响应，如单击命令按钮。

9.1.1　VBA 程序初识

在 VBA 中，程序是由过程组成的，过程由根据 VBA 规则书写的指令组成。一个程序包括语句、变量、运算符、函数、数据库对象、事件等基本要素。在 Access 程序设计中，当某些操作不能用其他 Access 对象实现或实现起来很困难时，就可以利用 VBA 语言编写代码，完成这些复杂任务。

9.1.2　VBA 程序编辑环境

Access 2010 所提供的 VBA 开发界面成为 VBE（Visual Basic Editor，VB 编辑器），它为 VBA 程序的开发提供了完整的开发和调试工具。VBE 就是 VBA 的代码编辑器，在 Office 的每个应用程序中都存在。可以在其中编辑 VBA 代码，创建各种功能模块。

1）开启 VBE

有以下多种方式来打开 VBE。

在 Access 应用程序中，在菜单栏里单击【工具】｜【宏】｜ Visual Basic 编译器，打开 VBE，如图 9-1 所示。

在 Access 应用程序中，在菜单栏里单击【插入】｜【模块】或者【类模块】，打开 VBE，并且直接在其中创建一个模块或类模块，如图 9-2 所示。

刚打开数据库时，在对象栏中选中【模块】，然后选择【新建】，打开 VBA，并在其中生成一个新的空标准模块。

2）VBE 窗口组成

如图 9-3 所示为 VBE 窗口，其中不包含任何代码。

图 9-1　打开 VBE 方法一　　　　　　　　　　　图 9-2　打开 VBE 方法二

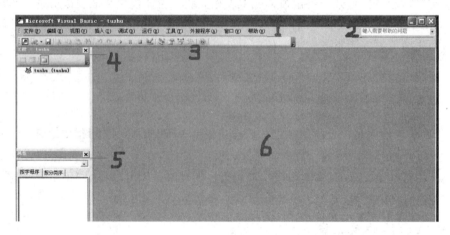

图 9-3　VBE 窗口

VBE 窗口可大体分为如图 9-3 中所标的 6 部分。

（1）菜单栏：VBE 中所有的功能都可以在菜单栏中实现。

（2）帮助搜索：在图 9-3 中标号为 2 的位置，可以输入你所要查询的知识点，就会激活 Visual Basic 帮助，如图 9-4 所示，就是在搜索栏中输入"属性"，按回车后，激活了 Visual Basic 帮助窗口，并把搜索到的相关条目列出，再单击感兴趣的条目，就会打开 Miscrosoft Visual Basic 帮助文档，示条目的具体内容。

（3）工具栏：工具栏中包含各种快捷工具按钮，根据功能类型的不同各属于不同分组。比如：和代码编辑相关的工具按钮就属于"编辑"工具，和调试相关的工具按钮属于"调试"工具。

（4）工程资源管理器：用来显示和管理当前数据库中包含的工程。刚打开 VBE 时，会自动产生一个与当前 Access 数据库同名的空工程，可以在其中插入模块。一个数据库可以对应多个工程，一个工程可以包含多个模块。

工程资源管理器窗口标题下面有 3 个按钮，分别为："查看代码"，显示代码窗口，以编写或编辑所选工程目标代码；"查看对象"，显示选取的工程，可以是文档或是 UserForm 的对象窗口；"切换文件夹"，当正在显示包含在对象文件夹中的个别工程时可以隐藏或显示它们。

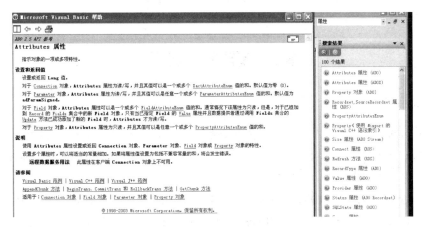

图 9-4　帮助搜索和帮助文档

（5）属性窗口：用来显示所选定对象的属性，同时可以更改对象的属性。

"对象下拉列表框"是用来列出当前所选的对象，只能列出现用窗体中的对象。如果选取了好几个对象，则以第一个对象为准。

"属性列表"：

"按字母序"选项卡——按字母顺序列出所选对象的所有属性。

"按分类序"选项卡——根据性质列出所选对象的所有属性。可以折叠这个列表，这样将只看到分类；也可以扩充一个分类，并可以看到其所有的属性。当扩充或折叠列表时，可在分类名称的左边看到一个加号（+）或减号（–）图标。

（6）主显示区域：用来显示当前操作所对应的主窗体。一般情况显示的是"代码窗口"，在其中可以编辑模块代码，如图 9-5 所示。

图 9-5　代码窗口

如果在【视图】菜单中，选择【对象浏览器】，在主显示区域中显示如图 9-6 所示的对象浏览器窗口。如果选择【立即窗口】、【本地窗口】、【监视窗口】，在主显示区域的下端，显示出对应的窗口。

① 立即窗口：在此窗中输入或复制一行代码，然后按下 Enter 键立即执行该代码。立即窗口中的代码是不能存储的。

② 本地窗口：可自动显示出所有在当前过程中的变量声明及变量值。若本地窗口为可见的，则每当从执行方式切换到中断模式或是操纵堆栈中的变量时，它就会自动的重建显示。

图 9-6　对象浏览器

③ 监视窗口：当工程中有定义监视表达式定义时，就会自动出现。也可以将选取的变量拖动到立即窗口或监视窗口中。

提示：在 VBE 中的窗口都是可以移动的，你可以随意拖动窗口，设置出最适合自己编程习惯的窗口布局。

9.2 VBA 语言基础

9.2.1 数据类型

为了不同的操作需要，VB 构造了多种数据类型，用于存放不同类型的数据。

（1）Byte变量存储为单精度型、无符号整型、8 位（1B）的数值形式。Byte数据类型在存储二进制数据时很有用。

（2）Boolean变量存储只能是 True 或是 False。Boolean 变量的值显示为 True 或 False（在使用 Print 的时候），或者#TRUE#或#FALSE#（在使用 Write #的时候）。使用关键字True 与 False 可将 Boolean 变量赋值为这两个状态中的一个。

当转换其他的数值类型为 Boolean 值时，0 会转成 False，而其他的值则变成 True。当转换 Boolean 值为其他的数据类型时，False 成为 0，而 True 成为-1。

（3）Imteger，Long 用来存储整形值。

（4）Single，Double 用来存储浮点型值。

（5）Currency变量一般用来存储货币型数值，整型的数值形式，然后除以 10 000 给出一个定点数，其小数点左边有 15 位数字，右边有 4 位数字。Currency 的类型声明字符为 at 号(@)。

（6）Decimal 一般用来存储科学计数法表示的数值。

（7）Date 用来存储日期值，时间可以从 0:00:00 到 23:59:59。任何可辨认的文本日期都可以赋值给 Date 变量。日期文字须以数字符号(#)扩起来，例如，#January 1, 1993# 或 #1 Jan 93#。

Date 变量会根据计算机中的短日期格式来显示。时间则根据计算机的时间格式（12 或 24 小时制）来显示。

当其他的数值类型要转换为 Date 型时，小数点左边的值表示日期信息，而小数点右边的值则表示时间。午夜为 0 而中午为 0.5。负整数表示 1899 年 12 月 30 日之前的日期。

（8）Object 变量用来存储对象。

（9）String 变量用来存储字符串，字符串有两种：变长与定长的字符串。

（10）Variant 数据类型是所有没被显式声明（用如 Dim、Private、Public 等语句）为其他类型变量的数据类型。Variant 数据类型并没有类型声明字符。

Variant 是一种特殊的数据类型，除了定长 String 数据及用户定义类型外，可以包含任何种类的数据。Variant 也可以包含 Empty、Error、Nothing 及 Null 等特殊值。

（11）可以是任何用 Type 语句定义的数据类型。用户自定义类型可包含一个或多个某种数据类型的数据元素、数组或一个先前定义的用户自定义类型。例如：

```
Type MyType
    MyName As String        '定义字符串变量存储一个名字。
    MyBirthDate As Date     '定义日期变量存储一个生日。
    MySex As Integer        '定义整型变量存储性别
End Type                    '（0 为女，1 为男）
```
表 9-1 列出 VBA 中的基本数据类型。

表 9-1　VBA 基本数据类型

VBA 类型	数据类型	声明符	字节
Byte	单字节型		1
Integer	整型	%	2
Long	长整型	&	4
Single	单精度型	!	4
Double	双精度型	#	8
Currency	货币型	@	8
String	字符型	$	n*1
Boolean	布尔型		2
Date	日期型		8
Variant	变体型		可变
Object	对象型		4

其中，字节、整型、长整型、单精度、双精度、货币等数据类型都属于数值数据类型，可以进行各种数学运算。字符型数据类型用来声明字符串。布尔型数据类型用来表示一个逻辑值，为真时显示 True，为假时显示 False。日期型数据类型用来表示日期，日期常量必须用#括起来，如#2001/3/26#。变体型数据类型可以存放系统定义的任何数据类型，如数值、字符串、布尔及日期等，其数据类型由最近放入的值决定。

9.2.2　常量与变量

1）常量

常量是指在程序运行时其值不会发生变化的数据，VBA 的常量有直接常量和符号常量两种表示方法。直接常量就是直接表示的整数、单精度数和字符串，如 1234、17.28E+9、"StuID"等。符号常量就是用符号表示常量，符号常量有用户定义的符号常量、系统常量和内部常量 3 种。

（1）用户定义的符号常量

在 VBA 编程过程中，对于一些使用频度较多的常量，可以用符号常量形式来表示。符号常量使用关键字 Const 来定义，格式如下：

Const 符号常量名称=常量值

（2）系统常量

系统常量是指 Access 2010 启动时建立的常量，有 True、False、Yes、No、On、Off 和 Null 等，编写代码时可以直接使用。

（3）内部常量

VBA 提供了一些预定义的内部符号常量，主要作为 DoCmd 命令语句中的参数。内部常量以前缀 ac 开头，如 acCmdSaveAs。

2）变量

变量是指程序运行时值会发生变化的数据。在程序运行时数据是在内存中存放的，内存中的位置是用不同的名字表示的，这个名字就是变量的名称，该内存位置上的数据就是该变量的值。

（1）变量的命名规则

在为变量命名时，应遵循以下规则。

① 变量名只能由字母、数字和下画线组成。

② 变量名必须以字母开头。

③ 不能使用系统保留的关键字，例如 Sub，Function 等。长度不能超过 255 个字符。

④ 不区分英文大小写字母，如 StuID、sutid 和 stuID 表示同一个变量。

（2）变量类型的定义

根据变量类型定义的方式，可以将变量分为隐含型变量和显示变量两种形式。

① 隐含型变量。利用将一个值指定给变量名的方式来建立变量，例如

NewVar=127

该语句定义一个 Variant 类型变量 NewVar，值 127。在变量名后添加不同的后缀表示变量的不同类型。

例如，下面语句建立了一个整数数据类型的变量。

NewVar%=23

当在变量名称后没有附加类型说明字符来指明隐含变量的数据类型时，默认为 Variant 数据类型。

② 显式变量。显式变量是指在使用变量时要先定义后使用。例如，C、C++和 Java 中都要求在使用变量前先定义变量。

定义显式变量的方法如下：

Dim 变量名 As 类型名

在一条 Dim 语句中可以定义多个变量，例如，上例中的语句可以改写如下。

Dim Var1,Var2 as String

在模块设计窗口的顶部说明区域中，可以加入 Option Explicit 语句来强制要求所有变量必须定义才能使用。

（3）数据库对象变量

Access 中的数据库对象及其属性，都可以作为 VBA 程序代码中的变量及其指定的值来加以引用。

Access 中窗体对象的引用格式为：

Forms!窗体名称!控件名称[.属性名称]

Access 中报表对象的引用格式为：

Reports!报表名称!控件名称[.属性名称]

关键字 Forms 或 Reports 分别表示窗体或报表对象集合。感叹号"!"分隔开对象名称和控件名称。如果省略了"属性名称"部分，则表示控件的基本属性。

如果对象名称中含有空格或标点符号，就要用方括号把名称括起来。

例如，面是对"学生信息"窗体中"学号"信息文本框的引用。

```
Forms!学生信息!学号="2006010105"
Forms!学生信息![学　号]="2006010105"
```

当需要多次引用对象时，可以使用 Set 关键字来建立控件对象的变量，这样处理很方便。

例如，多次引用"学生信息"窗体中"姓名"控件的值时，可以使用以下方式。

```
Dim StuName As Control
Set StuName=Forms!学生信息!姓名
StuName="刘磊"
```

9.2.3　数组

数组是一组具有相同属性和相同类型的数据，并用统一的名称作为标识的数据类型，这个名称称为数组名，数组中的每个数据称为数组元素，或称为数据元素变量。数组元素在数组中的序号称为下标，数组元素变量由数组名和数组下标组成，例如，A(1)、A(2)、A(3)表示数组 A 的 3 个元素。

数组在使用之前也要进行定义，定义数组的格式如下：

一维数组的定义格式：

```
Dim 数组名([下标下限 to] 下标上限) [As 数据类型]
```

二维数组的定义格式：

```
Dim 数组名([下标下限 to] 下标上限, [下标下限 to] 下标上限) [As 数据类型]
```

除此之外，还可以定义多维数组，对于多维数组应该将多个下标用逗号分隔开，最多可以定义 60 维。缺省情况下，下标下限为 0，数组元素从"数组名(0)"至"数组名(下标上限)"。如果使用 to 选项，则可以使用非 0 下限。

例如，义一个有 11 个数组元素的整型数组，数组元素为 NewArray(0)至 NewArray(9)

```
Dim NewArray(10) As Integer
```

例如，定义一个有 10 个数组元素的整型数组，数组元素为 NewArray(1)至 NewArray(10)

```
Dim NewArray(1 To 10) As Integer
```

例如，定义一个三维数组 NewArray，共含有 4×4×4（64）个数组元素。

```
Dim NewArray(3,3,3) As Integer
```

VBA 中，在模块的声明部分使用 OptionBase 语句，更改数组的默认下标下限。

```
OptionBase 1        '数组的默认下标下限设置为 1
OptionBase 0        '数组的默认下标下限设置为 0
```

VBA 还可以使用动态数组，定义和使用方法如下：

① 用 Dim 显式定义数组，但不指明数组元素数目。

② 用 ReDim 关键字来决定数组元素数目。

```
Dim NewArray() As Long            '定义动态数组
    ...
ReDim NewArray(5,5,5)             '分配数组空间大小
```

在开发过程中，如果预先不知道数组需要定义多少元素时，动态数组是很有用的。当不需要动态数组包含的元素时，可以使用 ReDim 将其设为 0 个元素，释放该数组占用的内存。

可以在模块的说明区域加入 Global 或 Dim 语句，然后在程序中使用 ReDim 语句，以说明动态数组为全局的和模块级的范围。如果以 Static 取代 Dim 来说明数组，数组可在程序的示例间保留它的值。

数组的作用域和生命周期的规则和关键字的使用方法与传统变量的用法相同。

9.2.4　用户自定义数据类型

用户可以使用 Type 语句定义任何数据类型。用户自定义数据类型可以包括数据类型数组，或当前定义的用户自定义类型的一种或多种元素。

语法：

```
[ Private | Public ] Type 类型名
    元素名 As 数据类型
  [ 元素名 As 数据类型 ]
    ……
End Type
```

例如：定义班级中学生的基本情况数据类型如下：

```
Public Type Students
  Name As String(8)
Age  As Integer
End Type
```

声明变量：

```
Dim Student As Students
```

引用数据：

```
Student.Name="张三"
Student.Age=15
```

9.2.5　运算符和表达式

在 VBA 编程语言中，可以将运算符分为算术运算符、关系运算符、逻辑运算符和连接运算符 4 种类型。不同的运算符用来构成不同的表达式，来完成不同的运算和处理。表达式是由运算符、函数和数据等内容组合而成的，根据运算符的类型可以将表达式分为算数表达式、关系表达式、逻辑表达式和字符串表达式 4 种类型。

（1）算术运算符

算术运算符用于数值的算术运算，VBA 中的算术运算符有 7 个，见表 9-2。

表 9-2　VBA 中的算术运算符

运算符	运算符含义	举例
+	加	3+7　结果 10
–	减	9–1　结果 8
*	乘	4*5　结果 20
/	除	7/2　结果 3.5
\	整除	5\2　结果 2
Mod	求模	9Mod5　结果 4
^	乘幂	4^2　结果 8

算术运算符之间存在优先级，优先级是决定算术表达式的运算顺序的原则，算术运算符优先级从高到低依次为乘幂、乘除法、整数除法、求模和加减法。由算术运算符、数值、括号和正负号等构成的表达式称为算术表达式。在算术表达式中，括号和正负号的优先级比算术运算符要高，括号比正负号的优先级高。

【例9-1】 算术表达式-8+20*4 Mod 6^ (5\2)的结果。

计算的过程如下：

① 计算(5\2)的结果为2，表达式化为-8+20*4 Mod 6^ 2

② 计算6^ 2 的结果为36，表达式化为-8+20*4 Mod 36

③ 计算20*4 的结果为80，表达式化为-8+80 Mod 36

④ 计算80 Mod 36 的结果为8，表达式化为-8+8

⑤ 计算-8+8 的结果为0

（2）关系运算符

关系运算符用来表示两个值或表达式之间的大小关系，从而构成关系表达式。6 个关系运算符的优先级是相同的，如果它们出现在同一个表达式中，按照从左到右的顺序依次运算。但关系运算符比算术运算符的优先级低，见表9-3。关系运算的结果为逻辑值：真（True）和假（False）。

表9-3 关系运算符

运算符	运算符含义	举例
>	大于	8>5 结果 True
<	小于	5<4 结果 False
=	等于	7=6 结果 False
>=	大于或等于	9>=5 结果 True
<=	小于或等于	4<=9 结果 True
<>	不等于	2<>2 结果 False

表9-4 逻辑运算规则

运算符	运算	含 义
And	与	两个表达式同时为真则为真，否则为假
Or	或	两个表达式中有一个为真则为真，否则为假
Not	非	由真变假或由假变真
Xor	异或	两个表达式的值相同时为假，不同时为真
Eqv	等价	两个表达式的值相同时为真，不同时为假
Imp	蕴含	当第一个表达式为真，且第二个表达式为假，则值为假，否则为真

（3）逻辑运算符

用逻辑运算符可以对两个逻辑量进行逻辑运算,其结果仍为逻辑值真（True)或假（False），逻辑运算规则见表9-4。逻辑运算的真值表见表9-5。

表9-5 逻辑运算的真值表

A	B	A And B	A Or B	Not A	A Xor B	A Eqv B	A Imp B
True	True	True	True	False	False	True	True
True	False	False	True	False	True	False	False
False	True	False	True	True	True	False	True
False	False	False	False	Ture	False	True	True

逻辑运算符的优先级低于关系运算符，常用的 3 个逻辑运算符之间的优先级由高到低依次为：非运算（Not），与运算符（And），或运算符（Or）。

（4）连接运算符

连接运算符具有连接字符串的功能。在 VBA 中有 "&" 和 "+" 两个运算符。

① "&" 运算符用来强制两个表达式作字符串连接。

② "+" 运算符是当两个表达式均为字符串数据时，才将两个字符串连接成一个新字符串。

当一个表达式由多个运算符连接在一起时，运算进行的先后顺序是由运算符的优先级决定的。优先级高的运算先进行，优先级相同的运算依照从左向右的顺序进行。上述 4 种运算符的优先级由高到低依次为算术运算符、连接运算符、关系运算符、逻辑运算符。

9.2.6 常用标准函数

在 VBA 中提供了近百个内置的标准函数，用户可以直接调用标准函数来完成许多操作。标准函数的调用形式如下：

函数名（参数表列）

下面按分类介绍一些常用标准函数的使用。

1）数学函数

数学函数用来完成数学计算功能。常用的数学函数见表 9-6。

表 9-6　常用的数学函数

函　　数	名　　称	作　　用
Abs（数值表达式）	绝对值函数	返回数值表达式的绝对值
Int（数值表达式）	取整函数	返回数值表达式的整数部分
Fix（数值表达式）	取整函数	参数为正值时，与 Int 函数相同。参数为负值时，Int 函数返回小于等于参数值的第一个负数，而 Fix 函数返回大于等于参数值的第一个负数
Exp（数值表达式）	自然指数函数	计算 e 的 N 次方，返回一个双精度数
Log（数值表达式）	自然对数函数	计算以 e 为底的数值表达式的值的对数
Sqr（数值表达式）	开平方函数	计算数值表达式的平方根
Sin（数值表达式）	正弦三角函数	计算数值表达式的正弦值，数值表达式值表示以弧度为单位的角度值
Cos（数值表达式）	余弦三角函数	计算数值表达式的余弦值，数值表达式值表示以弧度为单位的角度值
Tan（数值表达式）	正切三角函数	计算数值表达式的正切值，数值表达式值表示以弧度为单位的角度值
Rnd（数值表达式）	产生随机数函数	产生一个 0～1 之间的随机数，为单精度类型。数值表达式参数为随机数种子，决定产生随机数的方式。如果数值表达式值小于 0，每次产生相同的随机数。如果数值表达式值大于 0，每次产生新的随机数。如果数值表达式值等于 0，产生最近生成的随机数，且生成的随机数序列相同。如果省略数值表达式参数，则默认参数值大于 0

【例 9-2】　常用数学函数举例如下。

```
Abs(-)=7
Exp(2)=7.389 056 098 930 65
```

```
Log(6)=1.791 759 469 228 05
Sqr(25)=5
Int(6.28)=6，Fix(6.28)=6
Int(-6.28)=-7, Fix(-6.28)=-6
Sin(90*3.14159/180)
 Cos(45*3.14159/180)
Tan(30*3.14159/180)
Int(100*Rnd)
Int(101*Rnd)
```

2）字符串函数

字符串函数完成字符串处理功能。主要包括以下函数：

（1）字符串检索函数

函数格式：InStr([Start,] Strl，Str2 [，Compare])

函数功能：检索子字符串 Str2 在字符串 Strl 中最早出现的位置，返回整型数。

参数说明：Start 参数为可选参数，设置检索的起始位置。缺省时，从第一个字符开始检索。Compare 参数也为可选参数，指定字符串比较的方法，其值可以为 0、1 和 2。0：缺省值，做二进制比较。1：不区分大小写的文本比较。2：做基于数据库中包含信息的比较。

如果 Strl 字符串的长度为 0 或 Str2 字符串检索不到，则函数返回 0。如果 Str2 字符串长度为 0，函数将返回 Start 值。

【例 9-3】已知 Strl= "123456"，Str2= "56"。

```
    s=InStr(strl,str2)           '返回 5
  s=InStr(3, "aBCdAb", "a",1)    '返回 5
```

（2）字符串长度检测函数

函数格式：Len（字符串表达式或变量名）

函数功能：返回字符串中所包含字符个数。

参数说明：对于定长字符串变量，其长度是定义时的长度，和字符串实际值无关。

（3）字符串截取函数

函数格式：Left(字符串表达式,N)

　　　　　Right(字符串表达式,N)

　　　　　Mid(字符串表达式,N1,N2)

函数功能：Left 函数可以从字符串左边起截取 N 个字符。Right 函数可以从字符串右边起截取 N 个字符。Mid 函数可以从字符串左边第 N1 个字符起截取 N2 个字符。

参数说明：如果 N 值为 0，Left 函数和 Right 函数将返回零长度字符串。如果 N 大于等于字符串的字符数，则返回整个字符串。对于 Mid 函数，如果 N1 值大于字符串的字符数，返回零长度字符串。如果省略 N2，返回字符串中左边起第 N1 个字符开始的所有字符。

（4）生成空格字符函数

函数格式：Space（数值表达式）

函数功能：Space 函数可以返回数值表达式的值指定的空格字符数。

（5）删除空格函数

函数格式：LTrim（字符串表达式）

```
RTrim（字符串表达式）
Trim（字符串表达式）
```

函数功能：LTrim 函数可以删除字符串的开始空格。RTrim 函数可以删除字符串的尾部空格。Trim 函数。

可以删除字符串的开始和尾部空格。

3）日期/时间函数

日期/时间函数的功能是处理日期和时间。主要包括以下几种。

（1）获取系统日期和时间函数

函数格式：
```
Date
Time
Now
```

函数功能：Date 函数可以返回当前系统日期。Time 函数可以返回当前系统时间。Now 函数可以返回当前系统日期和时间。

（2）截取日期分量函数

函数格式：
```
Year（日期表达式）
Month（日期表达式）
Day（日期表达式）
Weekday（日期表达式,[W]）
```

函数功能：Year 函数可以返回日期表达式年份的整数。Month 函数可以返回日期表达式月份的整数。Day 函数可以返回日期表达式日期的整数。Weekday 函数可以返回 1～7 的整数，表示星期。

参数说明：Weekday 函数中，参数 W 可以指定一个星期的第一天是星期几。缺省时周日是一个星期的第一天，W 的值为 vbSunday 或 1。

【例 9-4】 日期分量函数举例。
```
Year(#2007/1/15#)          '返回 2007
Month(#2007/1/15#)         '返回 1
Day(#2007/1/15#)           '返回 15
Weekday(#2007/1/15#)       '返回 2, #2007/1/15#是星期一
Weekday(#2007/1/15#,5)     '返回 5
```

（3）截取时间分量函数

函数格式：
```
Hour（时间表达式）
Minute（时间表达式）
Second（时间表达式）
```

函数功能：Hour 函数可以返回时间表达式的小时数（0～23）。Minute 函数可以返回时间表达式的分钟数（0～59）。Second 函数可以返回时间表达式的秒数（0～59）。

【例 9-5】 时间分量函数举例。
```
Hour(#20:17:36#)           '返回 20
Minute(#20:17:36#)         '返回 17
Second(#20:17:36#)         '返回 36
```

（4）日期/时间增加或减少一个时间间隔

DateAdd（间隔类型，间隔值，表达式）

Dateadd("yyyy",3,#2006-1-10#)

Dateadd("d",3,#2006-1-10#)

Dateadd("q",3,#2006-1-10#)

Dateadd("m",3,#2006-1-10#)

Dateadd("ww",3,#2006-1-10#)

（5）计算两个日期的间隔函数

DateDiff(间隔类型,日期1,日期2)

DateDiff("yyyy",#2003-5-28#,#2004-2-29#)

DateDiff("q",#2003-5-28#,#2004-2-29#)

DateDiff("m",#2003-5-28#,#2004-2-29#)

DateDiff("ww",#2003-5-28#,#2004-2-29#)

（6）返回日期指定时间部分函数

DatePart(间隔类型,日期)

DatePart("yyyy",#2003-5-28#)

DatePart("d",#2003-5-28#)

DatePart("m",#2003-5-28#)

DatePart("ww",#2003-5-28#)

（7）返回包含指定年月日的日期函数

DateSerial(年值,月值,日值)

DateSerial(2008,1,28)=#2008-1-28#

4）类型转换函数

类型转换函数可以将数据类型转换成指定类型。下面介绍一些类型转换函数。

（1）字符串转换字符代码函数

函数格式：Asc（字符串表达式）

函数功能：Asc 函数可以返回字符串首字符的 ASCII 值。

（2）字符代码转换字符函数

函数格式：Chr（字符代码）

函数功能：Chr 函数可以返回与字符代码相关的字符。

（3）数字转换成字符串函数

函数格式：Str（数值表达式）

函数功能：Str 函数可以将数值表达式值转换成字符串。

参数说明：数值表达式的值为正时，返回的字符串将包含一个前导空格。

（4）字符串转换成数字函数

函数格式：Val（字符串表达式）

函数功能：Val 函数可以将数字字符串转换成数值型数字。

参数说明：数字字符串转换时可自动将字符串中的空格、制表符和换行符去掉，当遇到第一个不能识别的字符时，停止转换。

5）验证函数

Access 2010 提供了一些对数据进行校验的函数，常用的验证函数见表 9-7。

表 9-7　常用的验证函数

函数名称	返回值	说　明
IsNumeric	Boolean 值	指出表达式的运算结果是否为数值。返回 True，为数值
IsDate	Boolean 值	指出一个表达式是否可以转换成日期。返回 True，可转换
IsNull	Boolean 值	指出表达式是否为无效数据(Null)。返回 True，无效数据
IsEmpty	Boolean 值	指出变量是否已经初始化。返回 True，未初始化
IsArrav	Boolean 值	指出变量是否为一个数组。返回 True，为数组
IsError	Boolean 值	指出表达式是否为一个错误值。返回 True，有错误
IsObject	Boolean 值	指出标识符是否表示对象变量。返回 True，为对象

6）输入框函数

输入框函数用于在一个对话框中显示提示，等待用户输入正文并按下该按钮，然后返回包含文本框内容的数据信息。

函数格式：

```
InputBox(Prompt[,Titlel(,Default[,Xpos][,Ypos][,Helpfile,Context])
```

【例 9-6】　使用 InputBox 函数返回用键盘输入的学生 ID 号。

```
Dim StuID As String
StuID=InputBox("请输入学生 ID 号: ","信息提示")
```

7）消息框函数

消息框用于在对话框中显示消息，等待用户单击按钮，并返回一个整型值指示用户单击了哪一个按钮。

函数格式：

```
MsgBox(Prompt[,Buttons][,Title][,Helpfile,Context])
```

9.3　VBA 语句

一个程序由多条不同功能的语句组成，每条语句能够完成某个特定的操作。在 VBA 程序中，按照功能的不同将程序语句分为声明语句和执行语句两类。声明语句用于定义变量、常量或过程。执行语句用于执行赋值操作、调用过程和实现各种流程控制。

执行语句可以根据流程的不同分为顺序结构、条件结构和循环结构 3 种。顺序结构是按照语句的先后顺序依次执行。条件结构是根据条件选择执行不同的分支语句，又称为选择结构。循环结构是根据某个条件重复执行某一段程序语句。

9.3.1　语句书写规则

（1）源程序不分大小写，英文字母的大小写是等价的（字符串除外）。但是为了提高程序的可读性，VBA 编译器对不同的程序部分都有默认的书写规则，当程序书写不符合这些规则时，编译器会自动进行转换。例如，关键字默认首字母大写，其他字母小写。

（2）通常一个语句写在一行，但一行最多允许 255 个字符。当语句较长，一行写不下时，可以用续行符"_"将语句连续写在下一行。

（3）如果一条语句输入完成，按 Enter 键后该行代码呈红色，说明该行语句有错误，应及时修改。

9.3.2　声明语句

声明语句用于命名和定义常量、变量、数组和过程，同时也定义了它们的生命周期与作用范围。下面讲解 VBA 变量的声明。

1）Dim 语句来声明变量

通常会使用 Dim 语句来声明变量。一个声明语句可以放到过程中以创建属于过程的级别的变量。或在声明部分可将它放到模块顶部，以创建属于模块级别的变量。下面的示例创建了变量 strName 并且指定为 String 数据类型。

```
Dim strName As String
```

如果该语句出现在过程中，则变量 strName 只可以在此过程中被使用。如果该语句出现在模块的声明部分，则变量 strName 可以被此模块中所有的过程所使用，但是不能被同一工程中不同的模块所含过程来使用。为了使变量可被工程中所有的过程所使用，则在变量前加上 Public 语句，如以下的示例。

```
Public strName As String
```

变量可以声明成下列数据类型中的一种：Boolean、Byte、Integer、Long、Currency、Single、Double、Date、String（变长字符串）、String * length （定长字符串）、Object 或 Variant。如果未指定数据类型，则 Variant 数据类型被赋予缺省。也可以使用 Type 语句来创建用户定义类型。关于数据类型的详细信息，请参阅 Visual Basic 帮助中的"数据类型总结"。

可以在一个语句中声明几个变量。为了指定数据类型，必须将每一个变量的数据类型包含进来。在下面的语句中，变量 intX、intY、与 intZ 被声明为 Integer 类型。

```
Dim intX As Integer, intY As Integer, intZ As Integer
```

在下面的语句中，变量 intX 与 intY 被声明为 Variant 类型；只有 intZ 被声明为 Integer 类型。

```
Dim intX, intY, intZ As Integer
```

在声明语句中，不一定要提供变量的数据类型。若省略了数据类型，则会将变量设成 Variant 类型。

2）使用 Public 语句

可以使用 Public 语句去声明公共模块级别变量。

```
Public strName As String
```

公有变量可用于工程中的任何过程。如果公有变量是声明于标准模块或是类模块中，则它也可以被任何引用到此公有变量所属工程的工程中使用。

3）使用 Private 语句

可以使用 Private 语句去声明私有的模块级别变量。

```
Private MyName As String
```

私有变量只可使用于同一模块中的过程。

注意：在模块级别中使用 Dim 语句与使用 Private 语句是相同的。不过使用 Private 语句可以更容易读取和解释代码。

4）使用 Static 语句

当使用 Static 语句取代 Dim 语句时，所声明的变量在调用时仍保留它原先的值。

5）使用 Option Explicit 语句

在 Visual Basic 中可以简单地通过一个赋值语句来隐含声明变量。所有隐含声明变量都为 Variant 类型，而 Variant 类型变量比大多数其他类型的变量需要更多的内存资源。如果显示的声明变量为指定的数据类型，则应用程序将更有效。显示声明所有变量减少了命名冲突以及拼写错误的发生率。

如果不想使 Visual Basic 生成隐含声明，可以将 Option Explicit 语句放置于模块中所有的过程之前。这一个语句要求对模块中所有的变量做显示的声明。如果模块包含 Option Explicit 语句，则当 Visual Basic 遇到一个先前未定界的变量或拼写错误，它会发生编译时间的错误。

可以设置 Visual Basic 程序环境中的某个选项，使得自动在所有新的模块中包含 Option Explicit 语句。请参阅应用程序的文档来得知如何更改 Visual Basic 环境选项，请注意这个选项并不会改变已写好的存在的代码。

注意：显示的声明必须是固定大小的数组与动态数组。

6）自动声明一个对象变量

当使用一个应用程序去控制另外一个应用程序的对象时，应该设置一个对于其他应用程序的类型库的引用。若设置一个引用，则可以根据它们最常指定的类型来声明对象变量。例如，如果是在 Microsoft Word 中，当对 Microsoft Excel 类型库做一引用设置时，可以在 Microsoft Word 中声明 Worksheet 类型的变量来表示 Microsoft Excel 中的 Worksheet 对象。

如果使用其他的应用程序去控制 Microsoft Access 对象，在多数情况下，可以根据它们最常指定的类型来声明对象变量。也可以使用关键字 New 去自动生成一个对象的新实例。然而，可能要指示它是 Microsoft Access 对象。例如，当在 Visual Basic 里面声明一个对象变量去表示 Microsoft Access form 时，必须区别它是 Microsoft Access Form 对象或是 Visual Basic Form 对象。所以在声明变量的语句中必须要包含类型库的名称，如下面示例所示。

```
Dim frmOrders As New Access.Form
```

某些应用程序并不能识别特别的 Microsoft Access 对象类型。即使已经在这些应用程序中设置了一个对 Microsoft Access 类型库的引用，必须声明所有 Microsoft Access 对象变量为 Object 类型。不能使用 New 关键字去创建这个对象的新实例。下面的示例显示了，不能识别 Microsoft Access 对象类型的应用程序，如何去声明一个变量用来表示 Microsoft Access Application 对象，然后应用程序创建如下，Application 对象的实例。

```
Dim appAccess As Object
Set appAccess = CreateObject("Access.Application")
```

9.3.3 赋值语句

赋值语句是为变量指定一个值或表达式。

语句格式：[Let] 变量名=值或表达式

其中，Let 为可选项，可以省略。

如 a=123; form1.caption="我的窗口"；对对象赋值可以用 set myobject:=object 或 myobject : =object。

9.3.4 流程控制语句

1）顺序结构

顺序结构是结构化程序设计中最常见的程序结构，它按代码从上到下顺序依次执行关键字控制下的代码。

　　另外，在顺序结构中可使用 With…End With 对同一对象执行一系列语句，这些语句按顺序执行，并可省略对象名。该关键字的语法格式如下所示。

```
With 对象名
        Commands
End With
```

2）选择结构

选择结构的程序根据条件式的值来选择程序运行的语句。主要有以下一些结构。

（1）If 语句

```
If  条件表达式 1  Then
……           '条件表达式 1 为真时要执行的语句
[Else  [If  条件表达式 2  Then]]
……           '条件表达式 1 为假，[并且条件表达式 2 为真时]要执行的语句
End If 语句
```

（2）Select Case 语句

Select Case 语句是多分支选择语句，即可根据测试条件中表达式的值来决定执行几组语句中的依据。使用格式如下：

```
Select Case 表达式
Case 表达式 1
……              '表达式的值与表达式 1 的值相等时执行的语句
[Case 表达式 2]
……              '表达式的值介于表达式 2 和表达式 3 之间时执行的语句
[Case Else]
……              '上述情况均不符合时执行的语句
End Select
```

（3）函数

除了以上两种方式外，VBA 还提供了 3 个函数完成相应的操作。

① IIf 函数。IIf 函数的调用格式如下。

```
IIf（条件式，表达式 1，表达式 2）
```

它的跳转由最左边的"条件式"控制，当条件式为真（True）时，函数返回表达式 1 的值；当条件式为假（False）时，函数返回表达式 2 的值。

② Switch 函数。Switch 函数的调用格式如下。

Switch(条件式 1，表达式 1[，条件式 2，表达式 2…[，条件式 n，表达式 n]])

该函数根据条件式 1 至条件式 n 从左到右来决定函数返回值，表达式在第一个相关的条件式为 True 时作为函数返回值返回。条件式和表达式必须成对出现，否则会出错。

③ Chosse 函数。Chosse 函数的调用格式如下。

```
Chosse（索引式，选项 1[，选项 2[，选项 3… [，选项 n]]]）
```

3）循环结构

循环结构使得若干语句重复执行若干次，实现重复性操作。在程序设计中，经常需要用到循环控制。

（1）Do 语句

Do 语句根据条件判断是否继续进行循环操作。用在事先不知道程序代码需要重复多少次的情况下。

Do 语句语法格式主要有以下 4 种。

格式一：

```
Do While 条件表达式
    语句组 1
[Exit Do]
    语句组 2
Loop
```

格式二：

```
Do Until 条件表达式
    语句组 1
[Exit Do]
      语句组 2
Loop
```

格式三：

```
Do
    语句组 1
[Exit Do]
      语句组 2
Loop While 条件表达式
```

格式四：

```
Do
      语句组 1
[Exit Do]
      语句组 2
Loop Until 条件表达式
```

（2）For 语句

For 语句可以以指定次数来重复执行一组语句，这是最常用的一种循环控制结构。其语法结构如下：

```
For 循环体变量=初值 To 终值[Step 步长]
    语句组 1
[Exit For]
    语句组 2
Next
```

9.4　VBA 过程与模块

9.4.1　过程

过程是 VBA 程序代码的容器，是程序中的若干较小的逻辑部件，每种过程都有其独特的功能。过程可以简化程序设计任务，还可以增强或扩展 Visual Basic 的构件。另外，过程还可用于共享任务或压缩重复任务，如减少频繁运算等。

过程是由 Sub 和 End Sub 语句包含起来的 VBA 语句其格式如下：

```
[Private|Public|Friend] Sub 子过程名（参数列表）
     <子过程语句>
Exit Sub
     <子过程语句>
End Sub
```

例：下面是一个简单的验证密码的 Sub 过程。

```
Sub CheckPwd( )
    Dim Pwd As String
    Pwd=InputBox("请输入密码！")
    If Pwd="123456" Then
        MsgBox "密码正确，欢迎进入系统！"
    Else
        MsgBox "密码错误！"
    End if
End Sub
```

9.4.2　函数

函数是一种能够返回具体值的过程（如计算结果）。在 Access 2010 中，包含了许多内置函数，如字符串函数 Mid()、统计函数 Max()等。除此之外，用户也可以根据需要创建自定义函数。函数有返回值，可以在表达式中使用。函数过程以关键字"Function"开始，并以"End Function"语句结束。其格式如下。

```
[Private|Public][Static]Function 函数名（参数行）[As  数据类型]
     <函数语句>
Exit Function
     <函数语句>
End Function
```

可以在函数和子过程定义时使用 Public、Private 或 Static 前缀来声明子过程和函数的作用范围。

Private 前缀表示为私有的子过程和函数，只能在定义它们的模块中使用，Public 前缀代表公共的子过程和函数可能被任何其他模块调用，当模块中子过程和函数没有使用 Private 进行声明，则系统默认为 Public（公共）子过程和函数。

【例 9-7】 下面是编写求圆面积的函数过程。

```
Function Circle(r As Single) As Single
    Dim Circle As Single
    Circle=0
    If r<=0 Then
        MsgBox "圆半径必须是正数！"
    Endif
    Circle=3.14159*r*r
End Function
```

9.4.3 模块

模块作为 Access 的对象之一，主要用来存放用户编写的 VBA 代码，如同窗体是存放控件对象的容器一样，模块是代码的容器。

整个模块窗口分为两个部分：通用区和过程区。通常模块由以下一些部分组成：

① 声明部分。用户可以在这部分定义常量、变量、用户自定义类型和外部过程，在模块中，声明部分与过程部分是分割开来的。用户在声明部分中设定的常量和变量是全局性的，声明部分 中的内容可以被模块中的所有过程调用。

② 事件过程。事件过程是一种自动执行的过程，用来对由用户或程序代码启动的事件或系统触发的事件做出响应。事件过程包括函数过程和子过程。

从与其他对象的关系来看，模块又可分为两种基本类型。

③ 类模块。类模块是指包含新对象定义的模块。

④ 标准模块。标准模块是指存放整个数据库都可用的子程序和函数的模块。标准模块包括通用过程和常用过程，通用过程不与任何对象相关联，常用过程可以在数据库的任何地方运行。

9.4.4 变量的作用域与生存期

1）变量的作用域

变量定义的位置不同，则其作用的范围也不同，这就是变量的作用域。根据变量的作用域的不同，可以将变量分为局部变量、模块变量和全局变量 3 类。

（1）局部变量。局部变量是指定义在模块过程内部的变量，在子过程或函数过程中定义的或不用 Dim…As 关键字定义而直接使用的变量，这些都是局部变量，其作用的范围是其所在的过程。

（2）模块变量。模块变量是在模块的起始位置、所有过程之外定义的变量。运行时在模块所包含的所有子过程和函数过程中都可见，在该模块的所有过程中都可以使用该变量，用 Dim…As 关键字定义的变量就是模块变量。

（3）全局变量。全局变量就是在标准模块的所有过程之外的起始位置定义的变量，运行时在所有类模块和标准模块的所有子过程与函数过程中都可见,在标准模块的变量定义区域，用下面的语句定义全局变量。

Public 全局变量名 As 数据类型

2）变量的生命周期

定义变量的方法不同，变量的存在时间也不同，称为持续时间或生命周期。变量的持续时间是从变量定义语句所在的过程第一次运行到程序代码执行完毕并将控制权交回调用它的过程为止的时间。按照变量的生命周期，可以将局部变量分为动态局部变量和静态局部变量。

（1）动态局部变量。动态局部变量是以 Dim…As 语句说明的局部变量，每次子过程或函数过程被调用时，该变量会被设定为默认值。

数值数据类型为 0，字符串变量则为空字符串(" ")。这些局部变量与子过程或函数过程持续的时间是相同的。

（2）静态局部变量。用 Static 关键字代替 Dim 来定义静态局部变量，该变量可以在过程的实例间保留局部变量的值。静态局部变量的持续时间是整个模块执行的时间，但它的作用范围是由其定义位置决定的。

9.5　面向对象程序设计

VBA 不仅支持结构化的编程技术，更能很好的使用于面向对象的编程技术（Object Oriented Programming，OOP）。面向对象的程序设计以对象为核心，以事件作为驱动，可以大提高程序的设计效率。

9.5.1　类和对象

客观世界里的任何实体都可以看作是对象。对象可以是具体的物，也可以指某些概念。例如一台计算机、一个相机、一个窗体、一个命令按钮等都可以作为对象。每个对象都有一定的状态，对一个窗体的大小、颜色、边框、背景、名称等。每一个对象也有自己的行为，如一个命令按钮的可以进行单击、双击等。

使用面向对象的方法解决问题的首要任务是从客观世界里识别出相应的对象，并抽象出为解决问题所需要的对象属性和对象方法。属性用来表示对象的状态，方法用来描述对象的行为。

类是客观对象的抽象和归纳，是对一类相似对象的性质描述，这些对象具有相同的性质：相同种类的属性以及方法。类好比是一类对象的模板，有了类定义后，基于类就可以生成这类对象中任何一个对象。

9.5.2　对象的属性

属性是对象所具有的物理性质及其特性的描述，通过设置对象的属性，可以定义对象的特征或某一方面的状态。如一个命令按钮的大小、标题、标题字号的大小、　按钮的位置等就是这个命令按钮的属性。

在 VBA 代码中引用对象的属性的格式如下。

〈对象名〉. 〈属性名〉

例如将文本框 Text1 的值赋给变 Name。

```
Name=Me. Text1. Value
```

如将 Command1 的标题设置为 "确定"。

```
Command1. Caption="确定"
```

9.5.3 对象的方法

方法用来描述一个对象的行为，对象的方法就是对象可以执行的操作。如命令按钮的单击事件，双击事件，按下鼠标和释放鼠标等事件。在 VBA 代码中引用对象方法的格式如下。

〈对象名〉.〈方法名〉(〈参数 1〉,〈参数 2〉…)

9.5.4 对象的事件

1) 事件

事件是 Access 2010 预先定义好的，能被对象识别的动作。事件作用于对象，对象识别事件并作出相应的反应，如单击事件（Click）、双击事件(DblClick)、移动鼠标事件（MouseMove）等都能引起对象作出操作。

事件是固定的，由系统定义好的，用户不能定义新的事件，只能引用。

2) 事件过程

事件过程是为事件的响应编写的一段程序，又称为事件响应代码。当对象的某一个事件被触发时，就会自动执行事件过程中的程序代码，完成相应的操作。

事件的处理遵循独立性原则，即处个对象识别并处理属于自己的事件。例如，当单击窗体中的一个命令按钮时，将引发命令按钮的"单击（Click）"事件，而不会引发窗体的单击事件，也不会引发别的命令按钮的单击事件。如果没有指定命令按钮"单击（Click）"事件代码，该事件将不会有任何反应。

3) 窗体事件的触发顺序

Access 2010 窗体本身内置了许多事件，这些事件会被用户的动作所触发，且用户的一个动作可能触发窗体的多个事件。事件被触发是有先后顺序的，

（1）窗体第一次打开时依次触发的事件。

打开（Open）→加载（Load）→调整大小（Resize）→激活（Activate）→成为当前（Current）。

打开（Open）：在窗体已经打开，但第一条记录尚未显示时，"打开（Open）"事件发生。对于报表，事件发生在报表被预览或被打印之前。

加载（Load）：窗体打开并且显示其中记录时，"加载（Load）"事件发生。

调整大小（Resize）：在窗体打开后，只要窗体大小有变化，"调整大小（Resize）事件"就发生。

激活（Activate）："激活（Activate）"在窗体或报表获得焦点并成为活动窗口时发生。

成为当前（Current）：当把焦点移动到一条记录，使之成为当前记录时触发"成为当前（Current）"事件。

（2）关闭窗体时依次触发的事件。

卸载（Unload）→停用（Deactivate）→关闭（Close）

卸载（Unload）："卸载（Unload）"事件发生在窗体被关闭之后，从屏幕上删除之前。当窗体重新加载时，Access 将重新显示窗体并重新初始化其中所有控件的内容。对于报表，事件发生在报表被预览或被打印之前。

停用（Deactivate）：当焦点从窗体或报表移到"表"、"查询"、其他"窗体"等对象时，"停用（Deactivate）"事件发生。

关闭（Close）：当窗体或报表被关闭并从屏幕删除时，"关闭（Close）"事件发生。窗体中有两个与获得焦点有关的事件"获得焦点（GotFocus）"事件与"失去焦点（LostFocus）事件，"激活"事件发性在"获得焦点"事件之前，"停用"事件发生在"失去焦点"事件之后。如果在两个已经打开的窗体之间进行切换，切换的窗体将发生"停用"事件，而切换到的窗体发生"激活"事件。

（3）插入数据时依次触发的事件。

插入前（BeforeInsert）→更新前（BeforeUpdate）→更新后（AfterUpdate）→插入后（AfterInsert）。

插入前（BeforeInsert）：在新记录中输入第一个字符时，并且实际创建该记录之前将发生"插入前（BeforeInsert）"事件。

更新前（BeforeUpdate）："更新前（BeforeUpdate）"事件在控件中的数据被改变或记录被更新之前发生。

更新后（AfterUpdate）："更新后（AfterUpdate）"事件在控件中的数据被改变或记录被更新之后发生。

插入后（AfterInsert）："插入后（AfterInsert）"事件在添加新记录之后发生。

（4）删除数据时依次触发的事件。

删除（Delete）→确任删除前（BeforeDelConfirm）→确任删除后（AfterDelConfirm）。

删除（Delete）：在执行某些操作来删除记录，或按 Delete 键删除一条记录，并且记录实际被删除之前，"删除（Delete）"事件发生。

确任删除前（BeforeDelConfirm）：将一条或多条记录删除到缓冲区之后，在系统显示对话框询问用户确认删除操作之前，"确任删除前（BeforeDelConfirm）"事件发生。

确任删除后（AfterDelConfirm）："确任删除后（AfterDelConfirm）"事件在用户确认删除操作，并且记录确实已被删除或者删除操作已被取消之后发生。

（5）更新数据依次触发事件。

有脏数据时（Dirty）→更新前（BeforeUpdate）→更新后（AfterUpdate）。

有脏数据时（Dirty）：当窗体的内容或组合框的文本部分的内容改变时，"有脏数据时（Dirty）"事件发生；在选项卡中控件从一页移到另一页时，该事件也发生。

更新前（BeforeUpdate）：在记录的数据被更新之前触发事件。

更新后（AfterUpdate）：在记录的数据被更新之后触发该事件。

9.6　VBA 数据库编程

要想快速、有效地管理好数据，开发出更具实用价值的 Access 数据库应用程序，应当了解和掌握 VBA 的数据库编程方法。

在 VBA 中主要提供了 3 种数据库访问接口。

（1）开放数据库互联应用编程接口。

开放数据库互联应用编程接口（Open Database Connectivity API，ODBCAPI）。在 Access 应用中，直接使用 ODBCAPI 需要大量 VBA 函数原型声明（Declare）和一些繁琐、低级的编程，因此，实际编程很少直接进行 ODBCAPI 的访问。

（2）数据访问对象。

数据访问对象（Data Access Objects，DAO）。DAO 提供一个访问数据库的对象模型。利用其中定义的一系列数据访问对象，例如，Database、QueryDef、RecordSet 等对象，实现对数据库的各种操作。

（3）Active 数据对象。

Active 数据对象（ActiveX Data Objects，ADO）。ADO 是基于组件的数据库编程接口，是一个和编程语言无关的 COM 组件系统。使用它可以方便地连接任何符合 ODBC 标准的数据库。

9.6.1 ADO 数据访问接口

数据访问对象（DAO）是 VBA 语言提供的一种数据访问接口。包括数据库、表和查询的创建等功能，通过运行 VBA 程序代码可以灵活地控制数据访问的各种操作。

当用户在 Access 模块设计中要使用 DAO 的访问对象时，首先应该增加一个对 DAO 库的引用。Access 2010 的 DAO 引用库为 DAO3.6，其引用设置方法为：先进入 VBA 编程环境，即打开 VBE 窗口，单击菜单栏中的【工具】|【引用】项，弹出【引用】对话框，如图 9-7 所示，从"可使用的引用"的列表项中，选中"Microsoft DAO 3.6 Object Library"项，然后，单击【确定】按钮。

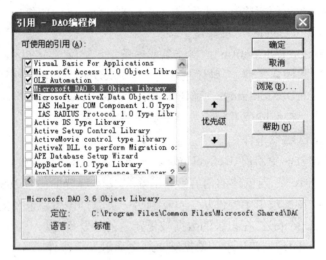

图 9-7 VBE 窗口

1）DAO 模型结构

DAO 模型是一个复杂的可编程数据关联对象的层次，其分层结构如图 9-8 所示。DAO 的对象层次说明如下。

它包含了一个复杂的可编程数据关联对象的层次，其中 DBEngine 对象处于最顶层，它是模型中唯一不被其他对象所包含的数据库引擎本身。层次低一层对象是，Errors 和 Workspaces 对象。层次再低一层对象如 Errors 对象的低一层对象是 Error；Workspaces 对象的低一层对象是 Workspace。Databases 的低一层对象是 Database。Database 的低一层对象是 Containers、QueryDefs、RecordSets、Relations 和 TableDefs。TableDefs 对象的低一层对象是 TableDef。同理如此类推，在此不作详列。

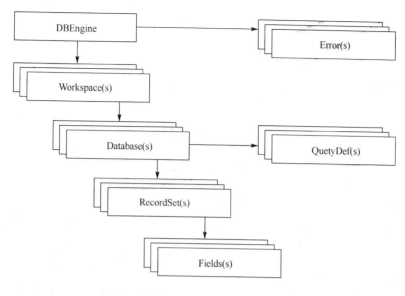

图 9-8　DAO 模型结构

其中对象名的尾字符为 "s" 的那些对象（如，Errors、Workspaces、Databases、TableDefs、Fields 等）是集合对象，集合对象下一层包含其成员对象。

2）设置 DAO 库的引用

在 Access 的模块设计时要想使用 DAO 访问数据库的对象，首先应该增加一个对 DAO 库的引用。其引用设置方式如下。

（1）先进入 VBA 编程环境。

（2）单击【工具】|【引用】命令，打开【引用】对话框。

（3）在对话框的 "可使用的引用" 列表框选项中，单击 "Microsoft DA03.6 object Library" 列表项前面的复选框。

（4）单击【确定】按钮，完成设置。

3）利用 DAO 访问数据库

通过 DAO 编程实现据库访问时，首先要创建对象变量，然后通过对象方法和属性来进行操作。下面给出数据库操作一般语句和步骤。

（1）创建对象变量。

定义工作区对象变量：Dim ws As Workspace

定义数据库对象变量：Dim db As Database

定义记录集对象变量：Dim rs As RecordSet

（2）通过 Set 语句设置各个对象变量的值。

Set ws=DBEngine.Workspace(0)

Set db=ws.OpenDatabase（数据库文件名）

Set rs=db.OpenRecordSet（表名、查询名或 SQL 语句）

（3）通过对象的方法和属性进行操作。

通常使用循环结构处理记录集中的每一条记录。

```
Do While Not rs.EOF          ……
Rs.MoveNext
Loop
```

（4）操作的收尾工作。

```
rs.close
cn.close
Set rs=Nothing
Set cn=Nothing
```

9.6.2　ADO 应用示例

【例 9-8】　通过 DAO 编程，显示当前打开的数据库的名称。

```
Private Sub Cmd1_Click()
    Dim wks As Workspace              '声明工作区对象变量
    Dim dbs As Database              '声明数据库对象变量
    Set wks = DBEngine.Workspaces(0)
                                     '打开默认工作区（即 0 号工作区）
    Set dbs = wks.Databases(0)
                                     '打开当前数据库（即 0 号数据库）
    MsgBox dbs.Name
                                     'Name 是 Database 对象变量的属性
End Sub
```

【例 9-9】　编写一个使用 DAO 的名为 UseDaoUpdateAge 的子过程，通过调用该子过程来完成对"职工管理"数据库的"职工基本资料"表的年龄字段值都加 1 的操作。（假设"职工管理.mdb"数据库文件存放在 E 盘"E:\Access"文件夹中，"职工基本资料"表中的"年龄"字段的数据类型是整型）。本例的窗体名称为"例 9-9 使用 DAO 编程-年龄加 1"。

Cmd1 命令按钮的单击事件过程和 UseDaoUpdateAge 子过程的 VBA 程序代码如下：

```
Private Sub Cmd1_Click()
    Call UseDaoUpdateAge             '调用无参子过程
End Sub
Private Sub UseDaoUpdateAge()
    Dim wks As DAO.Workspace         '声明工作区对象变量
    Dim dbs As DAO.Database          '声明数据库对象变量
    Dim res As DAO.Recordset         '声明记录集对象变量
    Dim fed AS DAO.Field             '声明字段对象变量
    Set wks=DBEngine.Workspaces(0)   '打开 0 号工作区
    Set dbs=wks.OpenDatabase("e:\Access\职工管理.mdb") '打开数据库
    '注意: 如果操作本地数据库，可用 Set dbs=CurrentDb()来替换上面两条 Set
    语句！
    Set res=dbs.OpenRecordset("职工基本资料")'打开"职工基本资料"表记录集
    Set fed=res.Fields("年龄")                '设置"年龄"字段引用
    '对记录集是用循环结构进行遍历
    Do While Not res.EOF '当记录指针指向记录集最后一个记录之后时，EOF 为 True
        res.Edit                      '设置为"编辑"状态
        fed=fed+1                     '"年龄"值加 1
        res.Update                    '更新保存年龄值，即写入"职工基本资料"表年龄字段
        res.MoveNext                  '记录指针移动至（指向）记录集的下一个记录
    Loop
    res.Close                         '关闭"职工基本资料"表
```

```
        dbs.Close                   '关闭数据库
        Set res=Nothing             '回收记录集对象变量 res 的内存占用空间
        Set dbs=Nothing             '回收数据库对象变量 dbs 的内存占用空间
End Sub
```

【例 9-10】　通过在 VBA 程序中使用 DAO，在当前数据库中创建一个名为"用户表"的表。本例的窗体名是"例 9-10 用 DAO 创建数据表"，窗体中的命令按钮名称是 Cmd1。

```
Private Sub Cmd1_Click()
        Dim wks As Workspace               '工作区对象变量的声明
        Dim dbs As Database                '数据库对象变量的声明
        Dim tbe As TableDef                '表对象变量的声明
        Dim fed As Field                   '字段对象变量的声明
        Dim idx As Index                   '索引对象变量的声明
        Set wks=DBEngine.Workspaces(0)     '打开下标为 0 的工作区
        Set dbs=wks.Databases(0)           '打开下标为 0 数据库（即当前数据库）
        Set tbe=dbs.CreateTableDef("用户表")      '创建名为"用户表"的表
        Set fed=tbe.CreateField("用户 ID", dbInteger)'创建字段
        tbe.Fields.Append fed                   '添加字段进集合对象 Fields
        Set fed=tbe.CreateField("注册名称", dbText,8)'创建字段
        tbe.Fields.Append fed
        Set fed=tbe.CreateField("注册密码", dbText,8)'创建字段
        tbe.FieldsAppend fed
        Set fed=tbe.CreateField("用户姓名", dbText,8)'创建字段
        tbe.Fields.Append fed
        Set idx=tbe.CreateIndex("pk1")          '创建索引 pk1
        Set fed=idx.CreateField("用户 ID")       '创建索引字段
        idx.Fields.Append fed              '添加索引
        idx.Unique=True                    '设置索引唯一
        idx.Primary=True                   '设置主键
        tbe.Indexes.Append idx             '添加索引 idx 进集合对象 Indexes
        dbs.TableDefs.Append tbe           '添加表 tbf 进集合对象 TableDefs
        dbs.Close                          '关闭当前数据库
        Set dbs=Nothing                    '回收数据库对象变量 dbs 的内存占用空间
End Sub
```

9.7　VBA 程序运行错误处理与调试

在编写 VBA 程序代码时，程序错误是不可避免的。VBA 中提供 On Error GoTo 语句进行程序错误处理。

On Error GoTo 语句的语法如下。

On Error GoTo　标号：

在程序执行过程中，如果发生错误将转移到标号位置执行错误处理程序。

On Error Resume Next

On Error GoTo 0 关闭了错误处理，当错误发生时会弹出一个出错信息提示对话框。

在 VBA 编程语言中，除 On Error Goto 语句外，还提供了一个对象 Err、一个函数 Errors()

和一个语句 Error 来帮助了解错误信息。

Access 的 VBE 编程环境提供了完整的一套调试工具和调试方法。使用这些调试工具和调试方法可以快速、准确地找到问题所在，并对程序加以修改和完善。

1）设置断点

断点就是在过程的某个特定语句上设置一个位置点以中断程序的执行。设置和使用断点是程序调试的重要手段。

一个程序中可以设置多个断点。在设置断点前，应该先选择断点所在的语句行，然后设置断点。在 VBE 环境里，设置好的"断点"行是以"酱色"亮条显示。设置和取消断点的 4 种方法。

（1）单击【调试】工具栏中的【切换断点】按钮，可以设置和取消断点。

（2）执行【调试】菜单中的【切换断点】命令，可以设置和取消断点。

（3）按【F9】键，可以设置和取消断点。

（4）单击行的左端，可以设置和取消断点。

2）调试工具的使用

在 VBE 环境中，执行"视图"菜单的级联菜单"工具栏"中的"调试"命令，可以打开"调试"工具栏，或用鼠标右键单击菜单空白位置，在弹出快捷菜单中选择"调试"选项也可以打开"调试"工具栏。

3）使用调试窗口

在 VBA 中，用于调试的窗口包括本地窗口、立即窗口、监视窗口和快速监视窗口。

（1）本地窗口

单击调试工具栏上的"本地窗口"按钮，可以打开本地窗口，该窗口内部自动显示出所有在当前过程中的变量声明及变量值。

（2）立即窗口

单击调试工具栏上的"立即窗口"按钮，可以打开立即窗口。在中断模式下，立即窗口中可以安排一些调试语句，而这些语句是根据显示在立即窗口区域的内容或范围来执行的。

（3）监视窗口

单击调试工具栏上的"监视窗口"按钮，可以打开监视窗口。在中断模式下，右键单击监视窗口将弹出快捷菜单，选择"编辑监视…"或"添加监视…"菜单项，打开"编辑（或添加）窗口"，在表达式位置进行监视表达式的修改或添加，选择"删除监视…"项则会删除存在的监视表达式。

通过在监视窗口增添监视表达式的方法，程序可以动态了解一些变量或表达式的值的变化情况，进而对代码的正确与否有清楚的判断。

（4）快速监视窗口。

在中断模式下，先在程序代码区选定某个变量或表达式，然后单击"快速监视"工具按钮，打开"快速监视"窗口。从中可以快速观察到该变量或表达式的当前值，达到了快速监视的效果。

9.8 上 机 实 训

一、实验目的

● 表中字段属性有效性规则和有效性文本的设置

● 窗体中命令按钮和报表中文本框控件属性的设置

● VBA 编程。

二、实验过程

考生文件夹下存在一个数据库文件"samp3.mdb"，里面已经设计了表对象"tEmp"、窗体对象"fEmp"、报表对象"rEmp"和宏对象"mEmp"。试在此基础上按照以下要求补充设计。

（1）设置表对象"tEmp"中"年龄"字段的有效性规则为：年龄值为 20～50（不含 20 和 50），相应有效性文本设置为"请输入有效年龄"。

（2）设置报表"rEmp"按照"性别"字段降序（先女后男）排列输出；将报表页面页脚区域内名为"tPage"的文本框控件设置为"页码/总页数"形式页码显示。

（3）将"fEmp"窗体上名为"btnP"的命令按钮由灰色无效状态改为有效状态。设置窗体标题为"职工信息输出"。

（4）试根据以下窗体功能要求，对已给的命令按钮事件过程进行补充和完善。在"fEmp"窗体上单击"输出"命令按钮（名为"btnP"），弹出一输入对话框，其提示文本为"请输入大于 0 的整数值"。

输入 1 时，相关代码关闭窗体（或程序）；

输入 2 时，相关代码实现预览输出报表对象"rEmp"；

输入>=3 时，相关代码调用宏对象"mEmp"以打开数据表"tEmp"。

注意：不允许修改数据库中的宏对象"mEmp"；不允许修改窗体对象"fEmp"和报表对象"rEmp"中未涉及的控件和属性；不允许修改表对象"tEmp"中未涉及的字段和属性；已给事件过程，只允许在"******Add******"与"******Add******"之间的空行内补充语句、完成设计，不允许增删和修改其他位置已存在的语句。

三、实验步骤

（1）步骤 1：打开"samp3.mdb"数据库窗口，选中"表"对象，右击"tEmp"选择【设计视图】。

步骤 2：单击"年龄"字段行任一点，在"有效性规则"行输入">20 and <50"，在"有效性文本"行输入"请输入有效年龄"。

步骤 3：单击工具栏中的【保存】按钮，关闭设计视图。

（2）步骤 1：选中"报表"对象，右击"rEmp"选择【设计视图】。

步骤 2：单击菜单栏【视图】|【排序与分组】，在对话框的"字段/表达式"列选中"性别"字段，在"排序次序"列选中"降序"，关闭界面。

步骤 3：右击"tPage"选择【属性】，在"全部"选项卡下"控件来源"行输入"＝［Page］&"/"&［Pages］"，关闭属性界面。

步骤 4：单击工具栏中的【保存】按钮，关闭设计视图。

（3）步骤 1：选中"窗体"对象，右击"fEmp"选择【设计视图】。

步骤 2：右键单击命令按钮"btnP"选择【属性】，在"数据"选项卡下的"可用"行右侧下拉列表中选中"是"，关闭属性界面。

步骤 3：右击"窗体选择器"选择【属性】，在"标题"行输入"职工信息输出"。关闭属性界面。

（4）步骤 1：右键单击命令按钮"输出"选择【事件生成器】，空行内输入代码：

```
*****Add1*****
k=InputBox（"请输入大于 0 的整数"）
*****Add1*****
*****Add2*****
DoCmd.OpenReport "rEmp",acViewPreview
*****Add2*****
```

步骤 2：单击工具栏中"保存"按钮，关闭设计视图。

习　题

一、选择题

1. 能够实现从指定记录集里检索特定字段值的函数是＿＿＿＿＿＿。
    （A）Nz　　　　　（B）DSum　　　　（C）Dlookup　　　　（D）Rnd
2. 关于模块，下面叙述错误的是＿＿＿＿＿＿。
    （A）是 Access 系统中的一个重要对象
    （B）以 VBA 语言为基础，以函数和子过程为存储单元
    （C）模块包括全局模块和局部模块
    （D）能够完成宏所不能完成的复杂操作
3. 窗体模块属于＿＿＿＿＿＿。
    （A）标准模块　　　（B）类模块　　　　（C）全局模块　　　　（D）局部模块
4. 以下关于过程和过程参数的描述中，错误的是＿＿＿＿＿＿。
    （A）过程的参数可以是控件名称
    （B）用叔祖作为过程的参数时，使用的是"传址"方式
    （C）只有函数过程能够将过程中处理的信息传回到调用的程序中
    （D）窗体可以作为过程的参数
5. VBA 数据类型符号 "&" 表示的数据类型是＿＿＿＿＿＿。
    （A）整数　　　　（B）长整数　　　　（C）单精度数　　　（D）双精度数
6. 变量 声明语句 Dim　New　Var 表示变量是什么变量＿＿＿＿＿＿。
    （A）整型　　　　（B）长整型　　　　（C）变体型　　　　（D）双精度数

二、填空题

（1）VBA 的全称是＿＿＿＿＿＿。
（2）模块包含了一个声明区域和一个或多个子过程或函数过程（以＿＿＿＿＿＿开头）。
（3）窗体模块和报表模块都属于＿＿＿＿＿＿。
（4）说明变量最常用的方法，是使用＿＿＿＿＿＿结构。
（5）VBA 中变量作用域分为 3 个层次，这 3 个层次是局部变量、模块变量和＿＿＿＿＿＿。
（6）在模块的说明区域中，用＿＿＿＿＿＿关键字声明的变量是模块范围的变量。
（7）在模块的说明区域中，用 PCbliC 或＿＿＿＿＿＿关键字声明的变量是属于全局范围的变量。
（8）要在程序或函数的实例间保留局部变量的值，可以用＿＿＿＿＿＿关键字代替 Dim。
（9）用户定义的数据类型可以用＿＿＿＿＿＿关键字声明。
（10）VBA 的三种流程控制结构是顺序结构、选择结构和＿＿＿＿＿＿。

三、编程问题

1. 假定有以下函数过程:

```
Function Fun (S As String) As string
    Dim s1 As  string

        For  i = l   To Len(S)
          s1 = UCase (Mid (S,i1)) +s1
                Next i
                Fun = s1
            End
```
Fun("abcdefg")的输出结果是什么

2. 单击窗体上 Command1 命令按钮时．执行如下事件过程

```
Private Sub Command1_Click( )
    A$="softwear and hardwear
    B$=Right(A$,8)
    C$=Mid(A$,1,8)
    MsgBox A$,B$,C$,1
    End Sub
```
则在弹出的信息框的标题栏中显示的信息是什么？

第10章 数据库管理

【学习要点】

> ➤ 数据的备份与恢复
> ➤ 数据库的压缩与恢复
> ➤ 数据库的密码
> ➤ 用户级安全机制

【学习目标】

为了更好更安全地使用数据库资源，Access 2010 提供了必要的安全措施，如数据库的备份，加密等方法。Access 2010 还提供了性能优化分析器帮助用户设计具有较高整体性能的数据库。此外，Access 2010 还提供了数据库的压缩和修复功能，以降低对存储空间的需求，并修复受损的数据库。Access 2010 还对用户级的安全机制进行了详细描述，主要有创建和加入新的工作组。通过设置用户和组用户以及设置用户和组权限，提高数据库的安全性。

10.1 管理数据库

Access 2010 提供了两种保证数据库可靠性的途径：一种是建立数据库的备份，当数据库损坏时可以用备份的数据库来恢复；另一种是通过自动恢复功能来修复出现错误的数据库。为了提高数据库的性能，Access 2010 还提供了性能优化分析器帮助用户设计具有较高整体性能的数据库。此外，Access 2010 还提供了数据库的压缩和修复功能，以降低对存储空间的需求，并修复受损的数据库。

10.1.1 数据的备份和恢复

为了确保数据库使用时的安全，经常需要对数据进行备份。同时在需要的时候就用备份数据库对系统进行恢复。

【例10-1】 备份一份"教学信息管理"数据库。操作步骤如下。

（1）打开"教学信息管理"数据库，执行【工具】|【数据库实用工具】|【备份数据库】命令，弹出【备份数据库另存为】对话框，Access 2010 会自动将用户备份时间作为备份文件名的一部分，如图10-1所示。

（2）选择存放数据库文件位置，单击【保存】按钮，系统自动产生一份备份文件。

【例10-2】 根据备份文件"教学信息管理_2012-05-01.mdb"，恢复数据库。操作步骤如下。

直接把备份后的数据库改名后，替换原数据库。

提示：

（1）备份数据前，首先要关闭要备份的数据库，如果在多用户(共享)数据库环境中，则要确保所有用户都关闭了要备份的数据库。

（2）备份后的数据库不要与原数据库放在同一部电脑，以防不测。

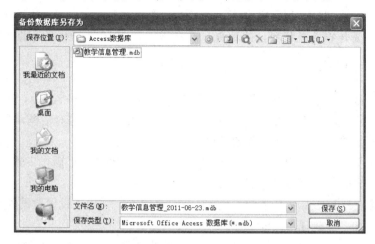

图 10-1　"备份数据库另存为"对话框

10.1.2　数据库的压缩和恢复

修复一个数据库时，首先要求其他用户关闭这个数据库，然后以管理员的身份打开数据库。

【例 10-3】　打开"教学信息管理"数据库，压缩和修复数据库。操作步骤如下。

打开"教学信息管理"数据库，执行【工具】|【数据库实用工具】|【压缩和修复数据库】命令，压缩修复后重新打开数据库。

【例 10-4】　压缩未打开的"教学信息管理"数据库。操作步骤如下。

（1）启动 Access 2010，选择【工具】|【数据库实用工具】|【压缩和修复数据库】命令，打开【压缩数据库来源】对话框。

（2）选中要压缩的"教学信息管理"数据库，单击【压缩】按钮，弹出【将数据库压缩为】对话框。在"保存位置"下拉列表中选择要保存的位置，在"文件名"下拉列表框中输入压缩后的名字"教学信息管理（副本）"，单击【保存】按钮。

提示：压缩数据库可以备份数据库，重新安排数据库文件在磁盘中的保存位置，并可以释放部分磁盘空间。在 Access 2010 中，数据库的压缩和修复功能将合并成一个工具。

10.1.3　生成 MDE 文件

Access 2010 允许将数据库文件转换成一个 MDE 文件。把一个数据库文件转换为一个 MDE 文件的过程，将编译所有模块、删除所有可编辑的源代码，并压缩目标。由于删除了 Visual Basic 源代码，因此使得其他用户不能查看或编辑数据库对象。当然也使数据库变小了，使得内存得到了优化，从而提高了数据库的性能，这也是把一个数据库文件转换为一个 MDE 文件的目的。

【例 10-5】　将"教学信息管理"数据库转换为 MDE 文件。操作步骤如下。

打开"教学信息管理"数据库，执行【工具】|【数据库实用工具】|【生成 MDE 文件】命令，弹出【将 MDE 保存为】对话框，单击【保存】按钮。

提示：如果要将一个数据库转换称 MDE 文件，最好保存原来 Access 2010 数据库文件副本。因为转换成 MDE 文件的数据库能够打开和运行，但是不能修改 MDE 文件的 Access 2010 数据库中的设计窗体、报表或模块。因此，如果要改变这些对象的设计，必须在原始的 Access 2010 数据中设计窗体报表或模块，然后再一次将 Access 2010 数据库保存为 MDE 文件。

10.1.4 数据库的密码

数据库访问密码是指为打开数据库而设置的密码，是一种保护 Access 2010 数据库的简单方法。设置密码后，每次打开数据库时都将显示要求输入密码的对话框，只有输入了正确的密码才能打开数据库。如果不再需要密码，可以撤销。

【例 10-6】 为"教学信息管理"数据库设置密码"000000"。操作步骤如下。

（1）以独占方式打开"教学信息管理"数据库。

（2）执行【工具】|【安全】|【设置数据库密码】命令，弹出【设置数据库密码】对话框，输入密码"000000"，验证"000000"，单击【确定】按钮。

图 10-2 【要求输入密码】对话框

（3）重新打开"教学信息管理"数据库，弹出【要求输入密码】对话框，如图 10-2 所示，输入正确密码后，才能打开数据库。否则会弹出警告对话框，单击【确定】按钮，重新输入密码。

【例 10-7】 撤销"教学信息管理"数据库所设置的密码。操作步骤如下。

以独占方式打开"教学信息管理"数据库，执行【工具】|【安全】|【撤销数据库密码】命令，弹出【撤销数据库密码】对话框，输入先前所设置的密码，单击【确定】按钮。

提示：

密码区分大小写，在设置密码之前，最好先备份数据库，同时密码可随时修改和撤销。

10.2 用户级的安全机制

保护数据库安全的最灵活和最广泛的方法是设置用户级安全，包括工作组、用户、用户组和权限。

10.2.1 创建和加入新的工作组

工作组是用户、用户组和对象权限的集合。在对数据库设置用户级安全机制时，需要使用一个工作组信息文件，该文件夹用于保存工作的唯一工作组标示(WID)、用户、组长和密码等信息。

工作组信息文件作用于 Access 2010 而不是某个数据库，使用 Access 2010 打开的数据库使用的是同一个工作组信息文件。可以为 Access 2010 数据库创建多个工作组信息文件，然后在运行 Access 2010 之前指定使用那个工作组信息文件。

工作组设置的信息保存在工作组文件中，运行 Access 2010 使用的默认工作组信息文件 system.mdw。

【例 10-8】 为"教学信息管理"数据库创建一个新工作组，用户名为 T1，组织为 G1，工作组 ID 为 W1。操作步骤如下。

（1）打开"教学信息管理"数据库，执行【工具】|【安全】|【工作组管理】命令，弹出

【工作组管理员】对话框，如图 10-3 所示，单击【创建】按钮。

（2）弹出【工作组所有信息】对话框，输入名称 T1，组织 G1，工作组 ID 为 W1，如图 10-4 所示，单击【确定】按钮。

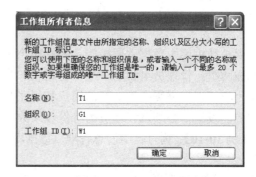

图 10-3 【工作组管理员】对话框   图 10-4   创建工作组信息

（3）弹出【工作组信息文件】对话框，保存工作组信息文件，输入保存路径，如图 10-5 所示，单击【确定】按钮。

（4）弹出【确认工作组信息】对话框，如图 10-6 所示，单击【确定】按钮，完成工作组的创建。

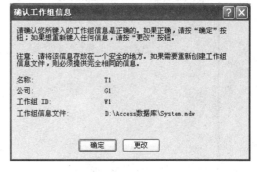

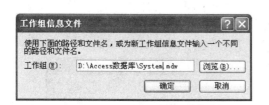

图 10-5   输入保存路径   图 10-6 【确认工作组信息】对话框

【例 10-9】 加入新的工作组。操作步骤如下。

（1）启动 Access 2010，执行【工具】|【安全】|【工作组管理】命令，弹出【工作组管理】对话框，单击【加入】按钮。

（2）选择工作组信息文件或输入新的工作组文件名，单击【确定】按钮，加入指定工作组。

提示：当用户首次运行 Access 2010 时，Access 2010 会自动创建工作组信息文件，该文件通过用户安装时指定的名称和组织信息来标识。

当打开数据库时，Access 2010 读取工作组信息文件中的数据，并实施该文件中包含的安全设置。

每个工作组信息文件中包含以下几个预定义的账号。

（1）管理员：默认的用户账号。

（2）管理员组：是一个组账号，该组中的所有成员都能管理 Access 2010 数据库，其中至少有一个管理员权限账号。当最初创建数据库时，管理员组只包括一个管理员组账号，即

Administrator。

（3）用户组：是一个组账号，该组中的所有成员都能使用 Access 2010 数据库，当使用管理员账号建立一个新账号时，该账号将被自动添加到用户组中。

10.2.2　设置用户和组用户

保护数据库中数据主要措施是根据用户设置安全级别，Access 2010 将数据库系统中的用户分成两组：管理员组和用户组。初始状态时，两个组中只有管理员用户账户。

用户可以根据需要添加新的用户和组账户，并设置用户隶属于不同的组。要完成用户和组账户的设置，必须以管理员的身份登录数据库中。

【例 10-10】为"教学信息管理"数据库添加一个组账户，组名为 MyTeacher。操作步骤如下。

（1）创建组账户。打开"教学信息管理"数据库，执行【工具】|【安全】|【用户与组账户】命令，打开【用户与组账户】对话框，选择【组】选项卡，如图 10-7 所示。

（2）单击【新建】按钮，弹出【新建用户/组】对话框，在【名称】文本框中输入新的组名"MyTeacher"；在"个人 ID"文本框中输入"001"，如图 10-8 所示，单击【确定】按钮。

图 10-7　"教学信息管理"数据库　　　　图 10-8　【新建用户/组】对话框

【例 10-11】为"教学信息管理"数据库添加一个用户账户，用户名为 MyUse。并加入 MyTeacher 组。操作步骤如下。

（1）在"用户与组账户"对话框中，选择"用户"选项卡，如图 10-9 所示。

（2）单击【新建】按钮，弹出【新建用户/组】对话框，在【名称】文本框中输入新用户名"MyUse"，在"个人 ID"文本框中输入"0001"，如图 10-10 所示，单击【确定】按钮。

（3）在"用户"选项卡中，从"名称"下拉框列表中选择 MyUse，在"可用的组"中选择 MyTeacher，单击【添加】按钮，MyTeacher 显示在"隶属于"列表框中，如图 10-11 所示，单击【确定】按钮。

【例 10-12】设置"管理员"密码"admin"，设置 MyUse 用户密码"123456"。操作步骤如下。

（1）以"管理员"用户自动登录系统。

图 10-9　"用户"选项卡

图 10-10　【新建用户/组】对话框

（2）执行"用户与组账户"对话框中的"更改登录密码"选项卡，在"旧密码"文本框中输入旧密码（如果之前没有设置，旧密码为空），在【新密码】文本框中输入新密码"admin"，在"验证"文本框中再次输入新密码"admin"，单击【确定】按钮，如图 10-12 所示。

图 10-11　设置用户隶属组

图 10-12　更改登录密码

（3）关闭系统，重新启动系统，弹出登录对话框，输入用户名"MyUse"，密码为"空"，如图 10-13 所示，单击【确定】按钮，登录系统。

（4）更改登录密码，如图 10-14 所示，单击【确定】按钮。

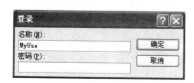

图 10-13　登录框

图 10-14　更改用户密码

提示："管理员"账户是用户系统自带的，隶属于"管理员组"和"用户组"，当没有设置"管理员"密码时或者删除了"管理员"密码后，系统自动登录，安全机制无效。只有设置了"管理员"用户密码，系统启动时才会弹出登录窗口，输入用户名和密码，登录系统。

10.2.3　设置用户与组权限

设置数据库的密码只能起到不让其他用户打开这个数据库的作用，要使数据库的使用者拥有不同的权限，即有的人可以修改数据库的内容，而有的人只能看看数据库的内容而不能修改，这就需要为不同的用户或用户组设置权限。

【例 10-13】设置"教学信息管理"数据库的 MyUse 用户对表对象拥有所有的操作权限，并将"学生"表的所有者更改为 MyUse。操作步骤如下。

(1) 设置用户权限。打开"教学信息管理"数据库，选择【工具】|【安全】|【用户与组权限】命令，弹出【用户与组权限】对话框，选择"权限"选项卡中的"权限"选项卡，在"用户名/组名"列表框中选择 MyUse 用户，在"对象类型"下拉列表框中选择"表"，有"权限"区域中全选，如图 10-15 所示。

(2) 选择"更改所有者"选项卡，在"对象"列表框中选择"表"，在对象列表框中选择"学生"，在新所有者列表框中选择 MyUse，单击"更改所有者"按钮，如图 10-16 所示，单击【确定】按钮。

图 10-15　设置用户权限

图 10-16　"更改所有者"选项卡

提示：只有"管理员"才有权授权，设置权限后，当用户登录时，只有授权的对象，用户才能操作。

习　题

一、选择题

1. 在建立、删除用户和更改用户权限时，一定先使用_____账户进入数据库。

　(A) 管理员　　　　　　　　　　(B) 普通账号

　(C) 具有读写权控制的账号　　　 (D) 没有限制

2. 在更改数据库密码前，一定先要_____。

　(A) 直接修改　　　　　　　　　(B) 输入原来的密码

（C）直接输入新密码　　　　　　（D）同时输入原来的密码和新密码

3. 在建立数据库安全机制后，进入数据库要依据建立的_____。

（A）权限　　　　　　　　　　　（B）组的安全

（C）账号的 PID　　　　　　　　（D）安全机制

二、填空题

1. 给数据库设置密码后，打开时将显示要求输入密码的对话框。只有输入_____的密码，用户才可以打开。

2. Access 2010 提供了用户级安全机制，通过使用_____和_____，规定个人、组对数据库的访问权限。

3. 初始时，所有的账号都是_____身份。

4. 一个组包含多个账号，通过对_____的权限设置，使得其中所有的账号具有相同的权限。

5. 一个工作组信息文件中包含以下几个预定义的账号：_____、_____和、_____。

三、简答题

1. 如何新建、修改、删除 Access 2010 工作组信息文件？

2. 设置用户与组权限对数据库有什么好处？

3. 生成 MDE 文件有何优点？

四、上机实操题

1. 为"图书管理系统"数据库设置密码"123456"。

2. 为 Access 2010 添加一个用户组"读者组"，添加一个用户账号，用户名为自己姓名，并加入"读者组"。

3. 设置用户"自己姓名"，操作数据表的所有权限。

4. 设置系统"管理员"的密码"admin"，以"自己姓名"登录系统，修改密码为"888888"，并验证其权限。

第11章 数据库安全

【学习要点】

> ➤ Access 2010 安全性的新增功能
> ➤ 用户级安全
> ➤ 使用受信任位置中的 Access 数据库
> ➤ 数据库的打包、签名和分发
> ➤ 旧版本数据库格式的转换

【学习目标】

通过本章的学习，了解如何保证数据库系统安全可靠的运行，如何在创建了数据库之后如何对数据库进行安全管理和保护。Access 2010 提供了一些对数据库进行安全管理的保护措施，在这一章中，主要介绍如何利用 Access 2010 提供的安全功能来实现数据库安全的操作。

11.1 Access 2010 安全性的新增功能

Access 安全性的新增功能 Access 提供了经过改进的安全模型，该模型有助于简化将安全性应用于数据库以及打开已启用安全性的数据库的过程。

11.1.1 Access 2010 中的新增功能

（1）在不启用数据库内容时也能查看数据的功能

在 Access 以前的版本中，如果将安全级别设置为"高"，则必须先对数据库进行代码签名并信任数据库，然后才能查看数据。现在使用 Access 2010 可以直接查看数据，而无需决定是否信任数据库。

（2）更高的易用性

如果将数据库文件（新的 Access 文件格式或早期文件格式）放在受信任位置（例如，指定为安全位置的文件夹或网络共享），那么这些文件将直接打开并运行，而不会显示警告消息或要求用户启用任何禁用的内容。此外，如果在 Access 2010 中打开由早期版本的 Access 创建的数据库（例如，.mdb 或 .mde 文件），并且这些数据库已进行了数字签名，而且用户已选择信任发布者，那么系统将运行这些文件而不需要决定是否信任它们。

（3）信任中心

信任中心是一个对话框，是保证 Access 安全的工具，它为设置和更改 Access 的安全设置提供了一个集中的位置。使用信任中心可以为 Access 创建或更改受信任位置并设置安全选项。在 Access 实例中打开新的和现有的数据库时，这些设置将影响它们的行为。信任中心包含的逻辑还可以评估数据库中的组件，确定打开数据库是否安全，或者信任中心是否应禁用数据库，并让您判断是否启用它。

（4）更少的警告消息

早期版本的 Access 强制用户处理各种警报消息，宏安全性和沙盒模式就是其中的两个

例子。在 Access 2010 默认情况下，如果打开一个非信任的 .accdb 文件，将只看到一个称为
"消息栏"的工具。如果要信任该数据库，可以使用消息栏来启用任何这样的数据库内容如图
11-1 所示。

图 11-1　安全警告消息栏

（5）用于签名和分发数据库文件的新方法

在 Access 之前的版本中，使用 Visual Basic 编辑器将安全证书应用于各个数据库组件。
现在可以直接将数据库打包，然后签名并分发该包。

如果将数据库从签名的包中解压缩到受信任位置，则数据库将打开而不会显示消息栏。
如果将数据库从签名的包中解压缩到不受信任位置，但信任包证书并且签名有效，则数据库
将打开而不会显示消息栏。如果对不受信任的数据库进行签名，并将其部署到不受信任位置，
则默认情况下信任中心将禁用该数据库，用户必须在每次打开它时选择是否启用数据库。

（6）使用更强的算法加密 .accdb 文件格式的数据库

加密数据库将打乱表中的数据，有助于防止不请自来的用户读取数据。当使用密码对数
据库进行加密时，加密的数据库将使用页面级锁定。

（7）新增了一个在禁用数据库时运行的宏操作子类

这些更安全的宏还包含错误处理功能。用户还可以直接将宏(即使宏中包含 Access 禁止
的操作)嵌入任何窗体、报表或控件属性。

11.1.2　Access 用户级安全

对于以新文件格式（.accdb 和 .accde 文件）创建的数据库，Access 不提供用户级安全。
但是，如果在 Access 2010 中打开由早期版本的 Access 创建的数据库，并且该数据库应用
了用户级安全，那么这些设置仍然有效。如果将具有用户级安全的早期版本 Access 数据库
转换为新的文件格式，则 Access 将自动剔除所有安全设置，并应用保护 .accdb 或 .accde 文
件的规则。

使用用户级安全功能创建的权限不会阻止具有恶意的用户访问数据库，因此不应用作安
全屏障。此功能适用于提高受信任用户对数据库的使用。若要保护数据安全，请使用 Windows
文件系统权限仅允许受信任用户访问数据库文件或关联的用户级安全文件。

11.1.3　Access 安全体系结构

Access 数据库是一组对象（表、窗体、查询、宏、报表等等），这些对象通常必须相互
配合才能发挥功用。例如，当创建数据输入窗体时，如果不将窗体中的控件绑定（链接）到
表，就无法用该窗体输入或存储数据。

有几个 Access 组件会造成安全风险，因此不受信任的数据库中将禁用以下这些组件。

① 动作查询（用于插入、删除或更改数据的查询）；

② 宏；

③ 一些表达式（返回单个值的函数）；

④ VBA 代码。

为了帮助确保用户的数据更加安全，每次打开数据库时，Access 和信任中心都将执行一组安全检查。此过程如下：

在打开.accdb 或.accde 文件时，Access 会将数据库的位置提交到信任中心。如果信任中心确定该位置受信任，则数据库将以完整功能运行。如果打开具有早期版本的文件格式的数据库，则 Access 会将文件位置和有关文件的数字签名的详细信息提交到信任中心。

信任中心将审核"证据"，评估该数据库是否值得信任，然后通知 Access 禁用数据库或者打开具有完整功能的数据库。

如果打开的数据库是以早期版本的文件格式（.mdb 或.mde 文件）创建的，并且该数据库未签名且未受信任，则默认情况下，Access 将禁用任何可执行内容。

11.1.4　禁用模式

如果信任中心将数据库评估为不受信任，则 Access 将在禁用模式（即关闭所有可执行内容）下打开该数据库，而不管数据库文件格式如何。

在禁用模式下，Access 会禁用下列组件：

① VBA 代码和 VBA 代码中的任何引用，以及任何不安全的表达式。

② 所有宏中的不安全操作。"不安全"操作是指可能允许用户修改数据库或对数据库以外的资源获得访问权限的任何操作。但是，Access 禁用的操作有时可以被视为是"安全"的。例如，如果用户信任数据库的创建者，则可以信任任何不安全的宏操作。

③ 几种查询类型

● 动作查询。这些查询用于添加、更新和删除数据。

● 数据定义语言（DDL）查询。用于创建或更改数据库中的对象，例如，表和过程。

● SQL 传递查询。用于直接向支持开放式数据库连接（ODBC）标准的数据库服务器发送命令。传递查询在不涉及 Access 数据库引擎的情况下处理服务器上的表。

④ ActiveX 控件。数据库打开时，Access 可能会尝试载入加载项（用于扩展 Access 或打开的数据库的功能的程序）。可能还需要运行向导，以便在打开的数据库中创建对象。在载入加载项或启动向导时，Access 会将证据传递到信任中心，信任中心将做出其他信任决定，并启用或禁用对象或操作。如果信任中心禁用数据库，而用户不同意该决定，那么可以使用"消息栏"来启用相应的内容。

11.2　使用受信任位置中的 Access 数据库

将 Access 数据库放在受信任位置时，所有 VBA 代码、宏和安全表达式都会在数据库打开时运行。您不必在数据库打开时做出信任决定。

使用受信任位置中的 Access 数据库的过程大致分为下面几个步骤：

（1）使用信任中心查找或创建受信任位置。

（2）将 Access 数据库保存、移动或复制到受信任位置。

（3）打开并使用数据库。查找或创建受信任位置，然后将数据库添加到该位置。

① 在"文件"选项卡上，单击"选项"，打开【Access 选项】对话框。

② 在【Access 选项】对话框左侧窗格，单击【信任中心】，然后在"Microsoft Office Access

信任中心"下，单击【信任中心设置】，如图 11-2 所示。

图 11-2　信任中心

③ 在打开的"信任中心"对话框中，单击左侧窗格"受信任位置"，如图 11-3 所示。

图 11-3　"信任中心"对话框

然后执行下列某项操作。

① 记录一个或多个受信任位置的路径。

② 创建新的受信任位置。用户如果需要创建新的受信任位置，请单击【添加新位置】按钮，在打开"Microsoft Office 受信任位置"对话框中，添加新的路径，将数据库放在该受信任位置，如图 11-4 所示。

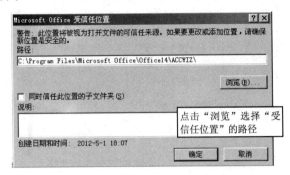

图 11-4 "Microsoft Office 受信任位置"对话框

11.3 数据库的打包、签名和分发

数据库开发者将数据库分发给不同的电脑用户使用，或是局域网中使用，这时需要考虑数据库分发时的安全问题。签名是为了保证分发数据库是安全性。打包是确保在创建该包后数据库没有被修改。

Access 2010 使用 Access 可以轻松而快速地对数据库进行签名和分发。在创建.accdb 文件或.accde 文件后，可以将该文件打包，对该包应用数字签名，然后将签名包分发给其他用户。"打包并签署"工具会将该数据库放置在 Access 部署(.accdc)文件中，对其进行签名，然后将签名包放在确定的位置。随后，其他用户可以从该包中提取数据库，并直接在该数据库中工作，而不是在包文件中工作。

在操作过程中需要注意以下事项。

① 将数据库打包并对包进行签名是一种传达信任的方式。在对数据库打包并签名后，数字签名会确认在创建该包之后数据库未进行过更改。

② 从包中提取数据库后，签名包与提取的数据库之间将不再有关系。

③ 仅可以在以 .accdb、.accdc 或 .accde 文件格式保存的数据库中使用"打包并签署"工具。Access 还提供了用于对以早期版本的文件格式创建的数据库进行签名和分发的工具。所使用的数字签名工具必须适合于所使用的数据库文件格式。

④ 一个包中只能添加一个数据库。

⑤ 该过程将对包含整个数据库的包（而不仅仅是宏或模块）进行签名。

⑥ 该过程将压缩包文件，以便缩短下载时间。

⑦ 可以从位于 Windows SharePoint Services 3.0 服务器上的包文件中提取数据库。

1）创建签名包

（1）打开要打包和签名的数据库。

（2）在"文件"选项卡上，单击"保存并发布"命令，然后在"高级"选项卡下双击"打包并签署"命令，如图 11-5 所示。

（3）将出现"选择证书"对话框或者出现"创建 Microsoft Office Access 签名包"对话框。

① 出现"选择证书"对话框，选择数字证书然后单击【确定】按钮。

图 11-5　打包并签署

② 出现"创建 Microsoft Office Access 签名包"对话框

a. 在"保存位置"列表中，为签名的数据库包选择一个位置。

b. 在"文件名"框中为签名包输入名称，然后单击【创建】按钮。

Access 将创建"工资管理.accdc"文件并将其放置在所选择的位置，如图 11-6 所示。

图 11-6　创建签名包

2）提取并使用签名包

（1）在"文件"选项卡上，单击【打开】按钮，将出现【打开】对话框。

（2）选择"Microsoft Office Access 签名包(*.accdc)"作为文件类型。

（3）使用"查找范围"列表找到包含.accdc 文件的文件夹，选择该文件，然后单击【打开】按钮，如图 11-7 所示。

图 11-7　选择工资管理.accdc 签名包

（4）执行下列操作之一。

① 如果选择了信任用于对部署包进行签名的安全证书，则会出现"将数据库提取到"对话框。此时，请转到下一步。

② 如果尚未选择信任安全证书，则会出现下面一条消息，如图 11-8 所示。

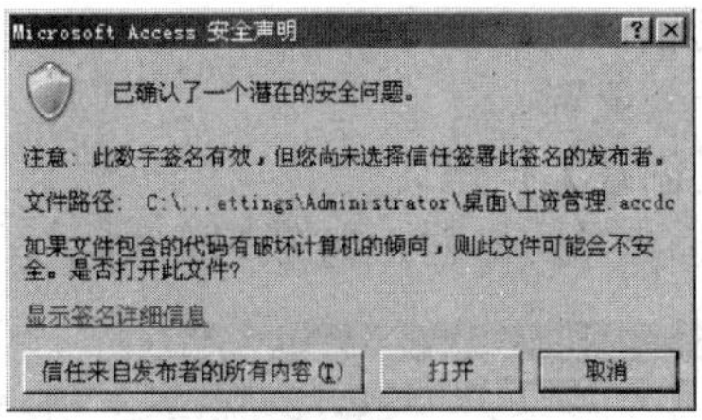

如果您信任该数据库，请单击【打开】按钮。如果信任来自提供者的任何证书，则单击"信任来自发布者的所有内容"。将出现【将数据库提取到】对话框，如图 11-9 所示。

图 11-8　Microsoft Office Access 安全声明

图 11-9　【将数据库提取到】对话框

提示：如果使用自签名证书对数据库包进行签名，然后在打开该包时单击了"信任来自发布者的所有内容"，则将始终信任使用自签名证书进行签名的包。

（5）另外，还可以在"保存位置"列表中为提取的数据库选择一个位置，然后在"文件名"文本框中为提取的数据库输入其他名称。

（6）单击【确定】按钮。

11.4　信任数据库

无论用户在打开数据库时做什么操作，如果数据库来自可靠的发布者，那么都可以选择启用文件中的可执行组件以信任数据库。

在消息栏中，启用内容或隐藏消息栏，如图 11-10 所示。

单击"启用内容"，然后单击"消息栏"右上角的【关闭】按钮（X），"消息栏"即会关闭，除非将数据库移到受信任位置，否则在下次打开数据库时仍会重新显示消息栏。

图 11-10　未受信任"消息栏"

11.5　使用数据库密码加密 Access 数据库

Access 中的加密工具合并了两个旧工具（编码和数据库密码），并加以改进。使用数据库密码来加密数据库时，所有其他工具都无法读取数据，并强制用户必须输入密码才能使用数据库。在 Access 2010 中应用的加密所使用的算法比早期版本的 Access 使用的算法更强。

实现数据库系统安全最简单的方法就是给数据库设置打开密码，以禁止非法用户进入数据库。为了设置数据库密码，要求必须以独占的方式打开数据库。一个数据库同一时刻只能被一个用户打开，其他用户只能等待此用户放弃后，才能打开和使用它，则称之为数据库独占。

1）通过使用数据库密码进行加密，解密

为工资管理数据库设置用户密码，操作步骤如下。

（1）启动 Access2010。

（2）执行【文件】|【打开】命令，在【打开】的对话框中，在"查找范围"内，通过浏览，找到要设置密码的数据库文件，例如"工资管理"。

（3）单击【打开】按钮旁边的箭头，然后单击"以独占方式打开"选项，如图 11-11 所示，这时就以"独占"的方式打开"工资管理"数据库。

（4）在"文件"选项卡上，单击"信息"，再单击"用密码进行加密"按钮，如图 11-12 所示。

（5）在打开"设置数据库密码"对话框中，在"密码"文本框中输入密码，然后在"验证"字段中再次输入该密码，两次密码输入完后单击【确定】按钮，如图 11-13 所示。

密码设置完成，以后在打开"工资管理"数据库时，系统随即弹出【要求输入密码】对话框，如图 11-14 所示。在【输入数据库密码】文本框中输入正确的密码，才能打开"工资管理"数据库。

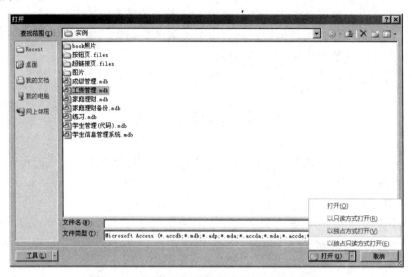

图 11-11　以独占方式打开的【打开】对话框

图 11-12　信息窗口

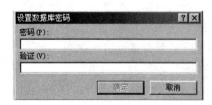

图 11-13　【设置数据库密码】对话框

图 11-14　【要求输入密码】对话框

2）取消对数据库的加密

在取消数据库加密功能时，同样必须以"独占"方式打开数据库。

（1）打开已加密的"工资管理"数据库。

（2）在"文件"选项卡上，单击"信息"，再单击"解密数据库"。

将出现【撤销数据库密码】对话框，如图 11-15 所示。

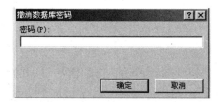

图 11-15　【撤销数据库密码】对话框

（3）在"密码"文本框中输入先前设置的密码，然后单击【确定】按钮。

11.6　旧版本数据库格式的转换

1）Access 2010 数据库默认的文件格式

在创建新的空白数据库时，Access 会要求为数据库文件命名。默认情况下，文件的扩展
名为".accdb"，这种文件是采用 Access 2007-2010 文件格式创建的，在早期版本的 Access 中
无法打开。

在实际应用当中，不同的用户安装的 Access 版本也不同，但是要是使用同一个数据库，
这时就出现了版本之间的兼容性。规则：新版本对旧版本的兼容，高版本向低版本的兼容，
是不可逆向兼容的。在 Microsoft Access 2010 中，可以选择采用 Access 2000 格式或 Access
2002-2003 格式（扩展名均为".mdb"）创建文件。在成功创建新的数据库文件时，生成的文
件将采用早期版本的 Access 格式创建，并且可以与使用该版本 Access 的其他用户共享。

2）更改默认文件格式

（1）启动 Access 2010。

（2）执行【文件】|【选项】命令，打开【Access 选项】对话框中，如图 11-16 所示。

图 11-16　【Access 选项】对话框

（3）在【Access 选项】对话框左侧窗格中，单击"常规"选项。

（4）在"创建数据库"下的"默认文件格式"框中，选择要作为默认设置的文件格式，单击【确定】按钮。

（5）设置完"创建数据库"的默认格式后，创建的就是该版本格式的数据库。

3）转换数据库的格式

如果要将现有的.accdb数据库转换为其他格式（例如早期的数据库 2000-2003 版本的.mdb 格式，或者是模板.accdt 格式），那么可以在"将数据库另存为"命令下选择格式。

（1）单击"文件"选项卡，在对话框左侧窗格中，单击"保存并发布"选项。

（2）在"数据库文件类型"中选择要保存的格式即可，这里选择另存为"2000-2003 版本的.mdb 格式"如图 11-17 所示。

图 11-17　数据库另存为

（3）在另存为的对话框中的"保存类型"中可以看到此时的文件格式为 2000-2003.mdb 格式，如图 11-18 所示。

图 11-18　【另存为】对话框

此命令除了保留数据库原来的格式之外，还按照用户指定的格式创建一个数据库副本。其他用户就可以将该数据库副本用在所需的 Access 版本中。

11.7　上 机 实 训

一、实验目的

● 掌握数据库的打包和分发。

● 掌握如何加密和解密数据库。

● 了解数据库格式的转换。

二、实验过程

（1）将自己创建的数据库设置密码。

（2）把数据库分发给信任的数据库用户。

三、实验步骤

（1）设置数据库密码。

（2）将加密的数据库进行打包、签名、分发。

（3）用户接受数据库签名包并进行提取。

习　　题

一、选择题

1．在对数据库进行打包并签名，用于存储数据库的格式是_____。

（A）.accdc　　　　（B）.accdb　　　　（C）.accdt　　　　（D）.accde

2．在 Access 2010 中，默认打开数据库对象的文件类型是_____。

（A）.accdb　　　　（B）.dbf　　　　　（C）.accdc　　　　（D）.mdb

3．对数据库进行加密是使用_____方式打开数据库。

（A）只读　　　　　（B）独占　　　　　（C）只读独占　　　　（D）默认

4．下列哪项不属于 Access 2010 数据库的安全机制_____。

（A）信任中心　　　（B）打包签署　　　（C）加密　　　　　（D）复制副本

5．在 Access2010 常规设置里，下面哪项不是空白数据库默认的文件格式_____

（A）Access2000　　　　　　　　　　（B）Access2000—2003

（C）Access2007　　　　　　　　　　（D）Access2010

二、思考题

1．如何理解 Access2010 数据库的信任中心？

2．Access2010 数据库的打包、签名、分发有什么好处？

3．Access2010 数据库设置密码后，使用其中的表还要输入密码吗？

4．怎样理解加密后的数据库？

5．Access2010 的数据库类型和早期版本的数据库类型可以互相兼容吗？

三、操作题

1．添加一个新的受信任位置。

2．创建一个签名包，把它保存在个人文件下，然后将该包提取到桌面。

3．为个人创建的数据库建立打开密码。

4．将数据库的密码撤销。

5．将个人创建的数据库复制一个副本保存为 Access2000-2003 版本的格式。

参 考 文 献

[1] 教育部考试中心. 全国计算机等级考试考试大纲. 北京：高等教育出版社，2008.
[2] 翁正科. Visual FoxPro 8.0 数据库开发教程. 第 3 版. 北京：清华大学出版社，2004.
[3] 科教工作室. Access2010 数据库应用. 北京：清华大学出版社，2012.
[4] 袁淑敏. Access2007 数据库应用基础与实训教程. 北京：清华大学出版社，2011.
[5] 九州书源. Access 数据库应用. 北京：清华大学出版社，2011.
[6] 孙宝林. Access 数据库应用技术. 北京：清华大学出版社，2010.
[7] 张欣. Access 数据库基础案例教程. 北京：清华大学出版社，2011.
[8] 董超俊. Access 数据库应用教程. 北京：北京邮电大学出版社，2011.
[9] 訾秀玲. Access 数据库技术及应用教程. 北京：清华大学出版社，2007.
[10] 杨涛. 中文版 Access 2003 数据库应用实用教程. 北京：清华大学出版社，2009.
[11] 聂玉峰，陈东方， 田萍芳. Access 数据库技术及应用. 北京：科学出版社，2011.
[12] 王凤. Access 2007 数据库管理从新手到高手. 北京：中国铁道出版社，2011.
[13] 卢湘鸿. 数据库 Access 2003 应用教程. 北京：人民邮电出版社，2007.
[14] 张强，杨玉明. Access 2010 入门与实例教程. 北京：电子工业出版社，2011.
[15] 张敏. 电脑不过如此——Access 2007 入门与应用技巧. 北京：化学工业出版社，2010.